“十三五”江苏省高等学校重点教材（2020-2-063）

高等职业教育系列教材

Android 应用程序设计
案例教程

刘培林　李　萍　主编

赵　吉　申燕萍　曹晓龙　参编

杨文珺　主审

机械工业出版社

本书共 12 章，第 1 章介绍 Android 开发环境；第 2～4 章介绍 Android 开发基础知识，包括页面布局、页面控件、适配器、菜单、对话框和 Intent，完成 Android 开发入门。第 5 章介绍 Android 开发的基础组件 Activity 和 SharedPreferences（共享偏好）；第 6 章介绍数据库访问技术，并完成第一个较为综合的实训项目——产品日志项目；第 7、8 章介绍 BroadcastReceiver、ContentProvider 和 Service 三大组件，实现 Android 开发进阶。第 9 章介绍侧滑导航和 Fragment；第 10、11 章分别介绍多线程技术和网络编程技术，探索 Android 高级开发。第 12 章开发了一个电子商务综合实训项目，对全书内容进行了贯穿和应用。

本书既可作为高职高专院校移动应用开发、软件技术、物联网应用技术、大数据技术等专业的教材，也可作为移动应用与软件工程技术人员的技术参考资料、培训用书或自学参考书。

本书配有微课视频，读者扫描书中二维码即可观看；还配有电子课件和源代码等教学资源，需要的教师可登录 www.cmpedu.com 免费注册、审核通过后下载，或联系编辑索取（微信：15910938545，电话：010-88379739）。

图书在版编目（CIP）数据

Android 应用程序设计案例教程 / 刘培林，李萍主编. —北京：机械工业出版社，2021.10（2025.1 重印）

“十三五”江苏省高等学校重点教材

ISBN 978-7-111-69107-5

Ⅰ. ①A… Ⅱ. ①刘… ②李… Ⅲ. ①移动终端-应用程序-程序设计-高等学校-教材 Ⅳ. ①TN929.53

中国版本图书馆 CIP 数据核字（2021）第 184981 号

机械工业出版社（北京市百万庄大街 22 号　邮政编码 100037）

策划编辑：王海霞　　责任编辑：王海霞　陈崇昱

责任校对：张艳霞　　责任印制：邓　博

北京盛通数码印刷有限公司印刷

2025 年 1 月 • 第 1 版 • 第 5 次印刷

184mm×260mm • 18 印张 • 458 千字

标准书号：ISBN 978-7-111-69107-5

定价：69.00 元

电话服务

客服电话：010-88361066

010-88379833

010-68326294

网络服务

机　工　官　网：www.cmpbook.com

机　工　官　博：weibo.com/cmp1952

金　　书　　网：www.golden-book.com

机工教育服务网：www.cmpedu.com

Preface

前 言

本书以软件行业对编程人才的需求为导向，以培养应用型和创新型人才为目标，立足移动应用开发工程师工作岗位，基于安卓典型应用场景，服务智能制造产业，精心设计了 11 个典型项目，项目涵盖用户管理、产品手册、产品广告、产品日志、生产环境监看等与智能制造密切相关的应用需求。最后以一个与日常生活紧密相关的电子商务系统贯穿全部知识点，兼顾了 Android 应用场景的拓展问题。各项目需求分析完整，独立实现，是一个相对独立的项目，同时又是综合实训的一个技术或内容点，章节项目完成的同时综合实训技术点也同步完成，综合实训融合和升华书本全部技术点。如同游戏闯关一样，软件项目的难度随着知识点难度的递进合理增加，学生在完成软件项目的过程中不断积累能力和挑战自我，较好地激发了学习的兴趣，完成了岗位能力的训练。

党的二十大报告指出，坚持面向世界科技前沿、面向经济主战场、面向国家重大需求、面向人民生命健康，加快实现高水平科技自立自强。为加快推进党的二十大精神和创新理论最新成果进教材、进课堂、进头脑。本书详细调研、充分吸收行业企业发展新知识、新技术，将全国职业院校技能大赛移动互联网应用软件开发赛项技能点有机地融入项目，确保技术的先进性。每章项目实施步骤描述翔实、可操作性强，方便学生实操训练。

知识点介绍重点突出，难度适中，实现了和项目的呼应。基于 Android 典型应用场景对常用组件、组件的主要属性、方法和事件加以重点介绍，并通过呼应项目的实例说明其使用方法，实现了知识点、例子、项目三者之间前后呼应、有机衔接，既耦合又独立的目标。同时避免了将本书编写成一本只是罗列所有属性、方法和事件的帮助文档。各章内容充实，知识点组织、安排合理，章节之间衔接自然，难度具有一定的递进关系，符合学习认知规律。

本书配套资源丰富，内容介绍中大量的小提示给出了学习的问题情境思考；二维码资源补充了实操演示和项目运行调试过程；项目分析中绘制的知识点思维导图列出了学习的知识目标，项目技术分析和总结给出了能力目标和素质目标，学习目标明确；每章配备的习题和随堂测试方便了学习效果检验与知识巩固；配备的实验有助于技术能力提高；建有在线开放课程（课程网址为 https://mooc1.chaoxing.com/course/212399009.html）全方位服务教与学。多元立体化的资源全面方便了教师的教与学生的学。

本书可用于 32、48、64、80 课时的教学，详见表 1 安排，不同课时的教学计划以及课件、软件等相关资源见本书配套资源。

表 1　课时安排建议

教学内容	32 课时	48 课时	64 课时	80 课时
第 1 章　Android 开发概述	4	4	4	4
第 2 章　布局和常用小控件	10	10	10	10
第 3 章　菜单、对话框和 Intent	8	8	8	8
第 4 章　适配器与列表控件	8	8	8	8
第 5 章　Activity 与 SharedPreferences	0	6	6	6
第 6 章　数据库访问技术	0	10	10	10
第 7 章　BroadcastReceiver 与 ContentProvider	0	0	10	10
第 8 章　Service 与媒体播放	0	0	6	6
第 9 章　侧滑导航与 Fragment	0	0	0	6
第 10 章　多线程技术	0	0	0	4
第 11 章　网络编程技术	0	0	0	6
第 12 章　电子商务综合实训（课程设计 2 周）	0	0	0	0
机动	2	2	2	2
合计	32	48	64	80

本书由无锡职业技术学院刘培林和李萍主编，无锡城市职业技术学院赵吉、常州工业职业技术学院申燕萍、联想教育科技（北京）有限公司曹晓龙参编，第 1、6～8 章由刘培林编写，第 9～11 章由李萍编写，第 2、3 章由赵吉编写，第 4、5 章由申燕萍编写，第 12 章由曹晓龙编写。全书由刘培林统稿，无锡职业技术学院杨文珺主审。本书在编写过程中得到了编者所在单位领导和同事的帮助与大力支持，参考了一些优秀的 Android 程序设计书籍和网络资源，在此表示由衷的感谢。

由于编者水平所限，书中不足之处在所难免，请广大读者批评指正。

编　者

目 录 Contents

第 7 章 BroadcastReceiver 与 ContentProvider 138

第 8 章 Service 与媒体播放 ············ 166

第 1 章　Android 开发概述

本章介绍 Android 开发的入门知识，包括开发概述、开发环境、应用程序开发步骤，以及应用程序结构和调试方法，基于此设计了一个简单的 Hello 项目。

1.1　Hello 项目设计

1.1.1　项目需求

本项目基于 Android 开发环境创建一个简单的 Hello 项目并调试。应用程序运行时用红色、50sp 号字体显示一行提示信息“我爱你中国！”，如图 1-1 所示。

扫一扫
1-1　Hello 项目

图 1-1　Hello 项目运行结果

1.1.2　技术分析

1）本项目编程比较简单，主要是熟悉创建 Android 应用程序的步骤。

2）测试运行 Android 应用程序的方法。

Hello 项目涉及知识点，如图 1-2 所示。

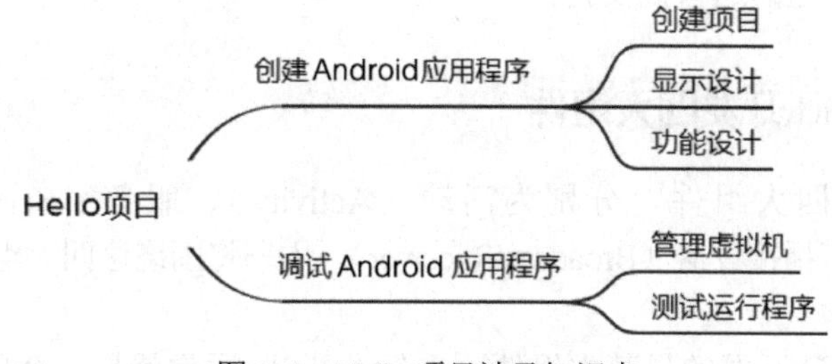

图 1-2　Hello 项目涉及知识点

【项目知识点】

1.2 Android 概述

Android（中文译为安卓）由 Google 公司和开放手机联盟（Open Handset Alliance，OHA）开发，基于 Linux 操作系统，源代码开放，使用跨平台主流开发语言 Java 进行开发。Android 主要用于移动终端设备，如平板计算机和智能手机，以其开源性和丰富的扩展性受到用户普遍好评。

1.2.1 Android 开发的优势

（1）优秀的开放性

Android 拥有开放式的系统架构整合功能，不仅允许其他软件安装，还为其他软件提供了开放接口，更具开放性。开发基于开源语言 Java，允许第三方修改，给开发人员提供了一个很好的创新空间，使得 Android 版本升级更快，第三方组件发展迅速。同时，开源也能够提供更好的安全性能，在更大程度上容许厂家根据自己的硬件更改版本，从而能够更好地适应硬件，为厂商提供了更大灵活性。

（2）无缝结合的 Google 应用

Google 已经渗透到互联网的方方面面，Google 服务包括了地图、邮件、搜索等互联网的几乎所有重要应用，已经成为连接用户和互联网的重要纽带，Android 平台手机无缝结合了 Google 的这些优秀服务。

（3）丰富的硬件选择

由于 Android 平台的开放性，众多厂商推出的产品各具特色，功能千变万化，却不会影响数据同步和软件兼容。因此，自 Google 推出 Android 系统以来，HTC、魅族、摩托罗拉、夏普、LG、三星、华为、联想等各大厂家纷纷推出了自己的 Android 手机，机型多样，不胜枚举。

（4）运营商的鼎力支持

我国国内的三大运营商均推出了 Android 智能机，美国的 AT&T 和 Verizon 也推出了 Android 手机。此外，日本的 KDDI 和 NTT DoCoMo、意大利的 Telecom Italia、德国电信旗下的 T-Mobile 等众多运营商也都支持 Android。相较于只有 AT&T 一家运营商销售的 iPhone，Android 得到了更为广泛的运营商支持。

1.2.2 Android 开发四大组件

Android 开发有四大组件，分别为活动（Activity）、服务（Service）、内容提供者（ContentProvider）和广播接收器（BroadcastReceiver），本书将围绕这四大组件的用法展开阐述。

（1）Activity

Activity 是 Android 开发的最基本组件，一个 Activity 通常就是一个单独的页面，Activity

之间通过 Intent[⊖]进行通信。创建应用程序时会自动创建一个 Activity，默认为 MainActivity。每创建一个 Activity 都会自动在安卓的 Manifest.xml 配置文件中进行声明。

（2）Service

Service 组件用于在后台完成用户指定的操作，主要用于为其他组件提供后台服务或监控其他组件的运行状态。Service 组件一般不需要与用户进行交互，因此没有图形用户界面，需要继承 Service 基类。

（3）ContentProvider

ContentProvider 是一种将应用程序的指定数据集提供给其他应用程序的机制，其他应用可以通过 ContentResolver 类从 ContentProvider 中获取或存入数据。ContentProvider 实现了数据的共享和统一方式访问，只有在多个应用程序间共享数据时才需要 ContentProvider。如通讯录数据通常被其他应用程序使用，因此必须将它存储在一个 ContentProvider 中。

（4）BroadcastReceiver

系统有许多信息，如电量变化、短消息到达、电话呼入、应用打开等，应用程序通过 BroadcastReceiver 可以有选择地接收信息，过滤外部事件和只对感兴趣的事件做出响应。

1.2.3　API 与 SDK 的关系

1. API 与 SDK 的概念

安卓平台提供了一种框架 API，应用程序通过它就可以与底层安卓系统进行交互，该框架 API 由以下 5 个部分组成。

1）核心软件包和类。

2）用于声明清单文件的 XML 元素和属性。

3）用于声明和访问资源的 XML 元素和属性。

4）应用间进行信息交互的 Intent。

5）应用权限以及权限设置。

框架 API 使用一种“API 级别”的整数标识符来指定 API 版本，每个安卓平台支持一种 API 级别，隐含兼容早期 API 级别。截止到 2020 年 9 月，API 级别为 30。

SDK（Software Development Kit）是一种应用开发组件，它是产品厂商提供给开发者使用的工具包，包含各种开发工具和模拟器等，安卓 SDK 是用来开发 Android 应用程序的工具包。

2. API 与 SDK 的区别和联系

API 和 SDK 都是对应用的一种封装，SDK 用于封装客户端 API 接口（library），与语言相关，是由专业性质的公司提供的专业服务的集合（如安卓开发工具、基于硬件开发的服务等），是开发环境提供的服务。API 则用于封装服务端接口，从网络的层面提供服务，与语言无关，是 Android 提供的服务。简单来说，SDK 基于 API，API 默认向下兼容，因此，在创建应用程序时要注意 SDK 与 API 版本的兼容问题，建议运行应用程序的虚拟设备的 API 版本与应用程序的最小 SDK 一致，并要求不低于应用程序的最小 SDK 版本。

⊖ 一种轻量级的消息传递机制，这种消息描述了应用中一次操作的动作、动作涉及的数据及附加数据。

3．Android Studio 开发环境与 Android

Android Studio（下文简称 AS）是开发 Android 应用程序的开发环境之一，Android 应用程序也可以用 Eclipse 环境进行开发，还可以用简单记事本开发，但是 AS 较为友好。AS 有自己的版本，截止到 2020 年 10 月，AS 最新版本为 4.0.1，Android 最新版本为 11.0。

1.3 搭建 Android 开发环境

Android 开发环境的搭建包括以下几个步骤。

1）安装 JDK 并配置环境变量。JDK 是 Java 语言的软件开发工具包，包含了 Java 的运行环境、工具集合、基础库等内容。

2）安装 Android SDK。Android SDK 是 Google 提供的 Android 开发工具包，开发 Android 应用程序时需要引入该工具包来使用 Android 相关的 API。

3）安装 Android Studio 或 Eclipse。AS 是移动互联网应用软件技能大赛所用开发环境，本书案例基于 AS 4.0.1 环境进行开发。AS 可以从官网 https://developer.android.google. cn/studio/ 下载。Eclipse 开发环境不需要安装，可以直接使用，开发完的项目具有占用存储空间小的优点，但是整体没有 AS 集成开发环境使用起来方便。本书案例也可以用于 Eclipse 开发环境，其操作步骤与 AS 环境大同小异，运行效果完全一样。

4）安装 Android 设备模拟器（Android Virtual Device）或 Genymotion。如果有真机，可以不要这一步，毕竟真机环境才是用户环境，更能够检验 APK 的稳定性和可靠性。

搭建 Android 开发环境的步骤与搭建 Java 开发环境类似，鉴于篇幅和不同机器的配置情况不同，这里不再展开。

1.4 Hello 项目实施

1.4.1 创建项目

Android 项目的创建包括以下几个步骤。

1）打开安卓开发环境创建项目。如果是第一次打开，需要选择打开开发环境后待做的操作，如图 1-3 所示，这里选择第一种，即创建一个新的项目。如果已经有开发好的项目，进入开发环境时会自动打开最近一次创建的项目，直接进入应用程序开发窗口（见图 1-5）。这时可以通过菜单创建新的项目，创建方法为选择“File”→“New”→“New Project”菜单项。

2）选择 Activity 模板。继续单击“Next”按钮，进入 Activity 模板选择界面，系统预置了一些具有常用功能的 Activity 模板，本书从安卓开发基础开始，因此选择 Empty Activity，即创建一个空的 Activity，不要预置功能。

3）设置项目基本信息。继续单击“Next”按钮，进入项目信息输入界面，如图 1-4 所示，输入项目名称（例如 Hello），可以保留或根据需要修改项目自动生成的包名（例如 com.example.hello），浏览选择项目路径（例如 D:\Android\Program\ch1\Hello），选择项目最小 SDK（Minimum SDK），建议与本书案例保持一致选择 API 19。

Tips 创建应用程序时注意记住应用程序 Minimum SDK 的版本号，以便创建不低于应用程序版本号的虚拟机，本书建议 Minimum SDK 19，虚拟机 API 19。

4）打开项目开发环境。单击“Finish”按钮，进入应用程序开发窗口，如图 1-5 所示。应用程序开发窗口默认由三部分组成，左边是项目结构窗口，建议保持默认的 Android 结构；右边是工作窗口，可以在这里进行程序编码；下方是调试信息窗口，输出应用程序的调试信息。项目默认创建了启动 Activity（MainActivity）和对应的布局页面（activity_main.xml）。

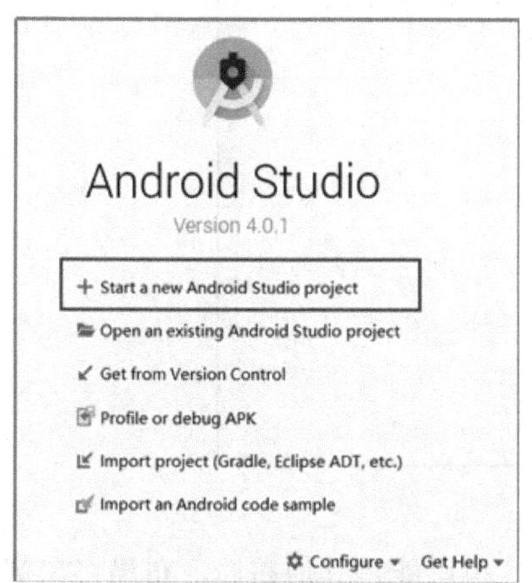

图 1-3　创建项目

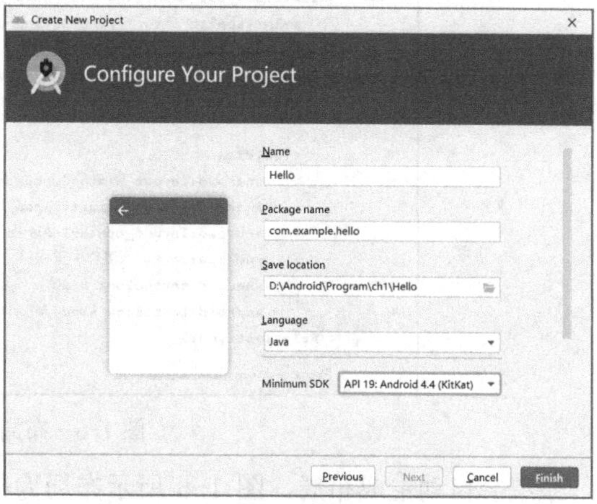

图 1-4　项目信息输入界面

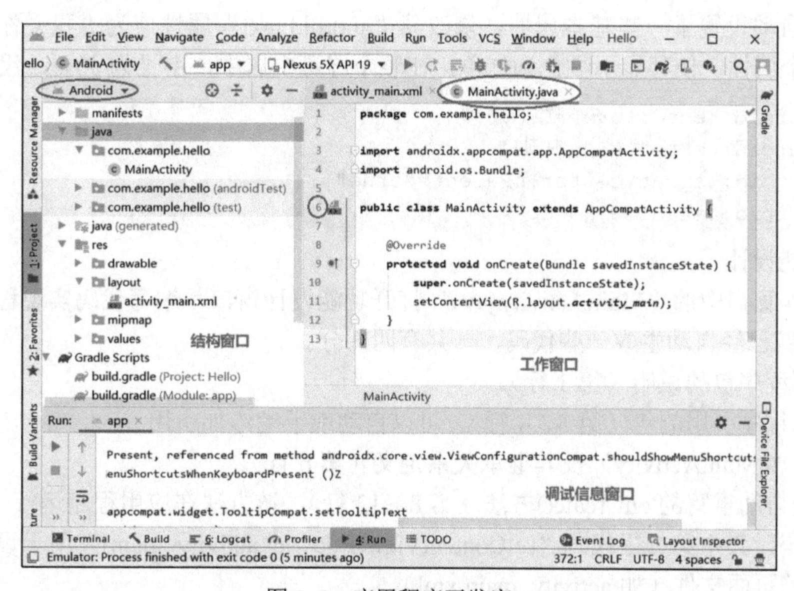

图 1-5　应用程序开发窗口

1.4.2　编码实现

Android 项目的实施包括显示设计和功能设计两部分内容。

（1）显示设计

单击工作窗口中的“activity_main.xml”打开布局设计窗口，进行页面布局设计。这里提供了两种设计模式，分别为 Design（设计）和 Code（代码）。Design 是一种所见即所得的设计模式，在这种模式下系统提供了小部件工具窗口，可以用拖拽的方式将需要的小部件直接添加到页面的指定位置。Code 是一种通过代码设计程序页面的方式，本书选择 Code 设计模式，如图 1-6 所示。

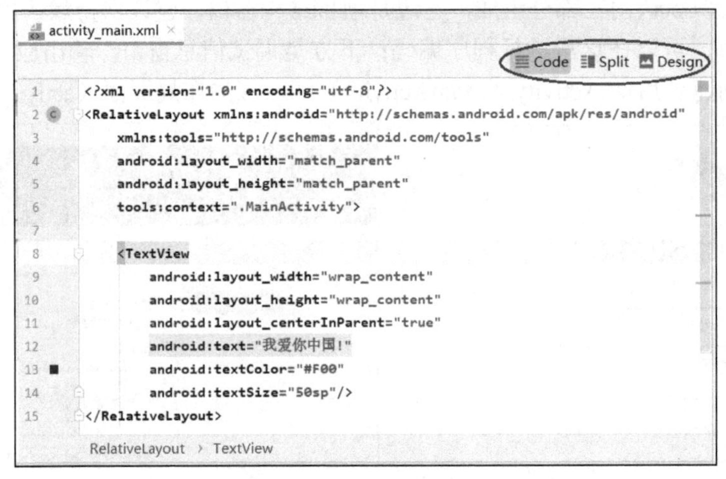

图 1-6 布局设计窗口

系统会自动生成布局，图 1-6 所示布局为相对布局（也可能是其他布局，布局将在第 2 章中详细介绍，本项目的页面非常简单，使用什么布局都没有关系），自动添加了一个 TextView 小控件，并自动设置了一些基本属性，修改其“android:text”属性值为“我爱你中国!”，并为其增加三个属性，使其显示颜色为红色，在整个屏幕中居中，字号为 50sp，代码如下。

```
android:textColor="#FF0000"
android:text="我爱你中国!"
android:layout_centerInParent="true"
android:textSize="50sp"
```

（2）功能设计

单击工作窗口中的“MainActivity.java”打开功能设计窗口，编写代码实现程序功能（见图 1-5），系统已经自动生成一些代码，一共有四部分。

1）应用程序包的说明（第 1 行）。

2）应用程序引用的包（第 3、4 行），可以自动或手动添加引用。

3）类（如 MainActivity）及其继承关系定义（第 6 行）。

4）系统自动重写的 onCreate()方法（第 8～12 行），该方法在应用程序运行时自动调用，包含两行代码，其中第二行代码“setContentView(R.layout.activity_main)”用于设置应用程序运行时加载的页面文件（如 activity_main.xml）。

本项目较为简单，这里不做进一步设计，保持默认代码。

Tips 编码小技巧一：通过 File 菜单打开自动导入包功能，可以将明确的包引用自动导入，从而提高编码效率（选择“File”→“Settings”→“Editor”→“General”→“Auto Imports”菜单项，然后选中复选框 ☑ Add unambiguous imports on the fly）。

Tips 编码小技巧二：右键单击应用程序包，选择“Reformat Code”菜单项，然后单击“Run”按钮，可以快速格式化包下面的所有程序代码。

1.4.3　测试运行

（1）管理虚拟手机

1）本书的应用程序使用虚拟手机测试运行，因此需要创建虚拟手机。创建步骤为：选择“Tools”→“AVD Manager”菜单项，打开虚拟手机管理界面（也可以直接在工具栏中单击图标打开），单击“Create Virtual Device”按钮，打开创建虚拟手机界面，如图 1-7 所示。选择一个合适分辨率的手机屏幕。单击“Next”按钮，进入手机设置界面，可以在 Recommended 和 x86Images 系列里选择推荐的默认手机，也可以下载并安装指定 API 版本的虚拟手机，本书选择 x86-Images 系列默认 API 19 版本的虚拟手机，如图 1-8 所示。继续单击“Next”按钮，进入手机名字和高级设置界面，可以全部保持默认，单击“Finish”按钮完成虚拟手机的创建。

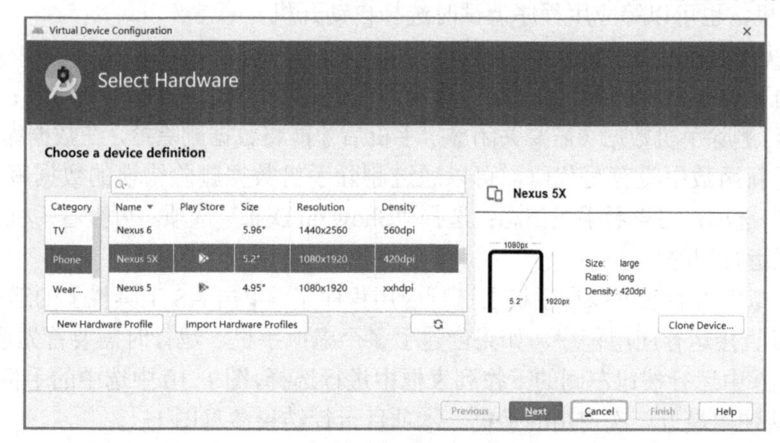

图 1-7　创建虚拟手机

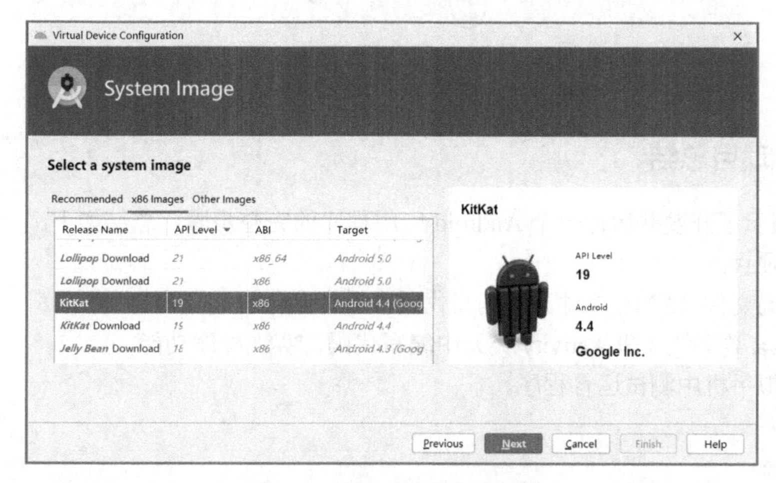

图 1-8　选择或下载安装手机

2）可以新建多个手机供不同应用程序运行使用，也可以更改已有手机的性能。更改步骤与创建类似，打开虚拟手机管理界面，如图 1-9 所示，在手机列表中单击“编辑”按钮进入修改界面，选择“Change”（修改）按钮进入图 1-7 所示的创建虚拟手机界面。

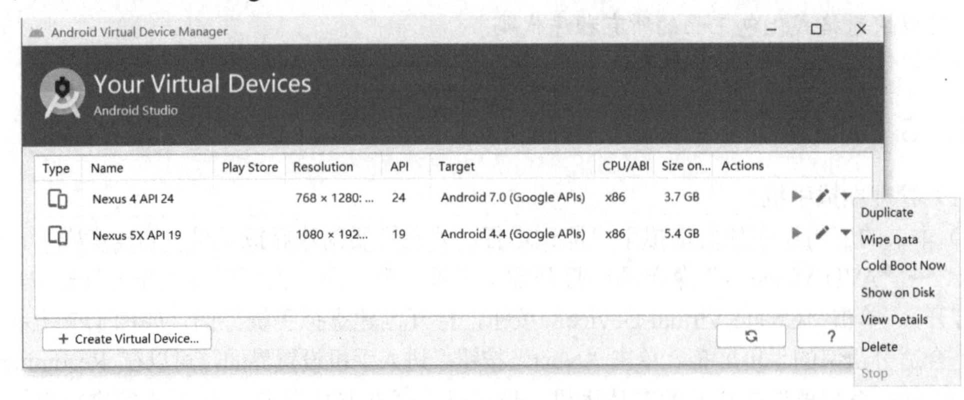

图 1-9　虚拟手机管理界面

3）与真实的手机一样，虚拟手机也需要开机，在虚拟手机管理界面的手机列表中单击“运行”按钮▶开机，也可以等应用程序调试时选择自动开机。

4）还可以查看和删除手机及手机数据，在虚拟手机管理界面的手机列表中单击下拉按钮▼，在弹出的下拉列表中选择“Delete”选项，即可删除手机，如图 1-9 所示；选择“Wipe Data”选项，可删除手机数据（需要关闭虚拟手机后才能将数据删除掉，在数据库访问程序中，如果数据库更新函数中没有写代码，可以通过删除手机数据删除错误的数据库文件）；选择“View Details”选项，可查看手机信息；选择“Show on Disk”选项，可查看手机存储目录。

（2）调试运行程序

创建完虚拟手机后就可以在手机上运行应用程序了，单击 AS 工具栏上的运行按钮▶（见图 1-10）可以直接运行应用程序。如果创建了多个虚拟手机，运行时需要首先选择待使用的手机（在图 1-10 中运行按钮左侧的下拉列表框中进行选择，图 1-10 中选中的手机为 Nexus 5X API 19），默认使用最近一次使用的手机。本项目运行结果参见图 1-1。

图 1-10　AS 工具栏

1.4.4　项目总结

本项目演示了开发并运行一个 Android 应用程序的完整步骤，总结如下。

1）创建项目。

2）在布局文件（XML 文件）中编写代码，设计应用程序页面。

3）在 Java 类文件（即 Activity 类）中编写代码，实现程序功能。

4）在虚拟手机中测试运行程序。

1.5　实验 1

1. 参考本书配套资源安装应用程序开发环境。

2．编写一个 Android 项目，计算 1～100 的累加和，并用 logcat 输出计算结果。

1.6 习题 1

1．简述 Android 开发具有的优势。
2．简述 Android 应用程序的四大组件。
3．简述 Android 应用程序的开发步骤。
4．总结搭建 Android 开发环境的步骤。

1.7 知识拓展——Android 应用程序结构

1.7.1 应用程序结构

由图 1-5 可见，Android 应用程序（app）包含了 manifests、java、res 三个文件夹。其中，manifests 文件夹用于存放应用程序的配置文件 AndroidManifest.xml；java 文件夹下包含了以应用程序包名命名的文件夹，用于存放实现应用程序功能的 java 文件；res 文件夹用于存放应用程序的资源，资源文件名中不允许出现大写字母和汉字。

资源是 Android 应用程序不可或缺的部分，是需要包含到应用程序中的外部元素，如图片、音频、视频和文本、布局、颜色、主题等常量字符串。这些元素又分别存放在不同的文件夹中，如 drawable 和 mipmap 文件夹存放图片；layout 文件夹存放页面布局文件，包括 Activity 的页面文件和其他用户设计的页面布局文件；value 文件夹存放应用程序的常量文件，如 strings.xml 文件存放应用程序的字符串常量，colors.xml 文件存放应用程序的颜色常量，styles.xml 文件存放应用程序的样式常量。

根据需要，还可以在文件夹下进一步创建文件夹，如在 java 文件夹下创建 bean 文件夹存放实体类，在 res 文件夹下创建 menu 文件夹存放菜单文件等。普通文件夹（如 bean）可以直接创建，具有特殊含义的文件夹（如 menu）则通过特定的步骤进行创建，后面涉及时会给出详细操作步骤。

Gradle Scripts 目录下包含了 gradle wrapper 构建脚本，其中 build.gradle（Module:app）是应用程序的全局 gradle 构建脚本。当开发完毕的 Android 应用程序用不同版本的 AS 开发环境打开时，可以通过修改该文件里关于版本的信息避免应用程序的下载更新。

1.7.2 配置文件 AndroidManifest.xml

AndroidManifest.xml 文件位于 Android 应用程序项目的 manifests 目录，用于存放应用程序配置信息，是每个应用程序必须有的文件。它描述了应用程序的组件及其实现类、应用程序能够处理的数据和启动位置，以及权限和测试控制等，基本结构如下。

```
<manifest xmlns:android="http://schemas.android.com/apk/res/android"
```

```
    package="com.example.liu.welcome">
    <uses-permission android:name="android.permission.INTERNET" />
    <application
        android:allowBackup="true"
        android:icon="@mipmap/ic_launcher"
        android:label="@string/app_name"
        android:roundIcon="@mipmap/ic_launcher_round"
        android:supportsRtl="true"
        android:theme="@style/AppTheme">
        <activity android:name=".MainActivity">
            <intent-filter>
                <action android:name="android.intent.action.MAIN" />
                <category android:name="android.intent.category.LAUNCHER" />
            </intent-filter>
        </activity>
    </application>
</manifest>
```

（1）application 配置节

该节是必须包含的配置节，它声明了应用程序的组件及其属性，属性说明如下。

1）android:icon：声明应用程序的图标。

2）android:label：声明应用程序的标题。

3）android:theme：声明应用程序的主题风格。

（2）activity 配置节

包含在 application 配置节中，每定义一个 Activity 就会自动生成一个 activity 配置节，用来定义 Activity 的属性。通过包含的 intent-filter 配置节进一步定义 Activity 的动作，如可以通过 android:name="android.intent.action.MAIN"属性指定应用程序的启动 Activity。

（3）其他配置节

根据应用需要还可以进一步设置其他配置节，如通过设置 uses-permission 配置节注册应用程序的权限。

1.8 知识拓展——logcat

logcat 是 Android SDK 提供的一种实用程序，代替了 Java 在控制台（Console）上的标准输出流，功能更加强大，提供了应用程序运行时输出调试信息的一个途径。

logcat 调试信息窗口有 6 种过滤器，即 Verbose、Debug、Info、Warn、Error 和 Assert。可过滤输出相应的调试信息，默认输出为 Verbose，表示不过滤地输出所有调试信息，在调试信息窗口选中“Android Monitor”能够打开 logcat 窗口，如图 1-11 所示。

android.util 包的 Log 类提供了调试信息的输出方法，具体如下。

1）Log.v(String tag, String msg)：输出 Verbose 信息。

2）Log.d(String tag, String msg)：输出 Debug 信息。

3）Log.i(String tag, String msg)：输出 Info 信息。

4）Log.w(String tag, String msg)：输出 Warn 信息。

5）Log.e(String tag, String msg)：输出 Error 和 Assert 信息。

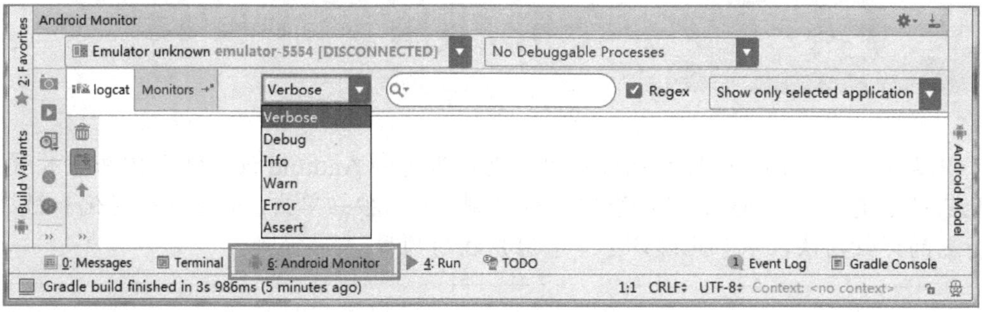

图 1-11　logcat 窗口

参数说明如下。

1）tag：调试信息标签名称。

2）msg：调试信息输出内容。

1.9　随堂测试 1

1. 下列哪种不是手机操作系统?（　　）

　A. Android　　B. Windows Phone

　C. Apple iPhone iOS　　D. Windows vista

2. 以下关于 Android 应用程序目录结构的描述中不正确的是哪个？（　　）

　A. src 目录是应用程序的主要目录，由 Java 类文件组成

　B. res 目录中的文件名不允许出现大写字母

　C. res 目录是应用资源目录，该目录中的所有资源内容都会被 R 类所索引

　D. AndroidManifest.xml 文件是应用程序目录清单文件，不需要手动修改

3. 在 Android 应用程序中，音乐文件一般存放在哪个目录下？（　　）

　A. raw　　B. values　　C. layout　　D. drawable

4. DDMS 中 Log 信息分为几个级别？（　　）

　A. 3　　B. 4　　C. 5　　D. 7

5. 关于 AndroidManifest.xml 文件，以下哪个描述是错误的？（　　）

　A. <manifest>和<application>元素是必需的，且只能出现一次

　B. 处于同一层次的元素，顺序不能互换

　C. 元素属性一般是可选的，但是有些属性是必须设置的

　D. 对于可选的属性，即使不写，也有默认的数值项说明

第 2 章 布局和常用小控件

本章介绍 Android 开发的基础知识，包括布局和 Android 设计常用控件基本用法，在此基础上重点介绍 Android 的事件监听机制，包括按钮单击、选择发生变化和触摸等监听器的详细用法，基于此设计了一个用户注册项目。

2.1 用户注册项目设计

2.1.1 项目需求

设计一个运行结果如图 2-1 所示的用户注册程序，该程序具有以下功能。

1）能够判断两次输入的密码是否一致，一致才允许注册。

2）用户接受许可协议方可注册。

3）密码用密码框方式输入。

4）注册成功显示用户注册信息内容。

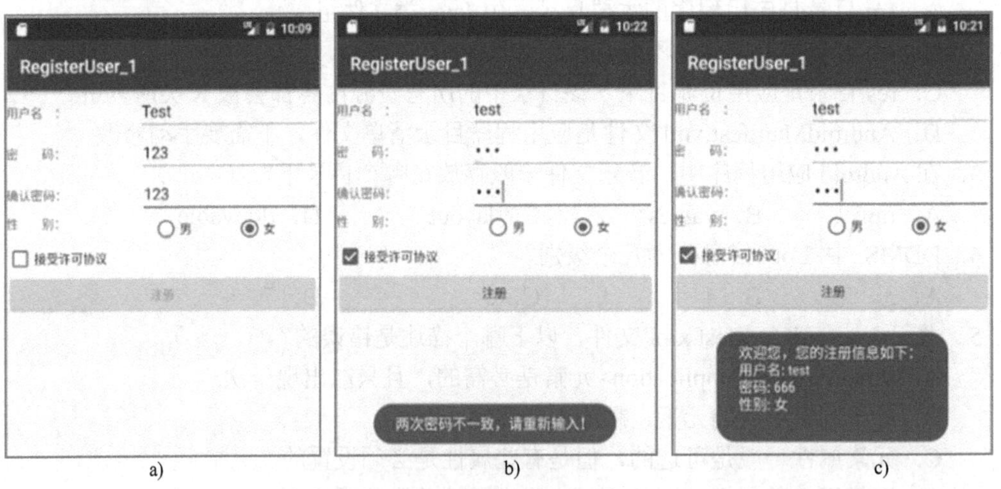

图 2-1 用户注册程序运行结果

a) 初始页面 b) 密码不一致提示 c) 注册成功显示信息

2.1.2 技术分析

1）本项目使用线性布局。

2）使用文本控件、按钮控件、复选框控件设计页面。
3）通过按钮的单击事件与用户进行交互。
4）复选框控件和按钮控件配合使用，以保证用户接受许可协议的业务要求。
5）使用简单通知板 Toast 弹出提示信息。
用户注册项目涉及知识点如图 2-2 所示。

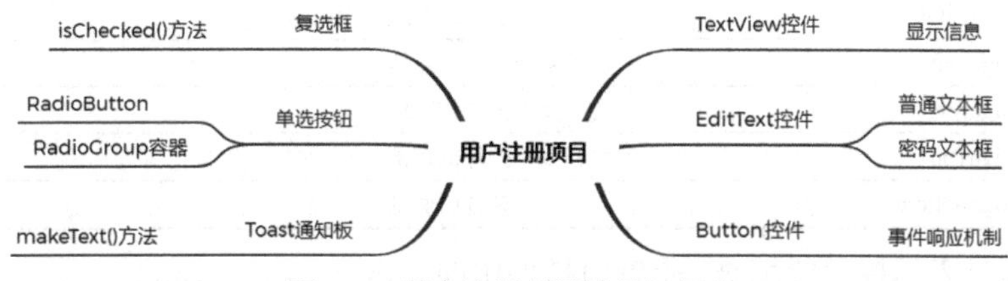

图 2-2　用户注册项目涉及知识点

【项目知识点】

2.2 常用布局

布局用于控制页面上控件的摆放位置，根据摆放规则的不同，有相对布局（RelativeLayout）、线性布局（LinearLayout）、表格布局（TableLayout）和抽屉布局（DrawerLayout）等多种布局。

2.2.1 相对布局

相对布局是 AS 开发环境创建的空白项目的默认布局，该布局通过参考位置来定位控件的位置，即每一个控件的位置都是相对于其他参考（父或者兄弟）控件的，通过为其他控件添加 margin 和 padding 属性来确定其显示位置，这种布局的优点是渲染效率较高。

根据父控件定位的常用属性如表 2-1 所示，属性取值为 true。

表 2-1　父控件定位属性

属 性 名	说 明
android:layout_alignParentLeft	左对齐父控件
android:layout_alignParentRight	右对齐父控件
android:layout_alignParentTop	顶部对齐父控件
android:layout_alignParentBottom	底部对齐父控件
android:layout_centerHorizontal	在父控件中水平居中
android:layout_centerVertical	在父控件中垂直居中
android:layout_centerInParent	在父控件中整体居中

根据兄弟控件定位的常用属性如表 2-2 所示，属性取值为参考控件的 Id 值。

表 2-2 兄弟控件定位属性

属 性 名	说 明
android:layout_above	位于参考控件的上方
android:layout_below	位于参考控件的下方
android:layout_toLeftOf	位于参考控件的左边
android:layout_toRightOf	位于参考控件的右边
android:layout_alignLeft	对齐参考控件的左边
android:layout_alignRight	对齐参考控件的右边
android:layout_alignTop	对齐参考控件的顶部
android:layout_alignBottom	对齐参考控件的底部

padding 属性表示控件的填充，是针对控件中的元素而言的，即控件中的元素相对于控件的填充。margin 属性表示控件的偏移，是针对控件在容器中的位置而言的，表示控件相对于容器的偏移。属性与控件之间相对关系的盒子模型如图 2-3 所示。

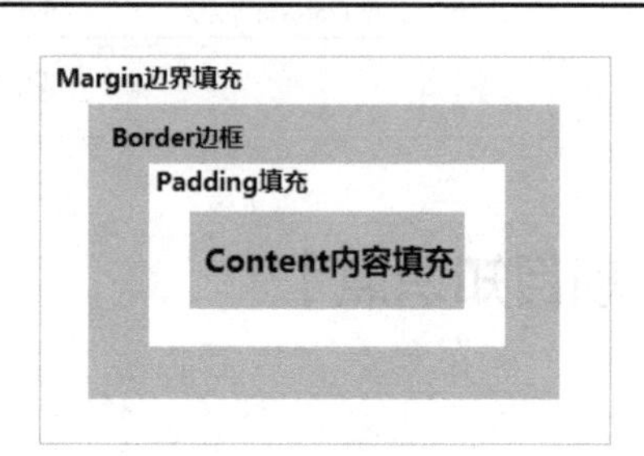

图 2-3 盒子模型

此外，还有与布局有关的一些其他常用属性，如表 2-3 所示。这些属性在其他布局和后文介绍的小控件中的含义一样，这里一并给出，后面将不再重复。

表 2-3 其他常用属性

属 性 名	说 明
android:layout_width	占用宽度位置，有以下三种取值。 ● match_parent：与父控件宽度一样 ● wrap_content：适应内容的宽度 ● 像素值，单位可以是 dp、sp 等
android:layout_height	占用高度位置，取值及含义同宽度属性
android:gravity	设置控件内容相对于控件自身的位置，有以下常用取值。 ● center：居中 ● center_horizontal：水平居中 ● center_vertical：垂直居中 ● fill：填充模式
android:id	Id 属性，取值形如“@+id/Id 的名字”，“@+”表示是一个新 Id

【例 2-1】 使用相对布局属性设置图片位置，使图片按照如图 2-4 所示位置摆放。

图 2-4 相对布局例子

创建应用程序，编写页面布局代码如下。

```
<?xml version="1.0" encoding="utf-8"?>
<RelativeLayout xmlns:android="http://schemas.android.com/apk/res/android"
   xmlns:app="http://schemas.android.com/apk/res-auto"
   xmlns:tools="http://schemas.android.com/tools"
   android:layout_width="match_parent"
   android:layout_height="match_parent"
   tools:context="com.example.liu.exam2_1_1.Main2Activity">
   <!--容器中央图片-->
   <ImageView
      android:id="@+id/img1"
      android:layout_width="80dp"
      android:layout_height="80dp"
      android:layout_centerInParent="true"
      android:src="@drawable/androidcenter"/>
   <!--左边图片-->
   <ImageView
      android:id="@+id/img2"
      android:layout_width="80dp"
      android:layout_height="80dp"
      android:layout_toLeftOf="@id/img1"
      android:layout_centerVertical="true"
      android:src="@drawable/android1"/>
   <!--右边图片-->
   <ImageView
      android:id="@+id/img3"
      android:layout_width="80dp"
      android:layout_height="80dp"
      android:layout_toRightOf="@id/img1"
      android:layout_centerVertical="true"
      android:src="@drawable/android1"/>
   <!--顶部图片-->
   <ImageView
      android:id="@+id/img4"
      android:layout_width="80dp"
      android:layout_height="80dp"
      android:layout_above="@id/img1"
      android:layout_centerHorizontal="true"
      android:src="@drawable/android2"/>
   <!--底部图片-->
   <ImageView
      android:id="@+id/img5"
      android:layout_width="80dp"
      android:layout_height="80dp"
      android:layout_below="@id/img1"
      android:layout_centerHorizontal="true"
      android:src="@drawable/android2"/>
</RelativeLayout>
```

Tips 如果应用程序中没有 drawable 图片文件夹，则需要进行添加，方法为右键单击 res 文件夹并依次选择“New”→“Android resource directory”菜单项，在“Resource type”下拉列表框中选择“drawable”文件夹。也可以不使用 drawable 文件夹，直接将图片存放在 mipmap 文件夹，代码对应位置修改为 mipmap 即可，两种方法的效果一样。

2.2.2 线性布局

线性布局（LinearLayout），顾名思义，页面上控件（或容器）的位置是线性依次排列的，有横向和竖向两种排列方式，默认的排列方式是水平横向排列。手机一般竖向使用，所以往往将全局线性布局设置为垂直竖向（除非特别说明，本书均使用垂直线性布局）。无论线性布局中的列有多宽，一个垂直排列的列表中每一行只会有一个控件（或容器），一个水平排列的列表只有一个行高，即最高子控件本身的高度加上边框的高度。

线性布局的常用属性如表 2-4 所示。

表 2-4 线性布局的常用属性

属性名	说　明
android: orientation	设置布局中控件的排列方向，有两种取值。 ● horizontal：默认值，水平排列 ● vertical：垂直排列
android:layout_weight	设置控件在线性布局中的填充权重比例，取值为整数
android:gravity	设置控件内容相对于控件自身的位置，有以下常用取值。 ● center：居中 ● center_horizontal：水平居中 ● center_vertical：垂直居中 ● fill：填充模式
android:layout_gravity	设置控件相对于父级的位置，有以下常用取值。 ● center：居中 ● center_horizontal：水平居中 ● center_vertical：垂直居中

线性布局中可以为包含的控件（或容器）指定填充权重，指定填充权重后，控件（或容器）会根据权重比例分配屏幕。默认权重的值为 0，表示按照控件（或容器）的实际大小来显示，指定权重后控件会放大并填充空白。例如有三个文本框，其中两个指定权重为 1，一个不指定，那么，没有指定权重的文本框将不会放大，按实际大小来显示，而指定权重为 1 的两个文本框将等比例地放大填满剩余的空间。如果指定权重的两个文本框的权重一个为 2，另一个为 1，那么显示不指定权重文本框后剩余空间的 2/3 给权重为 2 的文本框，1/3 给权重为 1 的文本框。

【例 2-2】 创建应用程序，编写以下页面代码，查看程序运行效果。

① 不设置位置权重页面的代码如下。

```
<LinearLayout xmlns:android="http://schemas.android.com/apk/res/android"
    xmlns:tools="http://schemas.android.com/tools"
    android:layout_width="match_parent"
    android:layout_height="match_parent"
    tools:context="com.example.liu.exam2_1.MainActivity">
    <TextView
        android:layout_width="wrap_content"
        android:layout_height="wrap_content"
        android:text="Welcome"/>
```

```
        <TextView
            android:layout_width="wrap_content"
            android:layout_height="wrap_content"
            android:text="Welcome"/>
        <TextView
            android:layout_width="wrap_content"
            android:layout_height="wrap_content"
            android:text="Welcome"/>
    </LinearLayout>
```

程序运行结果如图 2-5a 所示。

② 增加代码，将第 2 个和第 3 个 TextView 控件的位置权重都设置为 1，添加权重代码如下。

```
    android:layout_weight="1"
```

程序运行结果如图 2-5b 所示。

③ 增加代码，将第 2 个和第 3 个 TextView 控件的位置权重分别设置为 2 和 1。

程序运行结果如图 2-5c 所示。

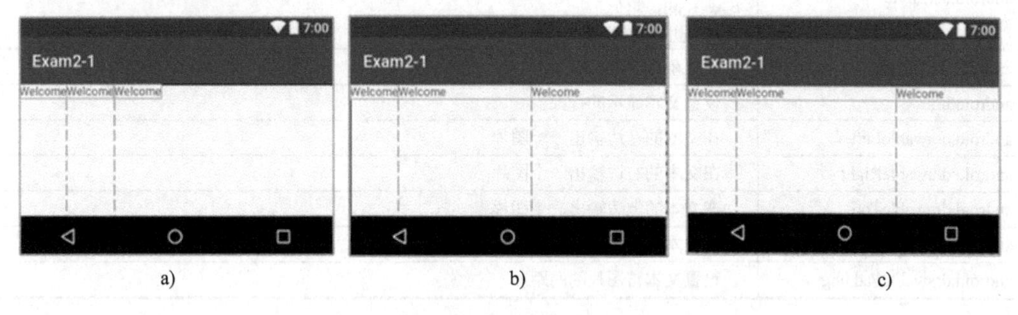

a)　　b)　　c)

图 2-5　水平线性布局位置权重示例

a) 不设置位置权重　b) 第 2、3 个控件的位置权重都为 1　c) 第 2、3 个控件的位置权重分别为 2、1

【例 2-3】 修改例 2-2，将默认的全局水平横向布局改为垂直竖向布局，查看程序的运行效果。程序运行结果较为直观，这里鉴于篇幅省略。

2.2.3　其他布局

Android 开发中还提供了帧布局（FrameLayout）、表格布局（TableLayout）、绝对布局（AbsoluteLayout）和抽屉布局（DrawerLayout）等布局，后面应用涉及时将具体介绍。

2.3　常用小控件

2.3.1　文本控件

1. TextView 控件

TextView 控件是静态文本控件，主要用来显示丰富格式的文本信息。TextView 控件的常用属性如表 2-5 所示。

表 2-5　TextView 控件的常用属性

属性名	说明
android:id	Id 值，控件的唯一标识，取值为“@+id/id 控件名”，其中“@+id”表示是一个新的 Id
android:layout_width	占用宽度位置，有以下三种取值。 ● match_parent：与父控件宽度一样 ● wrap_content：适应内容的宽度 ● 像素值，单位可以是 dp、sp 等
android:layout_height	占用高度位置，取值及含义同宽度属性
android:layout_weight	设置控件在容器中的权重比例
android:gravity	设置控件中的元素相对于控件的位置，注意与权重的区别
android:text	设置显示的文本，值可以是常量字符串，也可以是“@string/string 名”，其中“@string”表示预先在 strings.xml 文件中设置了字符串
android:textSize	设置文字的大小，推荐度量单位 sp。若使用 sp 作为字体大小单位，字体会随着系统的字体大小而改变，若使用 dp 作为字体大小单位则不会
android:textColor	设置文本的颜色
android:textStyle	设置文本的字形，有以下三种取值。 ● normal：常规字体 ● bold：粗体 ● italic：斜体
android:singleLine	设置单行显示
android:lines	设置文本显示的行数
android:drawableLeft	在文本的左边输出一个图片
android:drawableRight	在文本的右边输出一个图片
android:drawableTop	在文本的上边输出一个图片
android:drawableBottom	在文本的下边输出一个图片
android:drawablePadding	设置文本与图片的间距

TextView 控件的常用方法如表 2-6 所示。

表 2-6　TextView 控件的常用方法

方法名	说明
setText()	有多种重载，最常用的一种为 void setText(CharSequence text)，设置控件的文本值，参数 text 为字符串型文本值
getText()	CharSequence getText()，返回控件的文本值
setVisibility()	设置文本的可见属性，有以下三种常用取值。 ● View.Gone：控件不可见，且不占位置 ● View.INVISIBLE：控件不可见，占位置 ● View.VISIBLE：控件可见，为默认取值

如果要给 TextView 控件设置特殊的显示效果，可以进一步设置其属性，如表 2-7 所示。

表 2-7　丰富格式的 TextView 控件属性

属性名	说明
android:background	设置背景颜色或背景图片
android:autoLink	设置链接的类型，有以下取值。 ● none：不进行任何匹配，默认取值 ● web：匹配 Web Url ● email：匹配邮件地址 ● phone：匹配电话号码 ● map：匹配地图地址 ● all：匹配 web、email、phone、map 所有类型

（续）

属性名	说明
android:textColorLink	设置链接字体的颜色
android:shadowColor	设置阴影颜色，可以在 colors.xml 文件中预先配置颜色
android:shadowRadius	设置模糊程度，数值越大，阴影就越模糊
android:shadowDx	设置在水平方向上的偏移量，数值越大，阴影向右移动的幅度越大
android:shadowDy	设置在垂直方向上的偏移量，数值越大，阴影向下移动的幅度越大

2. EditText 控件

EditText 控件是输入文本框，它在 TextView 控件的基础上增加了文本编辑功能，用于处理用户输入。它的外观虽然与 TextView 控件不同，但属性和方法与 TextView 控件非常类似。

除了与上一节列出的 TextView 控件属性相同的部分属性外，其常用属性还包括表 2-8 中的属性。

表 2-8　EditText 控件的其他常用属性

属性名	说明
android:hint	设置输入的提示文本
android:inputType	设置输入文本的类型，有以下取值。 ● number：只能输入数字 ● numberDecimal：只能输入浮点数（小数）整数 ● password：将输入的文字显示为“・・・”，用于密码输入 ● textMultiLine：多行输入 ● textNoSuggestions：无提示
android:editable	只读属性，默认值为 true，设置为 false 时表示只读
android:lines	设置文本框的行数

除了与 TextView 控件的方法相同的部分方法外，EditText 控件的常用方法还包括表 2-9 中的方法。通过使用这些方法，可以在程序运行期间控制 EditText 控件的行为，如设置为只读控件、在 EditText 的输入内容发生变化时进行交互响应等。

表 2-9　EditText 控件的其他常用方法

方法名	说明
setCursorVisible()	void setCursorVisible(boolean visible)，设置输入框中光标的可见性
setFocusable()	void setFocusable(boolean visible)，设置输入焦点
setFocusableInTouchMode()	void setFocusableInTouchMode(boolean visible)，设置触摸时的输入焦点

addTextChangedListener()	void addTextChangedListener(TextWatcher watcher)，添加文本框输入发生变化时监听事件。参数 watcher 的原型如下。
	public interface TextWatcher {
	public void beforeTextChanged(CharSequence charSequence, int i, int i1, int i2) {
	}
	public void onTextChanged(CharSequence charSequence, int i, int i1, int i2) {
	}
	public void afterTextChanged(Editable editable) {
	}
	}
	其中，beforeTextChanged()方法在文本框内容发生变化之前触发，onTextChanged()方法在文本框内容发生变化时触发，afterTextChanged()方法在文本框内容发生变化之后触发。用 TextWatcher 接口实例化对象必须实现以上三个方法。一般，beforeTextChanged()和 onTextChanged()方法只需要重写实现就可以，不需要写函数代码。在 afterTextChanged()方法中，编写文本框输入内容发生变化后应用程序响应的代码，实现实时监控文本框输入内容变化的功能

2.3.2 按钮控件

按钮控件主要用于响应用户的操作，实现与用户的交互。常用按钮包括 Button（普通按钮）、ImageButton（图片按钮）、RadioButton（单选按钮）和 ToggleButton（开关按钮）。这几种按钮最主要的区别是外观不同，但功能大同小异。

1. Button 控件

Button 控件是普通按钮，也是最常用的按钮，用于响应用户的操作。其常用属性与文本类控件类似，如表 2-10 所示。

表 2-10 Button 控件的常用属性

属性名	说明
android: id	Id 值，控件的唯一标识，取值为“@+id/id 控件名”，其中“@+id”表示是一个新的 Id
android:text	设置显示的文本，值可以是常量字符串，也可以是“@string/string 名”，其中“@string”表示预先在 strings.xml 文件中设置了字符串
android:layout_width	占用宽度位置，有以下三种取值。 ● match_parent：与父控件宽度一样 ● wrap_content：适应内容的宽度 ● 像素值，单位可以是 dp、sp 等
android:layout_height	占用高度位置，取值同宽度属性
android:layout_weight	设置控件在容器中的权重比例
android:gravity	设置控件中的元素相对于控件的位置，注意与权重的区别
android:onClick	设置按钮单击响应事件的方法名（不是 Java 语法的推荐用法，使用较少）

Button 控件的常用方法如表 2-11 所示。

表 2-11 Button 控件的常用方法

方法名	说明
setText()	有多种重载，最常用的一种为 void setText(CharSequence text)，设置控件的文本值，参数 text 为字符串型文本值
getText()	CharSequence getText()，返回控件的文本值
setEnabled()	void setEnabled(boolean enabled)，设置按钮的可用性
setOnClickListener()	void setOnClickListener(View.OnClickListener l)，设置按钮的单击事件。参数 l 为 OnClickListener 接口类型对象，必须实现 void onClick(View v) 方法，参数为被单击的按钮

【例 2-4】 综合应用文本控件和按钮控件设计一个如图 2-6 所示的简单用户登录页面。

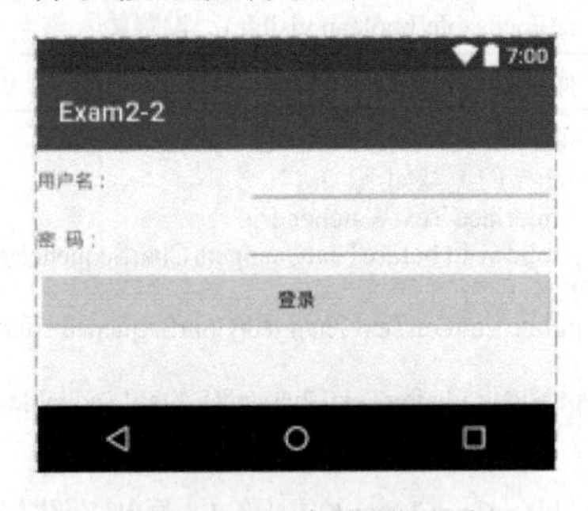

图 2-6 用户登录页面

创建应用程序，编写页面布局代码如下。

```
<?xml version="1.0" encoding="utf-8"?>
```

```
<LinearLayout xmlns:android="http://schemas.android.com/apk/res/android"
    xmlns:app="http://schemas.android.com/apk/res-auto"
    xmlns:tools="http://schemas.android.com/tools"
    android:layout_width="match_parent"
    android:layout_height="match_parent"
    android:orientation="vertical"
    tools:context="com.example.liu.exam2_2.MainActivity">
    <LinearLayout
        android:layout_width="match_parent"
        android:layout_height="wrap_content">
        <TextView
            android:layout_width="wrap_content"
            android:layout_height="wrap_content"
            android:layout_weight="1"
            android:text="用户名：" />
        <EditText
            android:id="@+id/etName"
            android:layout_width="wrap_content"
            android:layout_height="wrap_content"
            android:layout_weight="2.08" />
    </LinearLayout>
    <LinearLayout
        android:layout_width="match_parent"
        android:layout_height="wrap_content">
        <TextView
            android:layout_width="wrap_content"
            android:layout_height="wrap_content"
            android:layout_weight="1"
            android:text="密码：" />
        <EditText
            android:id="@+id/etPass"
            android:layout_width="wrap_content"
            android:layout_height="wrap_content"
            android:layout_weight="2" />
    </LinearLayout>
        <Button
            android:id="@+id/btnLogin"
            android:layout_width="match_parent"
            android:layout_height="wrap_content"
            android:text="登录" />
</LinearLayout>
```

2．Button 控件的单击事件响应机制

按钮最重要的功能是响应用户的单击操作，使用 setOnClickListener() 方法为按钮设置单击监听器绑定事件，其参数为一个实现了 OnClickListener 接口的监听器对象。

常用绑定方法有多种，这里介绍三种，本书主要使用后两种，但第一种仍然给出，目的是帮助理解后两种。

（1）使用成员内部类的方式

1）在 MainActivity 类中创建一个成员内部类，并且实现 OnClickListener 接口，重写

OnClick 方法，代码如下。

```
private class BtnOnclickListener implements View.OnClickListener{
    @Override
    public void onClick(View view) {
        //按钮单击响应代码
    }
}
```

2）获取 layout 布局页面中的 Button 控件，代码如下。

```
Button btnLogin=(Button)findViewById(R.id.btnLogin);
```

3）给按钮绑定相关的监听器事件，由于这个类是当前类的内部类，不需要传入上下文对象。用 new 运算符直接实例化内部类的生成对象并传给 setOnClickListener() 方法作为实参即可，代码如下。

```
btnLogin.setOnClickListener(new BtnOnclickListener());
```

这种方式的优点是成员内部监听器类可以访问外部类的所有属性，也可以让外部类重复使用内部类的对象。其不足是需要定义一个类，代码稍显复杂。

（2）使用匿名内部类的方式

1）获取 layout 布局页面中的 Button 控件，代码如下。

```
Button btnLogin=(Button)findViewById(R.id.btnLogin);
```

2）使用匿名内部类的方式为按钮绑定监听器，代码如下。

```
btnLogin.setOnClickListener(new View.OnClickListener() {
    @Override
    public void onClick(View view) {
        //按钮的单击响应代码
    }
});
```

这种方式的优点是使用简单，特别是在只有一个按钮的情况下使用非常方便。其不足是监听接口类的实现只能在一个按钮上使用，重用效果不好。

【例 2-5】 完善例 2-4，补充“登录”按钮的单击事件代码，用户登录成功时用 TextView 控件显示欢迎信息，登录不成功时用 TextView 控件提示出错信息。

① 在 Button 按钮下面添加一个用于显示信息的 TextView 控件，代码如下。

```
<TextView
    android:layout_width="match_parent"
    android:layout_height="wrap_content"
    android:id="@+id/tvMessage"/>
```

② 编写按钮的单击事件代码实现所要求的登录功能。

```
public class MainActivity extends AppCompatActivity{
    EditText etPass,etName;
    TextView tvMessage;
```

```
    @Override
    protected void onCreate(Bundle savedInstanceState) {
        super.onCreate(savedInstanceState);
        setContentView(R.layout.activity_main);
        etPass=(EditText)findViewById(R.id.etPass);
        etName=(EditText)findViewById(R.id.etName);
        tvMessage=(TextView) findViewById(R.id.tvMessage);
        Button btnLogin=(Button)findViewById(R.id.btnLogin);
        btnLogin.setOnClickListener(new View.OnClickListener() {
            @Override
            public void onClick(View view) {
                //预置用户名test，密码123
                if(etName.getText().toString().equals("test")
                        &&etPass.getText().toString().equals("123"))
                    tvMessage.setText("欢迎您："+etName.getText());
                else
                    tvMessage.setText("用户名或密码错，请重新输入");
            }
        });
    }
}
```

（3）使用MainActivity类直接实现OnClickListener接口的方式

1）在MainActivity类中实现OnClickListener接口，并重写OnClick方法，代码如下。

```
public class MainActivity extends AppCompatActivity
                        implements View. OnClickListener {
    @Override
    protected void onCreate(Bundle savedInstanceState) {
        super.onCreate(savedInstanceState);
        setContentView(R.layout.activity_main);
    }

    @Override
    public void onClick(View view) {
        //按钮的单击响应代码
    }
}
```

2）把当前MainActivity类的对象传入，并绑定监听到Button按钮，代码如下。

```
Button btnLogin=(Button)findViewById(R.id.btnLogin);
btnLogin.setOnClickListener(this);
```

这种方式的优点是使MainActivity类成为监听器类，方便了重用。其不足是容易引起结构的混乱，因为MainActivity类的主要职责是初始化页面，加入事件处理器的方法后代码会显得有点混乱。

【例2-6】 修改例2-5，用MainActivity类实现OnClickListener接口的方式实现程序功能。

直接修改程序代码如下。

```
public class MainActivity extends AppCompatActivity
                           implements View. OnClickListener {
    EditText etPass,etName;
    TextView tvMessage;

    @Override
    protected void onCreate(Bundle savedInstanceState) {
        super.onCreate(savedInstanceState);
        setContentView(R.layout.activity_main);
        etPass=(EditText)findViewById(R.id.etPass);
        etName=(EditText)findViewById(R.id.etName);
        tvMessage=(TextView) findViewById(R.id.tvMessage);
        Button btnLogin=(Button)findViewById(R.id.btnLogin);
        btnLogin.setOnClickListener(this);
    }

    @Override
    public void onClick(View view) {
        //预置用户名 test，密码 123
        if(etName.getText().toString().equals("test")
                &&etPass.getText().toString().equals("123"))
            tvMessage.setText("欢迎您: "+etName.getText());
        else
            tvMessage.setText("用户名或密码错，请重新输入");
    }
}
```

3．RadioButton 与 RadioGroup 控件

RadioButton 控件是按钮控件的一种，它与普通按钮的主要区别是外观不同，而且能够实现单选功能。要实现单选功能，就需要结合 RadioGroup 控件使用。RadioGroup 是一个容器控件，能够包含 RadioButton 控件，当多个 RadioButton 控件被 RadioGroup 控件包含时，RadioButton 控件之间就实现了互斥，即一次只可以选择其中一个。

（1）RadioGroup 控件

RadioGroup 控件的常用属性和方法如表 2-12 所示。

表 2-12　RadioGroup 控件的常用属性和方法

属性/方法名	说明
android:orientation	设置 RadioButton 的排列方向，有以下两种取值。 ● horizontal：水平排列 ● vertical：垂直排列
getCheckedRadioButtonId()	int getCheckedRadioButtonId()，获取选中的 RadioButton 的 Id 值
clearCheck()	void clearCheck (int id)，清除指定 id 的 RadioButton 的选中状态，使其不再被选中
check ()	void check(int id)，设置指定 id 的 RadioButton 为选中状态，同时清除其他按钮的选中状态，如果指定 id 的 RadioButton 不存在，则相当于调用 clearCheck()方法
setOnCheckedChangeListener ()	void setOnCheckedChangeListener(RadioGroup.OnCheckedChangeListener listener)，设置单选按钮组中单选按钮（RadioButton）选中状态发生改变时调用的回调函数，需要实现 void onCheckedChanged(RadioGroup group,int checkedId)方法，参数 group 为 RadioGroup 对象，参数 checkedId 为选中的 RadioButton 的 Id 值，如果是清除 RadioButton 的选中状态，值为-1。也可以使用 getCheckedRadioButtonId()方法获得选中 RadioButton 的 Id 值

（2）RadioButton 控件

RadioButton 控件与 Button 控件的属性和方法类似。此外，RadioButton 控件主要用于单选，因此还包括一些特有方法，如表 2-13 所示。

表 2-13　RadioButton 控件的常用方法

方法名	说明
isChecked()	boolean isChecked()，返回 RadioButton 的选中状态
setOnCheckedChangeListener()	void setOnCheckedChangeListener(OnCheckedChangeListener listener)，设置选中状态发生变化时的响应事件

【例 2-7】 为例 2-5 增加一组权限选择的单选按钮，运行结果如图 2-7 所示，若登录成功，系统会根据不同的用户权限给出不同的欢迎词。

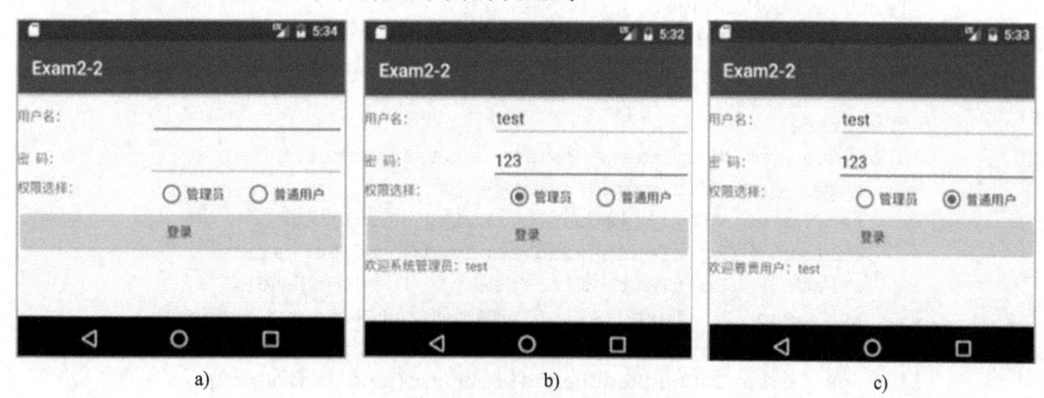

a)　　b)　　c)

图 2-7　带权限的用户登录页面

a)登录前　b)系统管理员成功登录　c)普通用户成功登录

① 在“登录”按钮上面增加权限选择的页面代码如下。

```
<LinearLayout
    android:layout_width="match_parent"
    android:layout_height="wrap_content">
    <TextView
        android:layout_width="wrap_content"
        android:layout_height="wrap_content"
        android:layout_weight="2"
        android:text="权限选择："/>
    <RadioGroup
        android:layout_width="wrap_content"
        android:layout_height="wrap_content"
        android:id="@+id/rpRole"
        android:layout_weight="1"
        android:orientation="horizontal">
    <RadioButton
        android:layout_width="wrap_content"
        android:layout_height="wrap_content"
        android:layout_weight="1"
        android:id="@+id/rdManage"
        android:text="管理员"/>
    <RadioButton
```

```
        android:layout_width="wrap_content"
        android:layout_height="wrap_content"
        android:layout_weight="1"
        android:id="@+id/rdUser"
        android:text="普通用户"/>
    </RadioGroup>
</LinearLayout>
```

② 编写代码实现程序功能。

```
public class MainActivity extends AppCompatActivity
                                implements View. OnClickListener {
    EditText etPass, etName;
    TextView tvMessage;
    RadioGroup rpRole;
    String strWelcome = ""; //欢迎词字符串

    @Override
    protected void onCreate(Bundle savedInstanceState) {
        super.onCreate(savedInstanceState);
        setContentView(R.layout.activity_main);
        etPass = (EditText) findViewById(R.id.etPass);
        etName = (EditText) findViewById(R.id.etName);
        tvMessage = (TextView) findViewById(R.id.tvMessage);
        rpRole = (RadioGroup) findViewById(R.id.rpRole);
        rpRole.setOnCheckedChangeListener(new RadioGroup.
                                    OnCheckedChange Listener() {
            @Override
            public void onCheckedChanged(RadioGroup radioGroup,@IdRes int i){
                switch (radioGroup.getCheckedRadioButtonId()) {
                    case R.id.rdManage:
                        strWelcome = "欢迎系统管理员：";
                        break;
                    case R.id.rdUser:
                        strWelcome = "欢迎尊贵用户：";
                        break;
                }
            }
        });
        Button btnLogin = (Button) findViewById(R.id.btnLogin);
        btnLogin.setOnClickListener(this);
    }

    @Override
    public void onClick(View view) {
        if (etName.getText().toString().equals("test")
            && etPass.getText().toString().equals("123"))
            tvMessage.setText(strWelcome + etName.getText());
        else
            tvMessage.setText("用户名或密码错，请重新输入");
    }
}
```

2.3.3 复选框控件

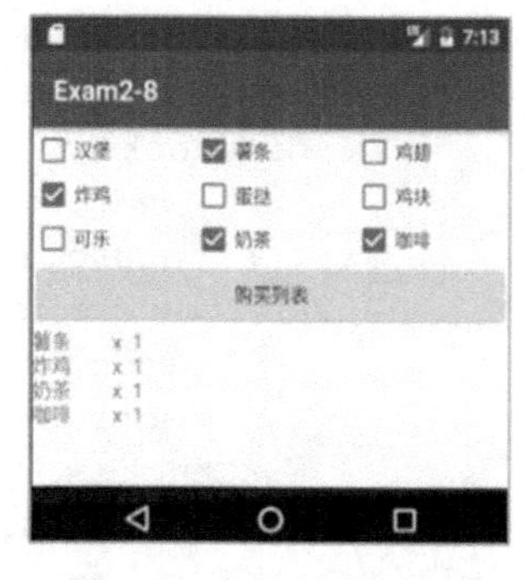

图 2-8　点餐小应用程序

与 RadioButton 控件不同，复选框控件（CheckBox）可以实现复选功能，能够多选，可以在选中和不选中之间反复切换，其属性和方法与 RadioButton 控件类似，鉴于篇幅这里不再列出。

【例 2-8】 利用复选框和按钮设计如图 2-8 所示的一个点餐小应用程序。

① 创建应用程序，编写页面代码如下。

```
<?xml version="1.0" encoding="utf-8"?>
<LinearLayout xmlns:android="http://schemas. android.com/apk/res/android"
    xmlns:app="http://schemas.android.com/apk/res-auto"
    xmlns:tools="http://schemas.android.com/tools"
    android:layout_width="match_parent"
    android:layout_height="match_parent"
    android:orientation="vertical"
    tools:context="com.example.liu.exam2_8.MainActivity">
    <LinearLayout
        android:layout_width="match_parent"
        android:layout_height="wrap_content"
        android:gravity="center">
        <CheckBox
            android:id="@+id/chk1"
            android:layout_width="wrap_content"
            android:layout_height="wrap_content"
            android:layout_weight="1"
            android:text="汉堡" />
        <CheckBox
            android:id="@+id/chk2"
            android:layout_width="wrap_content"
            android:layout_height="wrap_content"
            android:layout_weight="1"
            android:text="薯条" />
        <CheckBox
            android:id="@+id/chk3"
            android:layout_width="wrap_content"
            android:layout_height="wrap_content"
            android:layout_weight="1"
            android:text="鸡翅" />
    </LinearLayout>
    <LinearLayout
        android:layout_width="match_parent"
        android:layout_height="wrap_content"
        android:gravity="center">
        <CheckBox
            android:id="@+id/chk4"
            android:layout_width="wrap_content"
            android:layout_height="wrap_content"
```

```
                android:layout_weight="1"
                android:text="炸鸡" />
            <CheckBox
                android:id="@+id/chk5"
                android:layout_width="wrap_content"
                android:layout_height="wrap_content"
                android:layout_weight="1"
                android:text="蛋挞" />
            <CheckBox
                android:id="@+id/chk6"
                android:layout_width="wrap_content"
                android:layout_height="wrap_content"
                android:layout_weight="1"
                android:text="鸡块" />
        </LinearLayout>
        <LinearLayout
            android:layout_width="match_parent"
            android:layout_height="wrap_content"
            android:gravity="center">
            <CheckBox
                android:id="@+id/chk7"
                android:layout_width="wrap_content"
                android:layout_height="wrap_content"
                android:layout_weight="1"
                android:text="可乐" />
            <CheckBox
                android:id="@+id/chk8"
                android:layout_width="wrap_content"
                android:layout_height="wrap_content"
                android:layout_weight="1"
                android:text="奶茶" />
            <CheckBox
                android:id="@+id/chk9"
                android:layout_width="wrap_content"
                android:layout_height="wrap_content"
                android:layout_weight="1"
                android:text="咖啡" />
        </LinearLayout>
        <Button
            android:id="@+id/btnBuy"
            android:layout_width="match_parent"
            android:layout_height="wrap_content"
            android:text="购买列表" />
        <TextView
            android:id="@+id/tvFood"
            android:layout_width="match_parent"
            android:layout_height="wrap_content"
            android:textSize="15dp" />
    </LinearLayout>
```

② 编写代码实现程序功能。

```
public class MainActivity extends AppCompatActivity {
    //将复选框的 id 存放在数组里，方便编程
    int chk_id[] = {R.id.chk1, R.id.chk2, R.id.chk3, R.id.chk4,
          R.id.chk5, R.id.chk6, R.id.chk7, R.id.chk8, R.id.chk9};
    TextView tvFood;

    @Override
    protected void onCreate(Bundle savedInstanceState) {
        super.onCreate(savedInstanceState);
        setContentView(R.layout.activity_main);
        tvFood = (TextView) this.findViewById(R.id.tvFood);

        Button btnBuy = (Button) findViewById(R.id.btnBuy);
        btnBuy.setOnClickListener(new View.OnClickListener() {
            @Override
            public void onClick(View view) {
               //存放选中餐饮的字符串
                String msg = "";
                for (int id : chk_id) {
                    CheckBox chk = (CheckBox) findViewById(id);
                    if (chk.isChecked())
                        msg += chk.getText() + "\t\t\t" + "   x  1 " + "\n";
                }
                //显示选中的餐饮
                tvFood.setText(msg);
            }
        });
    }
}
```

本例也可以基于 setOnCheckedChangeListener()方法进行实现，鉴于篇幅这里省略，可以查看本书配套资源。

2.3.4 图片控件

图片控件（ImageView）主要用于显示图片，由于其能够响应用户单击操作，且较 Button 控件具有更加美观的外观，因而也常常用来代替 Button 控件。此外，ImageView 控件还可以实现滑屏效果。ImageView 控件的常用属性和方法如表 2-14 所示。

表 2-14　ImageView 控件的常用属性和方法

属性/方法名	说　明
android:src	设置在 ImageView 控件上显示的 Drawable 对象的 Id 值
android:background	设置 ImageView 控件的背景，可以是颜色，也可以是图片
setImageBitmap()	void setImageBitmap(Bitmap bitmap)，设置在 ImageView 控件上显示的 Bitmap 类型的图片
setImageResource()	void setImageResource(int resId)，设置在 ImageView 控件上显示的图片，参数 resId 为图片资源 Id 值
setOnTouchListener()	void setOnTouchListener(View.OnTouchListener l)，设置 ImageView 控件的触摸事件，能够实现滑屏操作，要想使该事件有效，必须设置 ImageView 控件为允许单击操作。参数 l 为 OnTouchListener 接口对象

（续）

属性/方法名	说　明
setOnTouchListener()	必须重写 boolean onTouch(View v,MotionEvent event)方法，在其中实现触摸功能。onTouch()方法的参数说明如下。 ● v：图片对象 ● event：鼠标操作事件
setClickable()	void setClickable(boolean clickable)，设置图片是否允许单击操作
setOnClickListener()	void setOnClickListener(View.OnClickListener l)，设置图片的单击事件，参数含义同 Button 控件的单击事件

实际上，ImageView 控件不仅可以用来显示图片，任何 Drawable 对象都可以用它来显示。ImageView 控件适用于任何布局，并且具有对图片进行缩放和着色的功能。ImageView 控件的相关属性如表 2-15 所示。

表 2-15　ImageView 控件的相关属性

属性/方法名	说　明
android:adjustViewBounds	设置 ImageView 控件是否调整自己的边界来保持所显示图片的长宽比
android:maxHeight	设置 ImageView 控件的最大高度
android:maxWidth	设置 ImageView 控件的最大宽度
android:scaleType	设置所显示的图片如何缩放或移动以适应 ImageView 控件的大小，有以下取值。 ● matrix：使用 matrix 方式进行缩放 ● fitXY：横向、纵向独立缩放，以适应该 ImageView 控件。 ● fitStart：保持纵横比缩放图片，并且将图片放在 ImageView 控件的左上角 ● fitCenter：保持纵横比缩放图片，缩放完成后将图片放在 ImageView 控件的中央 ● fitEnd：保持纵横比缩放图片，缩放完成后将图片放在 ImageView 控件的右下角 ● center：把图片放在 ImageView 控件的中央，但是不进行任何缩放 ● centerCrop：保持纵横比缩放图片，使图片能完全覆盖 ImageView 控件 ● centerInside：保持纵横比缩放图片，使 ImageView 控件能完全显示该图片

【例 2-9】 设计一个如图 2-9 所示的小程序，在图片上单击可以自动切换图片，模拟开关灯的效果。

a)　　b)

图 2-9　单击切换图片

a) 显示第一张图片（开灯）　b) 显示第二张图片（关灯）

① 创建应用程序，设计页面，代码如下。

```
<ImageView
    android:layout_width="match_parent"
```

```
    android:layout_height="match_parent"
    android:id="@+id/img"
    android:layout_centerInParent="true"
    android:src="@mipmap/light_on"/>
```

② 编写代码实现程序功能。

```
public class MainActivity extends AppCompatActivity {
    int num=0; //图片开关量，偶数值显示开灯的图片，奇数值显示关灯的图片
    ImageView img;
    @Override
    protected void onCreate(Bundle savedInstanceState) {
        super.onCreate(savedInstanceState);
        setContentView(R.layout.activity_main);
        img=(ImageView)findViewById(R.id.img);
        img.setClickable(true);
        img.setOnClickListener(new View.OnClickListener() {
            @Override
            public void onClick(View view) {
                num++;
                if(num%2!=0)
                    img.setImageResource(R.mipmap.light_off);
                else
                    img.setImageResource(R.mipmap.light_on);
            }
        });
    }
}
```

【例 2-10】 设计如图 2-10 所示运行效果的一个滑屏小程序，左右滑屏显示 mipmap 路径下的所有图片，当滑到第一张时左滑或滑到最后一张图片时右滑给出相应的提示。

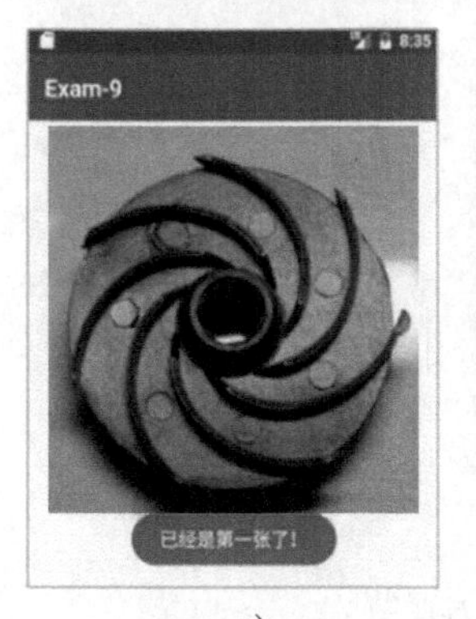

扫一扫
2-4　例 2-10 运行效果

a)　b)

图 2-10　滑动的图片
a) 滑到第一张图片时左滑　b) 滑到最后一张图片时右滑

① 创建应用程序，设计界面，代码如下。

```
<ImageView
    android:layout_width="match_parent"
    android:layout_height="match_parent"
    android:id="@+id/bigimage"/>
```

② 编写代码实现程序功能。

```
public class MainActivity extends AppCompatActivity
                              implements View. OnTouchListener {
    //图片 id 的数组，特别需要注意的是图片文件名中不允许出现大写字母与汉字
    int img_id[] = {R.mipmap.wl1,R.mipmap.wl2
                   ,R.mipmap.wl3,R.mipmap.wl4};
    //记录待显示图片在数组中的索引，第一次打开程序时显示数组中的第一个数据
    int position=0;
    ImageView bigimage;
    //记录鼠标指针滑动的 x 坐标
    float x0 = 0, x1;

    @Override
    protected void onCreate(Bundle savedInstanceState) {
        super.onCreate(savedInstanceState);
        setContentView(R.layout.activity_main);
        bigimage = (ImageView) this.findViewById(R.id.bigimage);
        //只有将 ImageView 控件设置为允许单击，才能捕捉鼠标按下和抬起时的位置
        bigimage.setClickable(true);
        //将图片加载到 ImageView 控件显示
        bigimage.setImageResource (img_id[position]);
        //设置滑动
        bigimage.setOnTouchListener(this);
    }

    //ImageView 控件的触摸事件
    @Override
    public boolean onTouch(View view, MotionEvent motionEvent) {
        switch (motionEvent.getAction()) {
            //捕获鼠标按下位置
            case MotionEvent.ACTION_DOWN:
                x0 = motionEvent.getX();
                break;
            //捕获鼠标抬起位置
            case MotionEvent.ACTION_UP:
                x1 = motionEvent.getX();
                float w;
                w = x1 - x0;
                //判断如果是右滑，调用显示上一张图片函数
                if (w>0)
                    viewPrePhoto();
                //判断如果是左滑，调用显示下一张图片函数
                if (-w >0)
                    viewNextPhoto();
                break;
        }
        return false;
    }
    //显示下一张图片函数
    private void viewNextPhoto() {
```

```
        //如果已经到数组结尾，回到大图模式
        if (position== img_id.length-1) {
            Toast.makeText(this, "已经是最后一张了！", 1).show();
        }
        else {
            //指针下移，显示下一张图片
            position=position+1;
            bigimage.setImageResource (img_id[position]);
        }
    }
    //显示上一张图片函数
    private void viewPrePhoto() {
        //如果已经到数组开始，回到大图模式
        if (position== 0) {
            Toast.makeText(this, "已经是第一张了！", 1).show();
        }
        else {
            //指针上移，显示上一张图片
            position=position-1;
            bigimage.setImageResource (img_id[position]);
        }
    }
}
```

2.4 Toast

Toast 是一个简单通知板，在例 2-10 中已经用到了 Toast。Toast 可以为当前视图显示一个浮动的显示块，并且永远不会获得焦点，一般用于提示一些不引人注目和不需要处理的消息。Toast 消息不影响任何其他操作，在超时后会自动消失，因此应用非常方便，但是也因为其自动消失的特性，不适合提示一些重要的信息。重要的提示信息可以使用 Notification 提示，Notification 将在本章知识拓展中介绍。

Toast 的常用方法如表 2-16 所示。

表 2-16　Toast 的常用方法

方法名	说　明
makeText()	有 static Toast makeText(Context context,int resId,int duration)和 static Toast makeText (Context context,CharSequence text,int duration) 两种重载，常用第二种。 ● Context：上下文对象 ● text：显示的消息来源，可以用 String 资源指定，使用<string.../>标签在 XML 资源文件中定义，也可以是一个指定的字符串消息 ● duration：设置 Toast 的持续时间。使用 Toast 自带的两个整型常量 LENGTH_LONG（或 1，时间稍长）和 LENGTH_SHORT（或 0，时间稍短）
show()	void show()，显示消息框
setGravity(int gravity, int xOffset, int yOffset)	void setGravity(int gravity, int xOffset, int yOffset)，设置 Toast 消息的显示位置。 ● gravity：设置一个重力方向 ● xOffset：设置水平方向的偏移量 ● yOffset：设置垂直方向的偏移量

【例 2-11】 使用 Toast 在屏幕中间显示一个简单的提示消息。

代码如下。

```
Toast toast=Toast.makeText(MainActivity.this,"Toast 提示消息"
                          ,Toast.LENGTH_ SHORT);
toast.setGravity(Gravity.CENTER, 0, 0);
toast.show();
```

2.5 用户注册项目实施

2.5.1 编码实现

1）创建应用程序，设计程序页面，代码如下。

```
<?xml version="1.0" encoding="utf-8"?>
<LinearLayout xmlns:android="http://schemas.android.com/apk/res/android"
   xmlns:app="http://schemas.android.com/apk/res-auto"
   xmlns:tools="http://schemas.android.com/tools"
   android:layout_width="match_parent"
   android:layout_height="match_parent"
   android:orientation="vertical"
   tools:context="com.example.liu.registeruser_1.MainActivity">
   <LinearLayout
      android:layout_width="match_parent"
      android:layout_height="wrap_content">
      <TextView
         android:layout_width="wrap_content"
         android:layout_height="wrap_content"
         android:layout_weight="1"
         android:text="用户名: " />
      <EditText
         android:id="@+id/etName"
         android:layout_width="wrap_content"
         android:layout_height="wrap_content"
         android:layout_weight="2" />
   </LinearLayout>
   <LinearLayout
      android:layout_width="match_parent"
      android:layout_height="wrap_content">
      <TextView
         android:layout_width="wrap_content"
         android:layout_height="wrap_content"
         android:layout_weight="1"
         android:text="密码: " />
      <EditText
         android:id="@+id/etPass"
```

```
            android:layout_width="wrap_content"
            android:layout_height="wrap_content"
            android:layout_weight="2"
            android:inputType="numberPassword" />
    </LinearLayout>
    <LinearLayout
        android:layout_width="match_parent"
        android:layout_height="wrap_content">
        <TextView
            android:layout_width="wrap_content"
            android:layout_height="wrap_content"
            android:layout_weight="1"
            android:text="确认密码：" />
        <EditText
            android:id="@+id/etPassAgain"
            android:layout_width="wrap_content"
            android:layout_height="wrap_content"
            android:layout_weight="2"
            android:inputType="numberPassword" />
    </LinearLayout>
    <LinearLayout
        android:layout_width="match_parent"
        android:layout_height="wrap_content">
        <TextView
            android:layout_width="wrap_content"
            android:layout_height="wrap_content"
            android:layout_weight="1"
            android:text="性别：" />
        <RadioGroup
            android:id="@+id/rpSex"
            android:layout_width="wrap_content"
            android:layout_height="wrap_content"
            android:layout_weight="1">
            <RadioButton
                android:id="@+id/rdMale"
                android:layout_width="wrap_content"
                android:layout_height="wrap_content"
                android:layout_weight="1"
                android:checked="true"
                android:text="男" />
            <RadioButton
                android:id="@+id/rdFemale"
                android:layout_width="wrap_content"
                android:layout_height="wrap_content"
                android:layout_weight="1"
                android:text="女" />
        </RadioGroup>
    </LinearLayout>
    <CheckBox
        android:id="@+id/ckAccept"
```

```
            android:layout_width="match_parent"
            android:layout_height="wrap_content"
            android:text="接受许可协议" />
        <Button
            android:id="@+id/btnRegister"
            android:layout_width="match_parent"
            android:layout_height="wrap_content"
            android:enabled="false"
            android:text="注册" />
    </LinearLayout>
```

2）编写代码实现程序功能。

```
package com.example.liu.registeruser_1;

import android.support.annotation.IdRes;
import android.appcompat.app.AppCompatActivity;
import android.os.Bundle;
import android.view.View;
import android.widget.Button;
import android.widget.CheckBox;
import android.widget.CompoundButton;
import android.widget.EditText;
import android.widget.RadioGroup;
import android.widget.Toast;

public class MainActivity extends AppCompatActivity {
    EditText etPass, etPassAgain, etName;
    RadioGroup rpSex;
    CheckBox ckAccept;
    String strRegisterInfo = "", strSex = "男";
    Button btnRegister;

    @Override
    protected void onCreate(Bundle savedInstanceState) {
        super.onCreate(savedInstanceState);
        setContentView(R.layout.activity_main);
        //用户名和密码
        etName = (EditText) findViewById(R.id.etName);
        etPass = (EditText) findViewById(R.id.etPass);
        etPassAgain = (EditText) findViewById(R.id.etPassAgain);
        //性别单选按钮，默认性别为男
        rpSex = (RadioGroup) findViewById(R.id.rpSex);
        rpSex.setOnCheckedChangeListener(
                        new RadioGroup.OnCheckedChange Listener() {
            @Override
            public void onCheckedChanged(RadioGroup radioGroup,@IdRes int i){
                switch (radioGroup.getCheckedRadioButtonId()) {
                    case R.id.rdMale:
                        strSex = "男";
                        break;
```

```
                case R.id.rdFemale:
                    strSex = "女";
                    break;
            }
        }
    });
    //接受许可协议的复选框，控制注册按钮的有效性
    ckAccept = (CheckBox) findViewById(R.id.ckAccept);
    ckAccept.setOnCheckedChangeListener(new CompoundButton
                                        .OnCheckedChangeListener(){
        @Override
        public void onCheckedChanged(CompoundButton compoundButton,
                                      boolean b) {
            btnRegister.setEnabled(ckAccept.isChecked());
        }
    });
    //注册按钮
    btnRegister = (Button) findViewById(R.id.btnRegister);
    btnRegister.setOnClickListener(new View.OnClickListener() {
        @Override
        public void onClick(View view) {
            //根据两次密码输入是否一致给出提示信息
            if(etPassAgain.getText().toString().equals(etPass.getText().
                                     toString())) {
                strRegisterInfo = "欢迎您，您的注册信息如下：\n"
                        + "用户名：" + etName.getText() + "\n"
                        + "密码：" + etPass.getText() + "\n"
                        + "性别：" + strSex + "\n";
                Toast.makeText(MainActivity.this,strRegisterInfo
                        ,Toast.LENGTH_LONG).show();
            } else {
                strRegisterInfo = "两次密码不一致，请重新输入！";
                Toast.makeText(MainActivity.this,strRegisterInfo
                        ,Toast. LENGTH_LONG).show();
            }
        }
    });
  }
}
```

2.5.2 测试运行

1）在密码输入框中输入密码，测试密码输入框的显示是否为密码格式。

2）在密码和密码确认框中分别输入相同和不同密码，测试是否能够验证密码的一致性。

3）选中和取消选中“接受许可协议”复选框，测试“注册”按钮的有效性是否会同步变化。

4）正确输入注册信息，并选中“接受许可协议”复选框，注册用户，测试注册信息显示是否正确，特别是性别信息显示是否正确。

2.5.3 项目总结

本项目灵活应用了 Android 应用开发常用的小控件。

1）RadioButton 控件需要结合 RadioGroup 控件才能实现单选功能，同组按钮应放在一个 RadioGroup 控件内部。

2）设置 EditText 控件的 inputType 输入属性值为“numberPassword”，从而将文本框设置为密码输入格式。

3）联合使用 CheckBox 控件的 setOnCheckedChangeListener()和 isChecked()方法，能够实现对注册按钮可用性的有效控制。

4）Button 控件的单击响应需要通过设置事件监听器并重写 onClick()方法实现。

2.6 实验 2

1．将例 2-1 改成线性布局，实现同样效果。

2．修改用户注册项目，用 EditText 控件的 addTextChangedListener()方法监听事件响应两次密码输入是否一致的操作。

2.7 习题 2

1．简述页面的常用布局。

2．简述 TextView 控件的常用属性。

3．简述按钮的事件响应机制。

4．写出图片控件滑屏功能实现的技术要点。

2.8 知识拓展——Notification

Notification 是一种具有全局效果的通知，显示在系统的通知栏中。当 App 向系统发出通知时，先以图标的形式显示在通知栏中，通过下拉通知栏能够查看到通知的详细信息。Notification 主要用于显示接收到的即时消息和客户端的推送信息（如广告、优惠、版本更新、推荐新闻等），以及显示正在进行的事务（如后台运行程序的进度等）。

使用 Notification 必须设置的属性有三项（使用方法进行设置），如表 2-17 所示。

表 2-17 Notification 属性的设置方法

方 法 名	说 明
setSmallIcon()	void setSmallIcon(int imgId)，设置消息的小图标
setContentTitle()	void ContentTitle(CharSequence text)，设置消息的标题
setContentText()	void setContentText(CharSequence text)，设置消息的内容

使用建造者模式 Notification.Builder 构建 Notification 对象，它仅支持 Android 4.1 及之后的版本。Notification 是一个系统服务，构建好对象以后需要使用通知管理类 NotificationManager 管理消息，调用 NotificationManager 的 notify() 方法向系统发送通知。

【例 2-12】 编写代码向系统发送一个简单的消息通知，运行结果如图 2-11 所示。

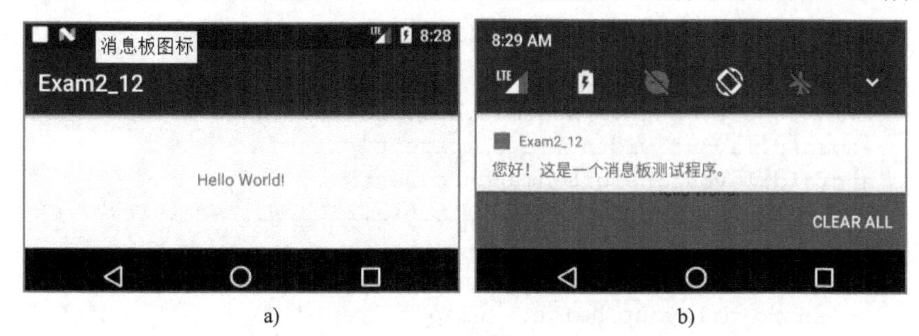

a)　　b)

图 2-11　消息板程序运行结果

a) 收到消息　b) 单击消息板图标打开消息

创建应用程序，直接在 MainActivity 类里编写代码如下。

```
public class MainActivity extends AppCompatActivity {
    @Override
    protected void onCreate(Bundle savedInstanceState) {
        super.onCreate(savedInstanceState);
        setContentView(R.layout.activity_main);
        //创建消息板对象
        Notification.Builder builder = new Notification.Builder(
                MainActivity.this);
        //设置通知的图标
        builder.setSmallIcon(R.mipmap.ic_launcher);
        //设置通知的内容
        builder.setContentText("您好！这是一个消息板测试程序。");
        //设置通知时间，默认为系统发出通知的时间，通常不用设置
        builder.setWhen(System.currentTimeMillis());
        //通过 builder.build()方法生成 Notification 对象,并发送通知,id=1
        NotificationManager manager = (NotificationManager)
                getSystemService(NOTIFICATION_SERVICE);
        //通过 builder.build()方法生成 Notification 对象,并发送通知,id=1
        manager.notify(1, builder.build());
    }
}
```

2.9 知识拓展——ScrollView

ScrollView 继承自 FrameLayout，是一种特殊类型的 FrameLayout，它能够滚动显示视图列表，但只能包含一个子视图或视图组（通常包含一个垂直 LinearLayout 容器）。由于 ScrollView 是一个具有滚动效果的容器，无法与自带滚动效果的控件（如 ListView、EditText

等）一起使用，一般用于静态数据的滚动显示，动态加载数据的滚动显示则主要使用 ListView 控件（在本书第 4 章详细介绍）。

【例 2-13】 使用滚动视图将一组图片滚动显示。

创建应用程序，编写布局代码如下。

```
<?xml version="1.0" encoding="utf-8"?>
<ScrollView xmlns:android="http://schemas.android.com/apk/res/android"
   xmlns:tools="http://schemas.android.com/tools"
   android:layout_width="match_parent"
   android:layout_height="match_parent"
   tools:context="com.example.liu.exam2_12.MainActivity">
   <LinearLayout
      android:layout_width="match_parent"
      android:layout_height="wrap_content"
      android:orientation="vertical">
      <TextView
         android:layout_width="match_parent"
         android:layout_height="wrap_content"
         android:text="垂直滚动视图"
         android:textSize="30dp" />
      <ImageView
         android:layout_width="match_parent"
         android:layout_height="wrap_content"
         android:src="@drawable/cream" />
      <ImageView
         android:layout_width="match_parent"
         android:layout_height="wrap_content"
         android:src="@drawable/lipstick" />
      …
   </LinearLayout>
</ScrollView>
```

2.10 随堂测试 2

1．在 ScrollView 视图中，可以直接包含多少个组件？（　　）

A．3 个　　B．2 个　　C．1 个　　D．无数个

2．下列哪个属性可以设置 EditText 控件的提示信息？（　　）

A．android:inputType　　B．android:text

C．android:digits　　D．android:hint

3．在设置相对布局时如何才能使控件居于布局中心？（　　）

A．android:gravity="center"

B．android:layout_gravity="center"

C．android:layout_centerInParent="true"

D．android:scaleType="center"

4. 将 TextView 控件的 android:layout_height 属性值设置为“wrap_content”的显示效果是以下哪种？（　　）

A. 文本的宽度将填充父容器宽度　　B. 文本的宽度仅占组件的实际宽度

C. 文本的高度将填充父容器高度　　D. 文本的高度仅占组件的实际高度

5. 设置 CheckBox 控件的选择事件通常用以下哪种方法？（　　）

A. setOnClickListener()　　B. setOnCheckedChangeListener()

C. setOnMenuItemSelectedListener()　　D. setOnCheckedListener()

第3章 菜单、对话框和 Intent

本章介绍 Android 开发的菜单、对话框和意图（Intent）的用法，菜单和对话框是 Android 应用开发的重要部件，Intent 是实现应用程序间通信的重要组件，本章详细介绍其用法，并在此基础上开发一个用户密码管理的小项目。

3.1 用户密码管理项目设计

3.1.1 项目需求

设计一个运行结果如图 3-1～图 3-3 所示的密码管理程序。该程序具有以下功能。

1）主页面有“修改密码”和“找回密码”两个主菜单，且菜单一直显示。

2）单击“修改密码”菜单打开修改密码页面，在修改密码页面单击“确认修改”按钮返回主页面。

3）单击“找回密码”菜单打开找回密码页面，自动打开找回密码的对话框，输入手机号码后单击“发送短消息”按钮，给输入的电话号码发送短消息后返回主页面。

图 3-1 主页面

图 3-2 修改密码页面

图 3-3 找回密码页面

3.1.2 技术分析

1）使用主菜单为项目添加两个菜单项，通过在菜单单击事件中编写代码响应用户页面的切换操作。

2）创建 3 个 Activity，并使用显式 Intent 进行页面跳转。

3）使用隐式 Intent 为找回密码发送短消息。

4）使用带页面布局的自定义对话框弹出短消息发送页面。

用户密码管理项目涉及知识点如图 3-4 所示。

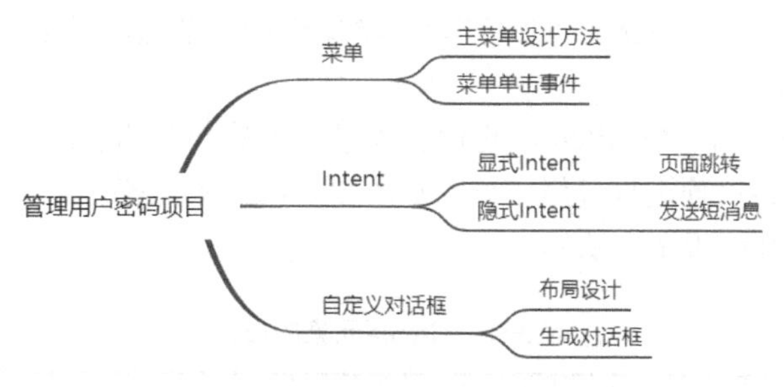

图 3-4　用户密码管理项目涉及知识点

【项目知识点】

3.2　菜单

Android 支持所有菜单类型，支持用标准 XML 格式的资源文件定义菜单项，一般会根据需要通过调用 inflate()方法把菜单项加载到 Activity 或者 Fragment 中，不推荐直接使用代码在 Activity 中声明菜单和菜单项，主要有三类菜单。

1）OptionMenu：选项菜单，系统主菜单。

2）ContextMenu：以浮动窗口形式展现的选项菜单，也称上下文菜单。

3）PopupMenu：以弹出方式显示的、固定在视图上的模态菜单。

3.2.1　菜单项文件定义

菜单项是一个 XML 资源文件，放在/res/menu/目录下，可以根据需要创建 menu 目录。创建步骤：右键单击 res 文件夹，在弹出的快捷菜单中选择“new”→“Android resource directory”菜单项，打开“New Resource Directory”对话框，在“Resource type”下拉列表框中选择“menu”（见图 3-5），完成菜单目录的创建。

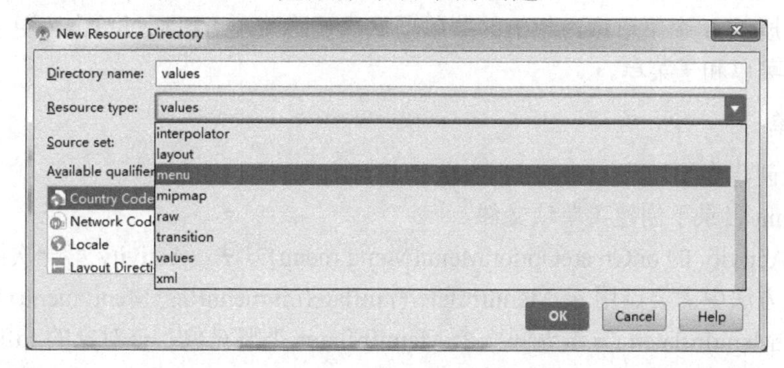

图 3-5　创建 menu 文件夹

创建好菜单目录以后就可以在菜单目录上通过右键单击的方式创建菜单文件，一个菜单文件需要包含以下几个元素。

1）<menu>：定义一个 Menu，它是菜单资源文件的根节点，里面可以包含一个或者多个<item>和<group>元素。

2）<item>：创建一个 MenuItem，它代表了菜单中的一个选项。

3）<group>：对菜单项进行分组，分组后可以以组的形式操作菜单项。

<item>元素的属性如表 3-1 所示。

表 3-1　<item>元素的属性

属性名	说明
android: id	菜单项 Id
android: icon	菜单的图标
android: title	菜单的标题
android: orderInCategory	表示菜单项的排放顺序
android: showAsAction	该属性起兼容性作用，用于描述在 Android 的高版本中菜单项在何时以何种方式加入 ActionBar，有以下四种取值。 ● ifRoom：表示如果有空间，就显示出来 ● withText：表示只显示文本（如果配了图标的话） ● always：表示总是显示菜单项 ● never：表示不显示菜单项

<group>元素对菜单进行分组，分组后的菜单在显示效果上并没有什么区别，但是可以针对菜单组进行操作，使操作更为方便。<group>元素的常用方法如表 3-2 所示。

表 3-2　<group>元素的常用方法

方法名	说明
setGroupCheckable()	void setGroupCheckable(boolean checked)，设置菜单组内的菜单是否都可选
setGroupVisible()	void setGroupVisible(boolean visisble)，设置是否隐藏菜单组的所有菜单
setGroupEnabled()	void setGroupEnabled(boolean enabled)，设置菜单组的菜单是否都可用

3.2.2　选项菜单

选项菜单（OptionMenu）通过单击手机上的菜单键（MENU）出现，设备必须具有菜单按钮才可以触发，虚拟手机通过单击应用程序右上方的三个圆点⋮打开。由于屏幕的限制，手机一般最多展示 6 个菜单项，超出的菜单项默认被隐藏，可以通过单击“更多”展开。选项菜单分为主菜单和子菜单。

1. 主菜单

主菜单的创建步骤如下。

1）在 menu 目录下创建菜单项文件。

2）重写 Activity 的 onCreateOptionMenu(Menu menu)方法，Activity 第一次被加载时调用该方法。在该方法中需要调用 getMenuInflater().inflate(int menuRes, Menu menu)方法来加载菜单项文件，getMenuInflater()方法返回一个 MenuInflater 类型对象，该对象的 inflate()方法有 2 个参数，参数 menuRes 表示菜单项文件名 Id（如 R.menu.main），参数 menu 表示加载了菜单

数据的菜单项。

3）重写 Activity 的 OptionsItemSelected(MenuItem item)方法响应菜单项（MenuItem）的单击操作。

也可以通过 Menu 类动态操作菜单，Menu 类的常用方法如表 3-3 所示。

表 3-3　Menu 类的常用方法

方法名	说明
add()	MenuItem add(int groupId, int itemId, int order, CharSequence title)，动态添加一个菜单项，其参数的含义如下。 ● groupId：菜单所属菜单组 Id ● itemId：菜单项 Id ● order：显示顺序 ● title：菜单项标题
addSubMenu()	SubMenu addSubMenu(int groupId, int itemId, int order, CharSequence title)，动态添加一个子菜单项，其参数的含义同添加菜单项的含义
clear()	void clear()，删除菜单项
size()	int size()，返回菜单项个数
getItem()	MenuItem getItem(int index)，返回由参数 index 指定位置的菜单项

MenuItem 类的常用方法如表 3-4 所示。

表 3-4　MenuItem 类的常用方法

方法名	说明
getItemId()	int getItemId()，返回子菜单项 Id
setIcon()	MenuItem setIcon(int iconRes)，为菜单项设置由参数 iconRes 指定的图片文件
setTitle()	MenuItem setTitle(CharSequence title)，为菜单项设置由参数 title 指定的标题

【例 3-1】 使用选项菜单为应用程序创建一个如图 3-6a 所示的主菜单，单击主菜单的“Settings”菜单项后显示如图 3-6b 所示的提示信息。

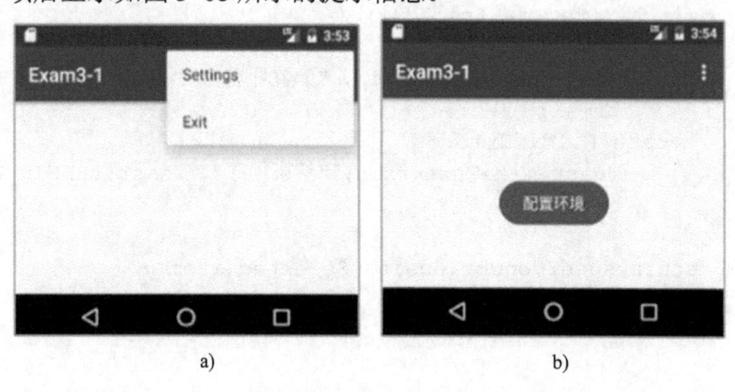

a)　　b)

图 3-6　主菜单应用举例

a) 主菜单　b) 单击“Settings”菜单项后

① 创建应用程序，右键单击 menu 目录，选择“new”→“Menu Resource File”菜单项，输入菜单文件名（如 main），创建主菜单文件 main.xml。编写主菜单文件 main.xml，代码如下。

```
<?xml version="1.0" encoding="utf-8"?>
```

```
<menu xmlns:android="http://schemas.android. com/apk/res/android"
    xmlns:app="http://schemas.android.com/apk/res-auto">
    <item
        android:id="@+id/mSetting"
        android:orderInCategory="100"
        android:title="Settings"
        app:showAsAction="never" />
    <item
        android:id="@+id/mExit"
        android:orderInCategory="200"
        android:title="Exit"
        app:showAsAction="never" />
</menu>
```

② 编写代码实现程序功能。

```
public class MainActivity extends AppCompatActivity {
    @Override
    protected void onCreate(Bundle savedInstanceState) {
        super.onCreate(savedInstanceState);
        setContentView(R.layout.activity_main);
    }
    @Override
    public boolean onCreateOptionsMenu(Menu menu) {
        //填充选项菜单（读取 XML 文件并解析加载到 Menu 组件上）
        getMenuInflater().inflate(R.menu.main, menu);
        return super.onCreateOptionsMenu(menu);
    }
    //响应菜单项单击事件（根据 id 来区分是哪个菜单项）
    @Override
    public boolean onOptionsItemSelected(MenuItem item) {
        switch (item.getItemId()) {
            case R.id.mSetting:
                Toast.makeText(this, "配置环境", Toast.LENGTH_LONG).show();
                break;
            case R.id.mExit:
                Toast.makeText(this, "结束程序", Toast.LENGTH_LONG).show();
                break;
        }
        return super.onOptionsItemSelected(item);
    }
}
```

Tips 生成需要重写实现方法原型的步骤：在 MainActivity 类体的空白处单击鼠标右键，在弹出的快捷菜单中选择“Generate”→“override methods”菜单项，输入待重写方法名（如 onCreateOptionsMenu）自动生成方法原型说明。

扫一扫
3-3 添加 onCreateOptionsMenu()方法

2. 子菜单

子菜单的创建步骤同主菜单，添加时遵循 XML 文件的嵌套关系即可，然后用与主菜单同样的方法为子菜单项添加单击响应代码。

【例 3-2】 修改例 3-1，为配置菜单添加声音和背景配置的子菜单项。选择主菜单的“setting”菜单项后，显示如图 3-7a 所示的两个子菜单项。选择子菜单“Sound Settings”子菜单项后，显示如图 3-7b 所示的提示信息。

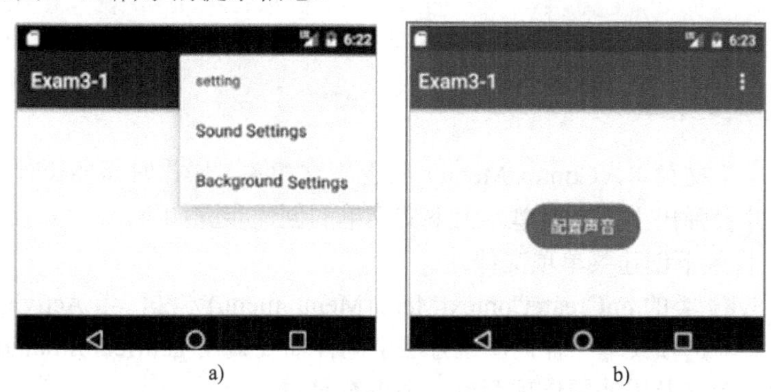

图 3-7 子菜单应用举例

a) 显示子菜单 b) 选择“Sound Settings”子菜单项

① 直接修改例 3-1 中的菜单文件 main.xml 中关于配置的菜单项代码如下。

```
<!--包含子菜单的主菜单-->
<item
    android:id="@+id/mSetting"
    android:title="setting">
    <menu>
        <item
            android:id="@+id/mSetSound"
            android:orderInCategory="300"
            app:showAsAction="never"
            android:title="Sound Settings"/>
        <item
            android:id="@+id/mSetBackgroud"
            android:orderInCategory="400"
            app:showAsAction="never"
            android:title="Background Settings"/>
    </menu>
</item>
```

② 修改菜单项单击响应事件的代码如下。

```
//响应菜单项单击事件（根据 id 来区分是哪个菜单项）
@Override
public boolean onOptionsItemSelected(MenuItem item) {
    switch (item.getItemId()) {
        case R.id.mSetSound:
            Toast.makeText(this, "配置声音", Toast.LENGTH_LONG).show();
            break;
        case R.id.mSetBackgroud:
            Toast.makeText(this, "配置背景", Toast.LENGTH_LONG).show();
            break;
        case R.id.mExit:
            Toast.makeText(this, "结束程序", Toast.LENGTH_LONG).show();
```

```
                break;
            }
            return super.onOptionsItemSelected(item);
        }
```

3.2.3 上下文菜单

顾名思义，上下文菜单（ContextMenu）与上下文相关，操作时需要长时间按住注册了上下文菜单的视图才会弹出上下文菜单。上下文菜单的创建步骤如下。

1）在 menu 目录下创建菜单项文件。

2）重写 Activity 类的 onCreateContextMenu(Menu menu)方法，当 Activity 第一次被加载时会调用该方法。与选项菜单一样，在该方法中同样需要调用 getMenuInflater().inflate()方法。该方法中各参数的含义及用法同选项菜单，不再重复。

3）与选项菜单类似，重写 Activity 类的 onContextItemSelected(MenuItem item)方法响应菜单项（MenuItem）的单击操作。

4）调用 registerForContextMenu(View view)方法来为视图注册上下文菜单，这是显示上下文菜单必不可少的步骤，参数 view 为待注册上下文菜单的视图。

【例 3-3】 设计一个上下文菜单，实现修改 TextView 控件字体大小的功能，程序运行效果如图 3-8 所示，选择“LargeFont”菜单项后对应显示大字体。

a) b)

图 3-8 上下文菜单应用

a) 长按 TextView 控件打开上下文菜单 b) 选择“LargeFont”菜单项

① 创建应用程序，修改页面文件代码如下。

```
<?xml version="1.0" encoding="utf-8"?>
<RelativeLayout xmlns:android="http://schemas.android.com/apk/res/android"
    xmlns:app="http://schemas.android.com/apk/res-auto"
    xmlns:tools="http://schemas.android.com/tools"
    android:layout_width="match_parent"
    android:layout_height="match_parent"
    tools:context="com.example.liu.exam3_3.MainActivity">
```

```
        <TextView
            android:layout_width="wrap_content"
            android:layout_height="wrap_content"
            android:text="我爱中国！"
            android:id="@+id/myTextView"
            android:textColor="#ff0000"
            android:textSize="30sp"
            android:textStyle="bold"
            android:layout_centerInParent="true"/>
    </RelativeLayout>
```

② 编写上下文菜单文件 main.xml，代码如下。

```
    <?xml version="1.0" encoding="utf-8"?>
    <menu xmlns:android="http://schemas.android.com/apk/res/android"
        xmlns:app="http://schemas.android.com/apk/res-auto">
        <item
            android:id="@+id/mLargeFont"
            android:orderInCategory="100"
            android:title="LargeFont"
            app:showAsAction="never" />
        <item
            android:id="@+id/mMiddleFont"
            android:orderInCategory="200"
            android:title="MiddleFont"
            app:showAsAction="never" />
        <item
            android:id="@+id/mSmallFont"
            android:orderInCategory="300"
            android:title="SmallFont"
            app:showAsAction="never" />
    </menu>
```

③ 编写代码实现程序功能。

```
    public class MainActivity extends AppCompatActivity {
        TextView myTextView;
        @Override
        protected void onCreate(Bundle savedInstanceState) {
            super.onCreate(savedInstanceState);
            setContentView(R.layout.activity_main);
            myTextView = (TextView) findViewById(R.id.myTextView);
            //为 TextView 控件注册上下文菜单，必须注册才能使用上下文菜单
            registerForContextMenu(myTextView);
        }
        //创建上下文菜单
        @Override
        public void onCreateContextMenu(ContextMenu menu, View v
                                        ,ContextMenu.ContextMenuInfo menuInfo)
         {
            super.onCreateContextMenu(menu, v, menuInfo);
            getMenuInflater().inflate(R.menu.main, menu);
```

```
    }
    //响应上下文菜单单击事件
    @Override
    public boolean onContextItemSelected(MenuItem item) {
        switch (item.getItemId()) {
            case R.id.mLargeFont:
                myTextView.setTextSize(60);
                break;
            case R.id.mMiddleFont:
                myTextView.setTextSize(30);
                break;
            case R.id.mSmallFont:
                myTextView.setTextSize(15);
                break;
        }
        return super.onContextItemSelected(item);
    }
}
```

Tips 运行注意：打开上下文菜单时需要长按与菜单关联的上下文，即按的时间要长一点。

3.3 对话框

对话框（Dialog）是提示用户做出决定或输入额外信息的小窗口，通常不会填充整个屏幕，用于进行一些额外的交互。Android 提供了丰富的对话框函数，有 8 种常用的对话框，即普通（包含提示消息和按钮）、列表、单选、多选、等待、进度条、编辑、自定义。Dialog 类是对话框的基类，但应该避免使用直接实例化 Dialog，可以使用其子类，如 AlertDialog 实例化对象，本节介绍最常用的对话框。

3.3.1 普通对话框

一般也不直接使用 AlertDialog 实例化对象，而使用其静态子类 AlertDialog.Builder(Context context)。Builder 类的主要方法如表 3-5 所示。

表 3-5 Builder 类的主要方法

方法名	说　明
create()	AlertDialog create()，创建对话框
show()	AlertDialog show()，显示对话框
setIcon()	AlertDialog.Builder setIcon(int iconId) ，设置由参数 iconId 指定的图片资源
setTitle()	有多种重载，其中一种为 AlertDialog.Builder setTitle(CharSequence title)，设置由参数 title 指定的标题
setMessage()	有多种重载，其中一种为 AlertDialog.Builder setMessage(CharSequence message) ，设置由参数 message 指定的提示信息
setView()	有多种重载，其中一种为 AlertDialog.Builder setView(View view)，为对话框设置自定义视图，参数 view 是加载了布局文件的视图对象

（续）

方法名	说　明
setNegativeButton()	有多种重载，其中一种为 AlertDialog.Builder setNegativeButton(CharSequence text, DialogInterface. OnClickListener listener)，设置取消按钮，参数说明如下。 ● text：提示信息 ● listener：单击事件监听对象
setNeutralButton()	有多种重载，其中一种为 AlertDialog.Builder setNeutralButton(int textId, DialogInterface. OnClickListener listener)，设置中立按钮，参数含义同取消按钮
setPositiveButton()	有多种重载，其中一种为 AlertDialog.Builder setPositiveButton(CharSequence text, DialogInterface. OnClickListener listener) 设置确认按钮，参数含义同取消按钮

【例 3-4】 设计一个带“确认”和“取消”按钮的普通对话框，通过单击主页面上的 Button 控件弹出该普通对话框。单击对话框上的确认按钮或取消按钮后给出对应的提示信息，程序运行结果如图 3-9 所示。

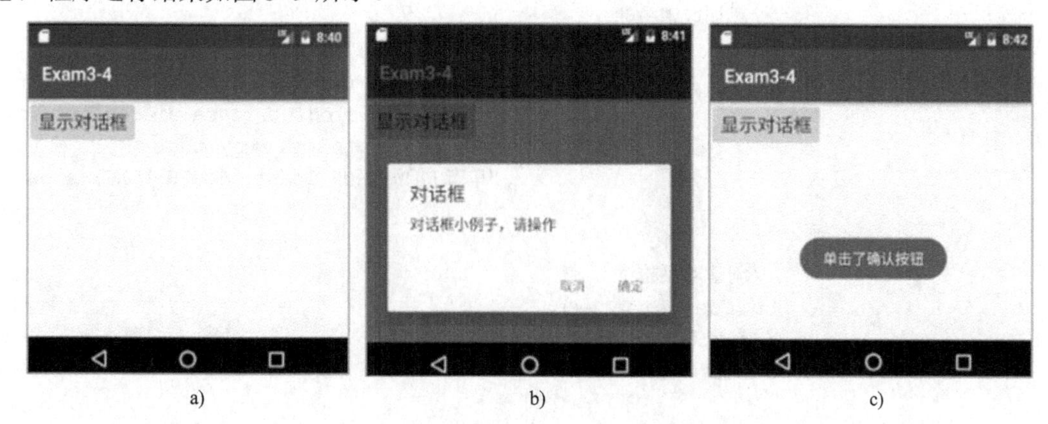

图 3-9　带“确认”和“取消”按钮的普通对话框

a) 主页面　b) 打开对话框　c) 单击“确认”按钮

① 创建应用程序，修改页面布局代码如下。

```
<Button
    android:layout_width="wrap_content"
    android:layout_height="wrap_content"
    android:text="显示对话框"
    android:textSize="20sp"
    android:id="@+id/btnDialogDemo"/>
```

② 编写代码，实现程序功能。

```
public class MainActivity extends AppCompatActivity {
    Button btnDialogDemo;

    @Override
    protected void onCreate(Bundle savedInstanceState) {
        super.onCreate(savedInstanceState);
        setContentView(R.layout.activity_main);
        btnDialogDemo = (Button) findViewById(R.id.btnDialogDemo);
        btnDialogDemo.setOnClickListener(new View.OnClickListener() {
            @Override
            public void onClick(View view) {
                //定义对话框对象
```

```
            AlertDialog.Builder builder = new AlertDialog.Builder
                                          (MainActivity.this);
            //定制对话框标题和提示信息属性
            builder.setTitle("对话框");
            builder.setMessage("对话框小例子，请操作");
            //添加确认按钮
            builder.setPositiveButton("确定"
                          ,new DialogInterface.OnClickListener(){
                    public void onClick(DialogInterface dialog, nt id){
                        Toast.makeText(MainActivity.this
                          ,"单击了确认按钮",Toast.LENGTH_LONG).show();
                    }
                });
            //添加取消按钮
            builder.setNegativeButton("取消"
                          ,new DialogInterface.OnClickListener(){
                    public void onClick(DialogInterface dialog,int id){
                        Toast.makeText(MainActivity.this
                          ,"单击了取消按钮",Toast.LENGTH_LONG).show();
                    }
                });
            //创建对话框
            builder.create();
            //显示对话框
            builder.show();
        }
    });
  }
}
```

3.3.2 自定义对话框

如果系统对话框不能满足应用要求，还可以创建一个自定义布局，调用 AlertDialog.Builder 对象的 setView()方法将自定义布局添加到 AlertDialog 中，从而让对话框拥有自定义样式，以满足更丰富的应用要求，如接收用户的输入和根据输入进行进一步操作等。

自定义布局文件需要通过 LayoutInflater 类进行加载，Activity 类的 getLayoutInflater()方法能够返回一个 LayoutInflater 类的实例。通过调用 LayoutInflater 类的 inflate()方法将布局文件加载到一个 View 类的实例中，就可以通过该实例访问布局文件中的视图对象了。inflate()方法有四种重载方式，其中常用的两种如表 3-6 所示。

表 3-6　inflate()的常用重载方式

方法名	说明
inflate() 含两个参数	View inflate(int resource, ViewGroup root)，加载一个布局。 ● resource：布局文件对象 ● root：布局文件所属组，如果不指定则取值为 null
inflate() 含三个参数	View inflate(int resource, ViewGroup root, boolean attachToRoot)，加载一个布局。 ● resource：布局文件对象 ● root：布局文件所属组，如果不指定则取值为 null ● attachToRoot：设置是否将布局文件加载到组

【例 3-5】 为例 3-4 中的对话框添加一个布局文件，用来输入用户的手机号码，为通过手机号码接收信息做准备。程序运行结果如图 3-10 所示。

图 3-10　带布局的对话框

a) 主页面　b) 打开对话框　c) 单击“确认”按钮

① 在 layout 文件夹下添加对话框的布局文件 dialoglayout.xml，代码如下。

```
<?xml version="1.0" encoding="utf-8"?>
<LinearLayout xmlns:android="http://schemas.android.com/apk/res/android"
    android:layout_width="match_parent"
    android:layout_height="match_parent">
    <TextView
        android:layout_width="wrap_content"
        android:layout_height="wrap_content"
        android:layout_weight="1"
        android:text="手机号码: " />
    <EditText
        android:id="@+id/etPhone"
        android:layout_width="wrap_content"
        android:layout_height="wrap_content"
        android:layout_weight="1" />
</LinearLayout>
```

② 主页面设计不变，编写功能代码如下。

```
public class MainActivity extends AppCompatActivity {
    Button btnDialogDemo;
    EditText etPhone;
    @Override
    protected void onCreate(Bundle savedInstanceState) {
        super.onCreate(savedInstanceState);
        setContentView(R.layout.activity_main);
        btnDialogDemo = (Button) findViewById(R.id.btnDialogDemo);
        btnDialogDemo.setOnClickListener(new View.OnClickListener() {
            @Override
            public void onClick(View view) {
```

```
                //定义对话框对象
                AlertDialog.Builder builder = new AlertDialog
                                    .Builder (MainActivity.this);
                //生成布局文件的视图对象
                LayoutInflater inflater = getLayoutInflater();
                final View dialogview = inflater.inflate(R.layout. dialoglayout
                                                  , null);
                //获取布局文件上的电话号码输入框对象
                etPhone = (EditText) dialogview.findViewById(R.id.etPhone);
                //定制对话框布局文件、标题和提示信息属性
                builder.setView(dialogview).setTitle("对话框")
                     .setMessage ("请输入电话号码")
                    //添加确认按钮
                    .setPositiveButton("确定"
                           , new DialogInterface.OnClickListener() {
                      public void onClick(DialogInterface dialog, int id){
                          Toast.makeText(MainActivity.this
                              , "您的电话为: " + etPhone.getText()
                              , Toast.LENGTH_LONG).show();
                      }
                    })
                    //添加取消按钮
                    .setNegativeButton("取消"
                           , new DialogInterface.OnClickListener() {
                      public void onClick(DialogInterface dialog, int id){
                          Toast.makeText(MainActivity.this
                              , "单击了取消按钮"
                              , Toast.LENGTH_LONG). show();
                      }
                    });
                //创建对话框
                builder.create();
                //显示对话框
                builder.show();
            }
        });
    }
}
```

Tips 添加对话框布局文件 dialoglayout.xml 的方法：在 layout 文件夹下单击鼠标右键，在弹出的快捷菜单中选择“new”→“XML”→“Layout XML File”菜单项，输入文件名“dialoglayout”进行添加。需要注意的是，布局文件是资源文件，文件名中不能包含大写字母和汉字。

扫一扫
3-4 添加布局文件

3.4 Intent

Intent 是一种传递消息的对象，通过为 Intent 指定动作（action）可以启动其他应用组件，

在组件之间传递数据，方便了组件之间的通信。常见的通信方式有以下三种。

1）启动 Activity：将 Intent 作为参数调用 startActivity()方法可以启动一个 Activity，并用 Intent 向目标 Activity 传递必要的数据信息。调用 startActivityForResult()方法还可以实现源和目标 Activity 之间的双向数据传递，即目标 Activity 还可以向源 Activity 回传数据。

2）启动 Service：Service 用于在后台执行不需要与用户交互的任务，在本书第 8 章将会详细介绍。将 Intent 作为参数调用 startService()或 bindService()方法能够启动 Service 并传递数据。

3）发送广播：广播是一种可以被任何应用截获的消息，在本书第 7 章将会详细介绍。将 Intent 作为参数调用 sendBroadcast()、sendOrderedBroadcast()、sendStickyBroadcast()方法发送一条广播信息并传递数据。

3.4.1　Intent 的种类

Intent 可分为显式 Intent 和隐式 Intent。明确指出目标组件名称的 Intent 称为显式 Intent，它一般用于在应用程序内部传递消息。没有明确指出目标组件名称的 Intent 称为隐式 Intent，它广泛用于在不同应用程序之间传递消息，Android 系统使用 IntentFilter 类寻找与隐式 Intent 相关的对象。

3.4.2　显式 Intent

1. 创建 Intent 对象

在显式 Intent 中已经明确地对目标组件进行了定义，构造方法可以重载，常用的一种为 public Intent(Context context, Class<?> cls)。参数 context 为应用程序上下文对象，cls 为接收 Intent 的组件类。

如由 MainActivity 跳转到接收数据类 ReceiveDataActivity 的 Intent 定义代码如下。

```
Intent intent = new Intent(MainActivity.this, ReceiveDataActivity.class);
```

2. 加载发送数据

Intent 可以加载待传递的数据，其常用数据传递方法 putExtra()如表 3-7 所示（其他数据加载方法的功能和用法类似，这里省略）。

表 3-7　Intent 常用数据加载方法

方法名	说　明
putExtra()	Intent putExtra(String name, boolean value)，以键值对（名值对）的方式传递布尔型数据。 ● name：数据名字 ● value：数据值
	Intent putExtra(String name, Bundle value)，以键值对（名值对）的方式传递 Bundle 数据，其参数的含义同上
	Intent putExtra(String name, CharSequence value)，以键值对（名值对）的方式传递字符串数据，其参数的含义同上
	Intent putExtra(String name, float[] value)，以键值对（名值对）的方式传递浮点型数组数据，其参数的含义同上
	Intent putExtra(String name, Serializable value)以键值对（名值对）的方式传泛型数据，其参数的含义同上
	Intent putExtras(Bundle extras)，传递由参数 extras 指定的 Bundle 对象

以下代码表示加载一个字符串数据“abc”。

```
intent.putExtra("strdata","abc");  //传递字符串数据
```

如果需要批量传递数据，可以通过 Bundle 类将数据打包进行传递，省去在 Activity 之间传值时反复存值和取值的过程，效率更高。Bundle 类的常用数据传递方法如表 3-8 所示（Bundle 类其他数据传递的方法的功能和用法类似，这里省略）。

表 3-8 Bundle 类常用数据传递方法

方 法 名	说 明
putBoolean ()	void putBoolean(String key, boolean value)，以键值对（名值对）的方式传递布尔型数据。 ● key：键的名字 ● value：数据值
putBundle ()	void putBundle(String key, Bundle value)，以键值对（名值对）的方式传递 Bundle 数据，其参数的含义同上
putCharSequence ()	void putCharSequence(String key, CharSequence value)，以键值对（名值对）的方式传递字符串数据，其参数的含义同上
putFloatArray ()	void putFloatArray(String key, float[] value)，以键值对（名值对）的方式传递浮点型数组数据，其参数的含义同上
putSerializable()	void putSerializable(String key, Serializable value)，以键值对（名值对）的方式传递泛型数据，其参数的含义同上

将一个字符串和一个整型数据加载到 Bundle 对象的代码如下。

```
Bundle bundle=new Bundle();
bundle.putString("strdata","123");   //添加字符串数据
bundle.putInt("intdata",123);        //添加整型数据
intent.putExtras(bundle);
```

3．发送数据

数据加载完毕以后调用 Activity 的 startActivity(Intent intent)方法跳转到一个新的页面，同时将数据发送到新的 Activity。

4．接收数据

接收数据分为两步。

1）调用 Activity 的 getIntent()方法获取加载了数据的 Intent 对象，代码如下。

```
Intent intent= getIntent();
```

2）调用 Intent 的方法获取数据。Intent 常用的数据接收方法如表 3-9 所示（其他数据接收方法的功能和用法类似，这里省略）。

表 3-9 Intent 常用的数据接收方法

方 法 名	说 明
getBooleanExtra()	boolean getBooleanExtra(String name, boolean defaultValue)，接收布尔型数据。 ● name：数据的名字 ● defaultValue：设置数据默认值，缺省值为 null
getBundleExtra()	Bundle getBundleExtra(String name)，接收 Bundle 型数据，其参数的含义同上
getStringExtra()	String getStringExtra(String name)，接收字符串数据，其参数的含义同上
getFloatArrayExtra()	float[] getFloatArrayExtra(String name)，接收浮点型数组数据，其参数的含义同上
getSerializableExtra()	Serializable getSerializableExtra(String name)，接收泛型数据，其参数的含义同上
getExtras()	Bundle getExtras()，接收 Bundle 对象

接收前面传递的字符串数据和 Bundle 对象的代码分别如下。

```
String str=intent.getStringExtra("strdata",null);    //接收字符串数据
Bundle bundle=intent.getExtras();                     //接收 Bundle 对象
```

如果接收到的是 Bundle 对象，还需要进一步调用 Bundle 类的方法获取数据，Bundle 类常用数据获取方法如表 3-10 所示（Bundle 类其他数据接收方法的功能和用法类似，这里省略）。

表 3-10　Bundle 类常用数据获取方法

方　法　名	说　　明
getBoolean ()	boolean getBoolean(String key, boolean defaultValue)，获取布尔型数据。 ● key：键的名字 ● defaultValue：数据默认值，如果没有用 null 该方法还有一种重载，原型为：boolean getBoolean(String key)，参数含义同上
getBundle()	Bundle getBundle(String key)，获取 Bundle 型数据，参数含义同上
getCharSequence()	CharSequence getCharSequence(String key)，获取字符串数据，参数含义同上
getFloatArray()	float[] getFloatArray(String key)，获取浮点型数组数据，参数含义同上
getSerializable()	Serializable getSerializable(String key)，获取泛型数据，参数含义同上
getString()	String getString(String key)，获取字符串数据，参数含义同上

接收前面传递的 Bundle 对象后进一步获取字符串数据的代码如下。

```
String str=bundle.getString ("strdata",null);//接收字符串数据
```

【例 3-6】 设计一个简单的传值程序，由 MainActivity 向目的页面 ReceiveDataActivity 传递一个数据，在目的页面中读取并显示接收到的数据，程序运行结果如图 3-11 所示。

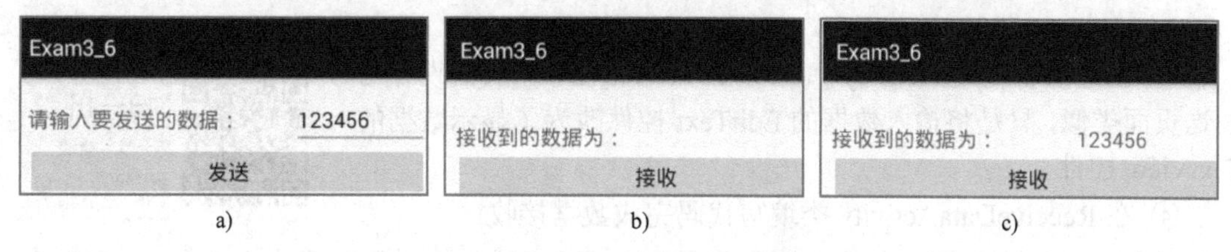

a)　b)　c)

图 3-11　Intent 传值程序

a) 发送数据页面　b) 接收数据页面　c) 显示数据页面

① 创建应用程序，设计 MainActivity 页面布局，代码如下。

```
<LinearLayout
    android:layout_width="match_parent"
    android:layout_height="wrap_content">
    <TextView
        android:layout_width="wrap_content"
        android:layout_height="wrap_content"
        android:layout_weight="1"
        android:text="请输入要发送的数据：" />
    <EditText
        android:id="@+id/etData"
        android:layout_width="wrap_content"
        android:layout_height="wrap_content"
        android:layout_weight="1" />
```

```
    </LinearLayout>
    <Button
        android:id="@+id/btnSend"
        android:layout_width="match_parent"
        android:layout_height="wrap_content"
        android:text="发送" />
```

② 在 MainActivity 类里编写发送数据代码如下。

```
public class MainActivity extends AppCompatActivity {
    @Override
    protected void onCreate(Bundle savedInstanceState) {
        super.onCreate(savedInstanceState);
        setContentView(R.layout.activity_main);
        Button btnSend = (Button) findViewById(R.id.btnSend);
        btnSend.setOnClickListener(new View.OnClickListener() {
            @Override
            public void onClick(View view) {
                EditText etData = (EditText) MainActivity.this.findViewById
                                                (R.id.etData);
                Intent intent = new Intent(MainActivity.this,
                                                ReceiveData Activity. class);
                intent.putExtra("data", etData.getText().toString());
                startActivity(intent);
            }
        });
    }
}
```

③ 创建接收页面 Activity（ReceiveDataActivity），页面设计与发送页面类似，只是将输入数据的 EditText 控件改为了显示数据的 TextView 控件。

④ 在 ReceiveDataActivity 类编写代码完成数据接收。

```
public class ReceiveDataActivity extends AppCompatActivity {
    @Override
    protected void onCreate(Bundle savedInstanceState) {
        super.onCreate(savedInstanceState);
        setContentView(R.layout.activity_receive_data);
        Button btnRecReceive = (Button) findViewById(R.id.btnReceive);
        btnRecReceive.setOnClickListener(new View.OnClickListener() {
            @Override
            public void onClick(View view) {
                TextView tvData = (TextView) ReceiveDataActivity.this.
                                                    findViewById(R.id.tvData);
                Intent intent = getIntent();
                tvData.setText(intent.getStringExtra("data"));
            }
        });
    }
}
```

Tips 本例涉及两个页面，因此需要两个 Activity，新建一个 Activity 的步骤：右键单击应用程序包，在弹出的快捷菜单中选择 “new” → “Activity” → “Empty Activity” 菜单项，输入页面类名进行创建。

【例 3-7】 修改例 3-6，增加一个发送整型数据的 EditText 控件，将数据打包为 Bundle 对象进行发送。

页面设计与例 3-6 类似，发送数据页面增加一个输入整型数据的 EditText 控件，接收数据页面增加一个显示整型数据的 TextView 控件。

① 修改发送方 MainActivity 代码如下。

```
public void onClick(View view) {
    EditText etData = (EditText) MainActivity.this.findViewById
                                (R.id. etData);
    EditText etIntData = (EditText) MainActivity.this.findViewById
                                   (R.id. etIntData);
    Intent intent = new Intent(MainActivity.this
                             , ReceiveDataActivity. class);
    Bundle bundle=new Bundle();
    bundle.putString("strdata",etData.getText().toString());
    bundle.putInt("intdata",Integer.parseInt(
                        etIntData.getText(). toString()));
    intent.putExtras(bundle);
    startActivity(intent);
}
```

② 修改接收方 ReceiveDataActivity 类代码如下。

```
@Override
public void onClick(View view) {
    TextView tvData = (TextView) ReceiveDataActivity.this.findViewById
                                   (R.id.tvData);
    TextView tvIntData = (TextView) ReceiveDataActivity.this.findViewById
                                   (R.id.tvIntData);
    Intent intent = getIntent();
    Bundle bundle=intent.getExtras();
    tvData.setText(bundle.getString("strdata"));
    tvIntData.setText(String.valueOf(bundle.getInt("intdata")));
}
```

5. 发送 List<Object>泛型数据

发送和接收泛型数据的过程及方法与发送和接收普通数据类似，唯一需要注意的是前者必须实现 Serializable 接口，在第 6 章中将会给出详细应用实例。

3.4.3 隐式 Intent

隐式 Intent 不像显式 Intent 那样直接指定需要调用的组件，一般通过设置 Action 和 Data 来让系统筛选出合适的组件实现一些操作，如发送短消息、打开网页等。隐式 Intent 的常用方法如表 3-11 所示。本节仅介绍发送隐式 Intent 的方法，隐式 Intent 由广播接收器接收，将在本书第 7 章详细讲解。

表 3-11 隐式 Intent 常用方法

方 法 名	说 明
setAction()	Intent setAction(String action)，设置 Action 动作，参数 action 为动作常量，举例如下。 ● Intent.ACTION_SENDTO：发送短信 ● Intent.ACTION_DIAL：拨打电话 ● Intent.ACTION_VIEW：打开视图
setData()	Intent setData(Uri data)，设置 Intent 操作需要的数据，参数 data 往往是隐式 Intent 的目的地址

也可以不使用方法，在 AndroidManifest.xml 配置文件中以权限的方式注册 Action。常用拨打电话和发送短消息的权限注册代码如下。

```
<uses-permission android:name="android.permission.CALL_PHONE"/>
<uses-permission android:name="android.permission.SEND_SMS"/>
```

其中，android:name 属性定义权限的名字，含义同 Action 的参数。

【例 3-8】 设计一个程序，利用隐式 Intent 实现发送短信和拨打电话等的功能。主页面如图 3-12 所示，发送短信页面如图 3-13 所示，拨打电话页面如图 3-14 所示。

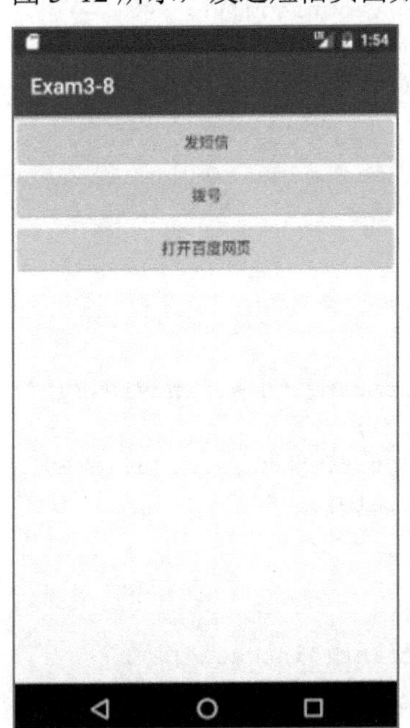

图 3-12 主页面

图 3-13 发送短信页面

图 3-14 拨打电话页面

① 创建应用程序，设计包含三个打开应用按钮的主页面。

② 编写代码实现程序功能，代码如下。

```
public class MainActivity extends AppCompatActivity {
    @Override
    protected void onCreate(Bundle savedInstanceState) {
        super.onCreate(savedInstanceState);
        setContentView(R.layout.activity_main);
```

```
        //打开发送短信页面
        Button butSendMessage = (Button) findViewById(R.id.butSendMessage);
        butSendMessage.setOnClickListener(new View.OnClickListener() {
            @Override
            public void onClick(View view) {
                Intent intent = new Intent();
                intent.setAction(Intent.ACTION_SENDTO);
                intent.setData(Uri.parse("smsto:10086"));
                startActivity(intent);
            }
        });
        //打开拨打电话页面
        Button btnDial = (Button) findViewById(R.id.btnDial);
        btnDial.setOnClickListener(new View.OnClickListener() {
            @Override
            public void onClick(View view) {
                Intent intent = new Intent();
                intent.setAction(Intent.ACTION_DIAL);
                intent.setData(Uri.parse("tel:10086"));
                startActivity(intent);
            }
        });
        //打开指定网站
        Button btnOpenweb = (Button) findViewById(R.id.btnOpenweb);
        btnOpenweb.setOnClickListener(new View.OnClickListener() {
            @Override
            public void onClick(View view) {
                Intent intent = new Intent();
                intent.setAction(Intent.ACTION_VIEW);
                intent.setData(Uri.parse("http://www.baidu.com"));
                startActivity(intent);
            }
        });
    }
}
```

3.5 用户密码管理项目实施

3.5.1 编码实现

1）创建 PasswordManage 项目。创建主菜单 main.xml，代码如下。

```
<?xml version="1.0" encoding="utf-8"?>
<menu xmlns:android="http://schemas.android.com/apk/res/android"
    xmlns:app="http://schemas.android.com/apk/res-auto">
```

```
    <item
        android:id="@+id/ModiPass"
        android:orderInCategory="100"
        android:title="修改密码"
        app:showAsAction="always" />
    <item
        android:id="@+id/FindPass"
        android:orderInCategory="200"
        android:title="找回密码"
        app:showAsAction="always" />
</menu>
```

2）创建修改密码 Activity（ModiPassActivity），设计页面，代码如下。

```
<?xml version="1.0" encoding="utf-8"?>
<RelativeLayout xmlns:android="http://schemas.android.com/apk/res/android"
    xmlns:app="http://schemas.android.com/apk/res-auto"
    xmlns:tools="http://schemas.android.com/tools"
    android:layout_width="match_parent"
    android:layout_height="match_parent"
    tools:context="com.example.liu.passwordmanage.ModiPassActivity">
    <Button
        android:layout_width="wrap_content"
        android:layout_height="wrap_content"
        android:textSize="50sp"
        android:textColor="@color/colorPrimary"
        android:layout_centerInParent="true"
        android:id="@+id/btnModiPass"
        android:text="确认修改"/>
</RelativeLayout>
```

3）为修改密码 Activity（ModiPassActivity）编写代码实现程序功能。

```
public class ModiPassActivity extends AppCompatActivity {
    @Override
    protected void onCreate(Bundle savedInstanceState) {
        super.onCreate(savedInstanceState);
        setContentView(R.layout.activity_modi_pass);
        Button btnModiPass = (Button) findViewById(R.id.btnModiPass);
        btnModiPass.setOnClickListener(new View.OnClickListener() {
            @Override
            public void onClick(View view) {
                Intent intent = new Intent(ModiPassActivity.this
                                    , MainActivity. class);
                startActivity(intent);
            }
        });
    }
}
```

4）创建找回密码 Activity（FindPassActivity），找回密码页面没有任何控件，不需要做任何设计。

5）编写找回密码对话框自定义布局页面 dialoglayout.xml，代码如下。

```
<?xml version="1.0" encoding="utf-8"?>
<LinearLayout xmlns:android="http://schemas.android.com/apk/res/android"
    android:layout_width="match_parent"
    android:layout_height="match_parent"
    android:orientation="vertical">
    <LinearLayout
        android:layout_width="match_parent"
        android:layout_height="wrap_content">
        <TextView
            android:layout_width="wrap_content"
            android:layout_height="wrap_content"
            android:layout_weight="1"
            android:text="手机号码： " />
        <EditText
            android:id="@+id/etPhone"
            android:layout_width="wrap_content"
            android:layout_height="wrap_content"
            android:layout_weight="1" />
    </LinearLayout>
    <Button
        android:layout_width="wrap_content"
        android:layout_height="wrap_content"
        android:layout_gravity="right"
        android:text="发送短消息"
        android:id="@+id/btnSendMessage"/>
</LinearLayout>
```

6）为找回密码 Activity（FindPassActivity）编写代码实现程序功能。

```
public class FindPassActivity extends AppCompatActivity {
    @Override
    protected void onCreate(Bundle savedInstanceState) {
        super.onCreate(savedInstanceState);
        setContentView(R.layout.activity_find_pass);
        //定义对话框对象
        AlertDialog.Builder builder = new AlertDialog.Builder(
                                            FindPass Activity.this);
        //生成布局文件的视图对象
        LayoutInflater inflater = getLayoutInflater();
        final View dialogview = inflater.inflate(R.layout.dialoglayout, null);
        //获取布局文件页面小控件
        EditText etPhone = (EditText) dialogview.findViewById(R.id.etPhone);
        Button btnSendMessage = (Button) dialogview.findViewById(
                                            R.id. btnSendMessage);
        btnSendMessage.setOnClickListener(new View.OnClickListener() {
            @Override
            public void onClick(View view) {
                //发送短消息
                Intent intent = new Intent();
```

```
                intent.setAction(Intent.ACTION_SENDTO);
                intent.setData(Uri.parse("smsto:"
                                   +etPhone.getText(). toString()));
                startActivity(intent);
                //返回主页面
                Intent intent = new Intent(FindPassActivity.this
                                        , MainActivity. class);
                startActivity(intent);
            }
        });
        //定制对话框布局文件、标题和提示信息属性
        builder.setView(dialogview).setTitle("对话框").setMessage("找回密码");
        builder.create();
        builder.show();
    }
}
```

7）在 MainActivity 编写代码实现菜单的单击功能。

```
public class MainActivity extends AppCompatActivity {
    Intent intent;
    @Override
    protected void onCreate(Bundle savedInstanceState) {
        super.onCreate(savedInstanceState);
        setContentView(R.layout.activity_main);
    }
    @Override
    public boolean onCreateOptionsMenu(Menu menu) {
        //填充选项菜单（读取 XML 文件并解析加载到 Menu 组件上）
        getMenuInflater().inflate(R.menu.main, menu);
        return super.onCreateOptionsMenu(menu);
    }
    //响应菜单项单击事件（根据 id 来区分是哪个菜单项）
    @Override
    public boolean onOptionsItemSelected(MenuItem item) {
        switch (item.getItemId()) {
           //分别跳转到对应页面
            case R.id.ModiPass:
                intent=new Intent(MainActivity.this, ModiPassActivity.class);
                startActivity(intent);
                break;
            case R.id.FindPass:
                intent=new Intent(MainActivity.this, FindPassActivity.class);
                startActivity(intent);
                break;
        }
        return super.onOptionsItemSelected(item);
    }
}
```

3.5.2 测试运行

1）在主页面的菜单中单击，测试是否能够正确跳转。

2）在修改密码页面单击“确认修改”按钮，测试是否能够正确返回主页面。

3）在主页面单击“找回密码”菜单，测试是否能够正确打开找回密码页面，并正确打开对话框。

4）在对话框页面输入手机号码，单击“发送短消息”按钮，测试是否能够正确打开短消息发送页面，并正确返回主页面。

3.5.3 项目总结

1）菜单项往往是一个 XML 格式的数据文件，在 onCreateOptionsMenu()方法里调用 getMenuInflater().inflate()方法能够加载主菜单数据文件。

2）主菜单的单击事件为 onOptionsItemSelected()，在其中通过 getItemId()方法能够获得菜单项的 Id，并根据菜单项要求实现菜单的单击功能。

3）显式 Intent 能够实现页面跳转。

4）隐式 Intent 能够完成发送短消息等一些常用操作。

3.6 实验 3

1．完善项目：从找回密码页面返回主页面时，把发送的短消息内容也传递给主页面。

2．完善项目：从主页面跳转到修改密码页面时，把用户数据也传递过去。

3.7 习题 3

1．简述主菜单的创建步骤。

2．简述上下文菜单的创建步骤。

3．简述自定义对话框的创建步骤。

4．简述对话框主要函数及其作用。

5．写出由 MainActivity 页面向 DestinationActivity 页面发送一个字符串数据和一个整型数据的实现代码。

3.8 知识拓展——短信管理器

用隐式 Intent 只是打开了发送短消息的程序，如果想直接完成短消息发送，可以使用短消息服务类 android.telephony.SmsManager 的 sendTextMessage()方法，方法定义如下。

```
    public void sendTextMessage(String destinationAddress, String scAddress,
String text, PendingIntent sentIntent, PendingIntent deliveryIntent)
```

sendTextMessage()方法各参数的含义如表 3-12 所示。

表 3-12　sendTextMessage()方法各参数的含义

参 数 名	说　明
destinationAddress	接收短信的手机号码
scAddress	短信服务中心号码，一般设置为 null，表示使用手机默认的短信服务中心
text	短信的内容
sentIntent	短信发送状态信息，取值不为 null 时，消息发送成功，广播 PendingIntent
deliveryIntent	短信接收状态信息，取值不为 null 时，接收者收到短信，广播 PendtingIntent

调用 SmsManager 类的 getDefault()方法生成 SmsManager 对象。

为 5554 手机发送一条内容为“okokok”的短信的代码如下。

```
    SmsManager massage = SmsManager.getDefault();
    massage.sendTextMessage("5554", null,"okokok", null, null);
```

发送短信需要在 AndroidManifest.xml 文件中注册权限，代码如下。

```
    <uses-permission android:name="android.permission.SEND_SMS"/>
```

Tips 针对高版本的 Android，仅在 AndroidManifest.xml 文件中注册发送短信权限还不能发送短信，需要进一步用代码的方式注册发送权限，详细内容请参见例 3-9 中介绍的权限注册代码。

【例 3-9】 设计程序，使用 sendTextMessage()方法实现发送短信功能，程序运行结果如图 3-15～图 3-17 所示。图 3-15 为确认发送短信授权对话框，单击“ALLOW”按钮确认授权，只有在第一次运行程序时才会出现该对话框，图 3-16 为程序主页面，图 3-17 为手机短信程序。

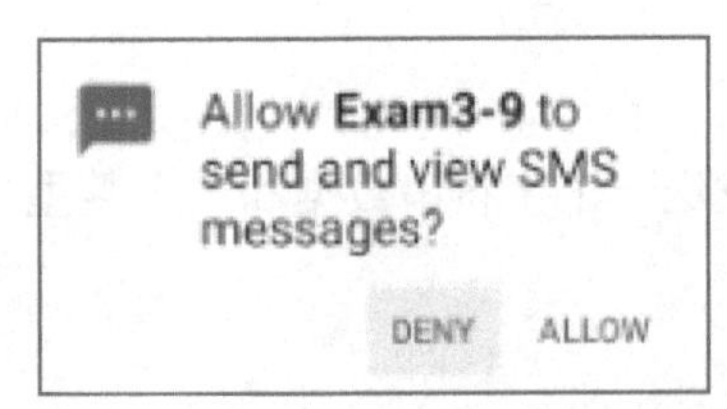

图 3-15　确认发送短信授权对话框

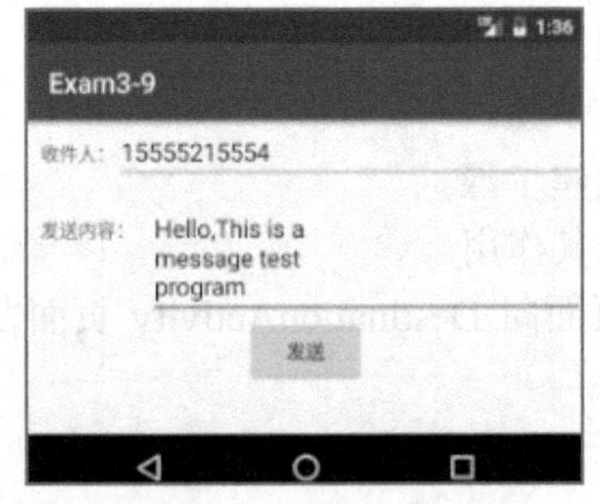

图 3-16　程序主页面

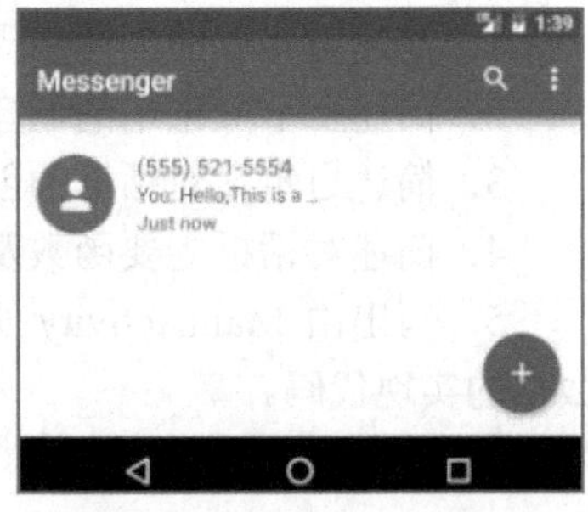

图 3-17　手机短信程序

① 创建应用程序，编写布局代码如下。

```
        <LinearLayout
            android:layout_width="match_parent"
            android:layout_height="wrap_content"
            android:orientation="horizontal">
```

```
        <TextView
            android:layout_width="wrap_content"
            android:layout_height="wrap_content"
            android:layout_marginLeft="10dp"
            android:text="收件人：" />
        <EditText
            android:id="@+id/et_phone"
            android:layout_width="match_parent"
            android:layout_height="wrap_content" />
    </LinearLayout>
    <LinearLayout
        android:layout_width="match_parent"
        android:layout_height="wrap_content"
        android:layout_marginTop="10dp">
        <TextView
            android:layout_width="wrap_content"
            android:layout_height="wrap_content"
            android:layout_marginLeft="10dp"
            android:text="发送内容：" />
        <EditText
            android:id="@+id/et_content"
            android:layout_width="match_parent"
            android:layout_height="wrap_content"
            android:layout_marginLeft="10dp"
            android:gravity="top"
            android:lines="3" />
    </LinearLayout>
    <Button
        android:id="@+id/btn_send"
        android:layout_width="wrap_content"
        android:layout_height="wrap_content"
        android:layout_gravity="center_horizontal"
        android:text="发送" />
```

② 编写代码实现程序功能。

```
public class MainActivity extends AppCompatActivity {
    EditText phone, content;
    Button send;
    @Override
    protected void onCreate(Bundle savedInstanceState) {
        super.onCreate(savedInstanceState);
        setContentView(R.layout.activity_main);
        //初始化控件
        phone = (EditText) findViewById(R.id.et_phone);
        content = (EditText) findViewById(R.id.et_content);
        send = (Button) findViewById(R.id.btn_send);
        //获取发送短信权限
        getPrivilege(Manifest.permission.SEND_SMS);
```

```
            send.setOnClickListener(new View.OnClickListener() {
                @Override
                public void onClick(View v) {
                    //发送短信
                    SmsManager smsManager = SmsManager.getDefault();
                    smsManager.sendTextMessage(phone.getText().toString()
                            , null, content.getText().toString(), null, null);
                }
            });
        }
        //请求权限函数
        private void getPrivilege(String permission) {
            /**
             * ContextCompat.checkSelfPermission()方法检测运行时权限是否已经得到授权
             * 第一个参数为上下文，第二个参数为要申请的权限
             * 返回值为 PackageManager.PERMISSION_DENIED
             * 或者 PackageManager.PERMISSION_GRANTED
             */
            if(ContextCompat.checkSelfPermission(getApplicationContext()
                    , permission)!= PackageManager.PERMISSION_GRANTED) {
                /**
                 * ActivityCompat.requestPermissions()方法请求授权
                 * 第一个参数为上下文，第二个参数为要申请权限的数组
                 * 第三个参数为请求码，用于回调
                 * */
                ActivityCompat.requestPermissions(MainActivity.this
                                                , new String[]{permission},1);
            }
        }
    }
```

③ 在 AndroidManifest.xml 配置文件中添加发送短信授权代码。

```
    <uses-permission android:name="android.permission.SEND_SMS"/>
```

3.9 随堂测试 3

1. 创建主菜单时需要重写的方法是以下哪个？（　　）
   A. onOptionsCreateMenu(Menu menu)
   B. onOptionsCreateMenu(MenuItem menu)
   C. onCreateOptionsMenu(Menu menu)
   D. onCreateOptionsMenu(MenuItem menu)
2. 以下关于 Intent 对象的说法中，错误的是哪个？（　　）
   A. Intent 对象是用来传递信息的
   B. Intent 对象可以把值传递给广播或 Activity

C．Intent 传值时可以传递一部分值类型

D．Intent 传值时 key 值可以是对象

3．以下描述中，哪个属于 Intent 的作用？（　　）

A．能够实现应用程序间的数据共享

B．是一段长的生命周期，能够保持应用在后台运行而不会因为切换页面而消失

C．可以实现页面间的切换，可以包含动作和数据，是连接四大组件的纽带

D．能够处理一个应用程序整体性的工作

4．在自定义对话框时，将视图对象添加到对话框可以使用以下哪个方法？（　　）

A．setIcon()　　B．setXML()　　C．setLayout()　　D．setView()

5．Intent 传递数据时，可以传递以下哪些数据类型？（　　）

A．Serializable　　B．String　　C．Bundle　　D．Int

第 4 章　适配器与列表控件

适配器（Adapter）是数据显示控件和数据源之间的桥梁，能够为列表类控件提供数据源，本章主要介绍 Android 开发的适配器和列表控件，并基于此设计一个产品列表展示项目。

4.1　产品列表展示项目设计

4.1.1　项目需求

设计一个运行结果如图 4-1 所示的用列表展示产品的小程序，该程序具有以下功能。

1）启动程序后列表将会在主页面显示产品概要信息，如图 4-1a 所示。

2）单击某个产品，打开产品详情页面，如图 4-1b 所示。

3）进入产品详情页面后通过左右滑动来显示产品详情或产品评论页面，如图 4-1c 所示为产品评价页面中显示的产品评论信息。

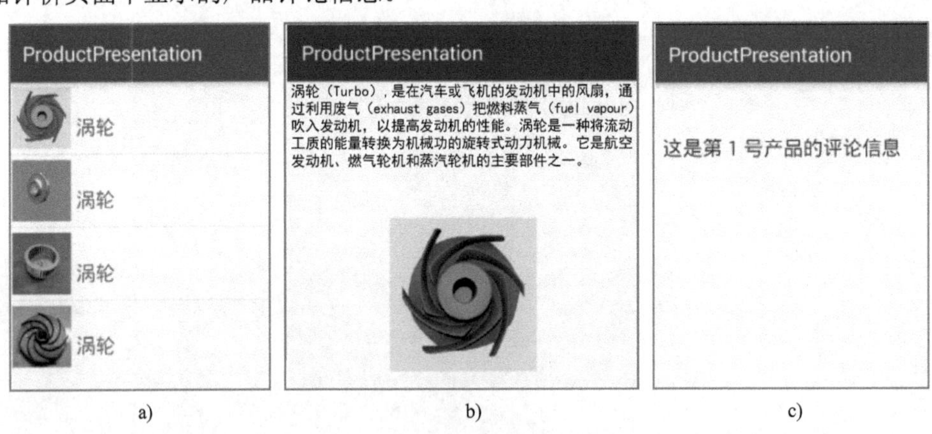

a)　　b)　　c)

图 4-1　产品列表展示程序运行结果

a) 主页面　b) 产品详情页面　c) 产品评价页面

4.1.2　技术分析

1）使用 SimpleAdapter 适配产品信息数据，使用 PagerAdapter 适配页面对象集合。

2）使用 ListView 列表控件显示产品信息，使用 ViewPager 列表控件显示页面视图。
3）获取适配器数据项索引位置值的方法。
4）使用 LayoutInflater 类加载页面布局。
产品列表展示项目涉及知识点如图 4-2 所示。

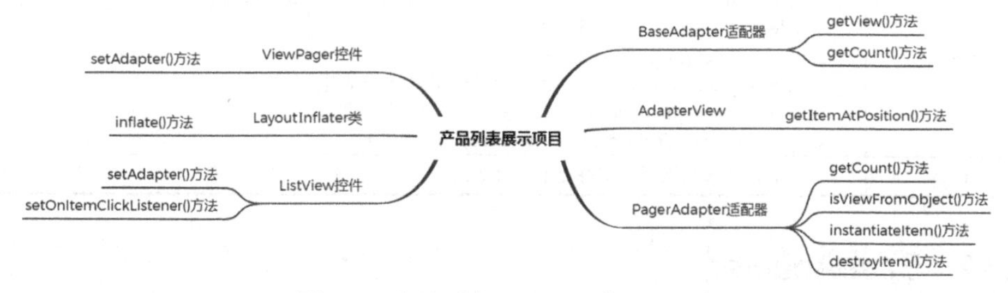

图 4-2　产品列表展示项目涉及知识点

【项目知识点】

4.2 适配器

适配器是用来连接显示控件和数据源之间的桥梁，能够使数据的绑定和修改更加简便。列表类控件可以通过绑定适配器构建控件的子视图，将数据以合适的布局形式显示出来。常用适配器包括 ArrayAdapter、BaseAdapter、SimpleAdapter、SimpleCursorAdapter、PagerAdapter。各种适配器的转换方式和能力不一样，具体如表 4-1 所示。

表 4-1　常用适配器

适配器类型	含　义
ArrayAdapter<T>	通常用来绑定一个数组，支持泛型操作
BaseAdapter	通用基础适配器
SimpleAdapter	使用 Map 数据的功能强大的适配器
SimpleCursorAdapter	用来绑定游标得到数据的适配器
PagerAdapter	为 ViewPager 控件提供数据源的适配器

4.2.1 ArrayAdapter

数组适配器（ArrayAdapter）是一种最简单的，同时也是使用最广泛的适配器，它可以通过泛型指定要适配的数据类型，然后在构造函数中将适配的数据传入。默认直接使用 ArrayAdapter 类和 Android 内置布局文件作为列表项的布局，只显示一行文本数据。也可以重写其 getView()方法自定义列表项的布局文件，实现更为丰富的图文形式的内容显示，其常用构造方法定义如下。

```
public ArrayAdapter(Context context, int resource, List<T>data)
```

ArrayAdapter 构造方法参数说明如表 4-2 所示。

表 4-2　ArrayAdapter 构造方法的参数说明

参 数 名	说　明
context	上下文对象，关联 List 的上下文
resource	子项布局 Id，即列表每个子项的页面布局。可以使用系统内置布局文件，系统提供的样式很多，常用样式举例如下。 simple_list_item1：基本样式，显示一行文本 simple_list_item2：由两个文本框组成 simple_list_item_checked：每项都是一个已选中的列表项 simple_list_item_multiple_choice：每项带有一个复选框 simple_list_item_single_choice：每项带有一个单选框
data	数据源，一般是数组，支持泛型集合数据

4.2.2　BaseAdapter

BaseAdapter 是一个抽象类，使用 BaseAdapter 类时必须实现它从 Adapter 接口继承的 4 个抽象方法，如表 4-3 所示。

表 4-3　BaseAdapter 要实现的抽象方法的说明

方 法 名	说　明
getCount()	int getCount()，返回适配器数据项个数
getItem()	Object getItem(int position)，返回 position 指定索引位置的数据项
getItemID()	Int getItemID(int position)，返回数据项的位置索引值 position
getView()	View getView(int position, View convertView, ViewGroup parent)，返回指定位置数据的显示视图，在该方法中定义数据和显示的关联关系，参数说明如下。 ● position：数据项的位置索引值 ● convertView：数据视图对象 ● parent：视图组

此外，BaseAdapter 和 ArrayAdapter 还有一个共同的常用方法，如表 4-4 所示。

表 4-4　BaseAdapter 与 ArrayAdapter 共有的常用方法说明

方 法 名	说　明
notifyDataSetChanged()	void notifyDataSetChanged()，将数据变化自动更新到列表显示控件中，SimpleAdapter 和 SimpleCursorAdapter 继承了 BaseAdapter 的该方法

4.2.3　SimpleAdapter

SimpleAdapter 是扩展性非常好的适配器，可以自定义任意布局，不需要自定义继承自它的适配器类，但是需要把数据源转换成 List<>型，数据对象应该继承自 Map<String,?>。SimpleAdapter 的构造方法定义如下。

```
SimpleAdapter(Context context,
        List<? extends Map<String, ?>> data,
        int resource,
        String[] from,
        int[] to)
```

SimpleAdapter 构造方法的参数说明如表 4-5 所示。

表 4-5 SimpleAdapter 构造方法的参数说明

参 数 名	说 明
context	上下文参数，关联 List 的上下文
data	存放在 Map 中的数据源，是一个 List<? extends Map<String,?>>类型的集合对象，集合中的每个 Map<String,?>对象生成一个列表项
resource	列表中一项数据显示的布局文件
from	是一个 String[]类型的“键”（key），决定提取 Map<String,?>对象中的哪些 key 对应的 value 来生成列表项
to	布局文件控件 Id 集合，指定数据的显示格式，与 from 键名集合中的 key 之间存在数据与显示的对应关系

4.2.4 SimpleCursorAdapter

SimpleCursorAdapter 是将数据库中的数据绑定到列表控件的适配器。使用 SQLite 数据库查询数据的时候，查询结果是一个 Cursor（游标）对象，在这种情况下使用 SimpleCursorAdapter 适配器可以将一个 Cursor 对象直接绑定到列表控件中进行显示，免去了将游标数据取出再转换到 SimpleAdapter 中的麻烦，非常方便。SimpleCursorAdapter 的构造方法定义如下。

```
SimpleCursorAdapter(Context context,
        int resource,
        Cursor cursor,
        String[] from,
        int[] to,
        int flags)
```

SimpleCursorAdapter 构造方法的参数说明如表 4-6 所示。

表 4-6 SimpleCursorAdapter 构造方法的参数说明

参 数 名	说 明
context	上下文参数，关联 List 的上下文
resource	列表中一项数据显示的布局文件
cursor	数据库查询结果的游标对象
from	数据表的待显示字段名集合
to	布局文件控件 Id 集合，指定数据的显示格式，与 from 字段名集合中的字段之间存在数据与显示的对应关系
flags	用来标识当数据发生改变，调用 onContentChanged()方法时是否通知 ContentProvider 数据的改变，对应有两种取值。 ● CursorAdapter.FLAG_REGISTER_CONTENT_OBSERVER：表示在 Cursor 上注册一个内容监测器，当内容发生变化时，调用 onContentChanged() 方法 ● 0：表示无须监听 ContentProvider 的改变或已经在 CursorAdapter 中使用了 CursorLoader()监听 ContentProvider 的改变

4.2.5 PagerAdapter

PagerAdapter 是 android.support.v4 包中的一个抽象类，是 ViewPager 的适配器。ViewPager 是在 android.support.v4 包中新增加的一个强大控件，可以实现控件的滑动效果。使用 PagerAdapter 类必须实现四个抽象方法，如表 4-7 所示。

表 4-7 **PagerAdapter 要实现的抽象方法说明**

方法名	说明
instantiateItem()	初始化页面，返回待显示的页面，表明 PagerAdapter 适配器选择哪个对象放在当前 ViewPager 中
destroyItem()	从 ViewGroup 中移除当前 View
isViewFromObject()	检查 View 是否与一个 Object 关联，即判断是否由对象生成页面
getCount()	返回数据项（View）的个数

4.3 列表控件

4.3.1 ListView 控件

ListView 控件以列表的形式展示数据，允许用户通过上下滑动的方式滚动显示数据，很好地解决了手机屏幕空间有限的问题，是 Android 开发中最常用的控件之一。本书第 12 章中介绍的电子商务系统中的商品、订单、收货地址列表等都是使用它来实现的。

ListView 需要结合适配器进行使用，通过 Adapter 获得想要显示的数据。此外，ListView 还可以响应用户的事件，处理用户的单击等操作。

使用 ListView 控件时可以只设置一些最基本的属性（属性含义与一般控件的属性含义基本相同），还增加了一些常用属性和方法，如表 4-8 所示。

表 4-8 **ListView 控件的常用属性和方法**

属性或方法名	说明
android:choiceMode	设置 ListView 使用的选择模式，默认状态下没有选择模式，取值如下。 ● None：值为 0，表示无选择模式 ● singleChoice：值为 1，表示最多可以有一项被选中 ● multipleChoice：值为 2，表示可以有多项被选中
android:divider	设置 List 条目之间的分隔符，可以是图形或颜色
android:dividerHeight	设置分隔符的高度。若没有设置用分隔符的固有高度，必须为带单位的浮点数，如“14.5sp”
android:entries	设置在 ListView 中显示的数组资源，该属性提供了一种比在程序中添加资源更加简便的方式
android:footerDividersEnabled	设置是否在页脚视图前显示分隔符，默认值为 true
android:headerDividersEnabled	设置是否在页眉视图后显示分隔符，默认值为 true
getItemAtPosition()	Object getItemAtPosition(int position)，获取指定位置的数据项，参数 position 用来指定数据项的位置
setAdapter()	void setAdapter(ListAdapter adapter)，设置 ListView 控件的适配器对象
setOnItemClickListener()	void setOnItemClickListener(AdapterView.OnItemClickListener listener)，注册数据项单击事件，参数 listener 为 OnItemClickListener 对象，必须实现 onItemClick()方法。onItemClick()方法的定义如下。 void onItemClick(AdapterView<?> parent, View view, int position,long id) ● parent：AdapterView 型的 ListView 对象 ● view：被单击的数据项视图对象 ● position：数据项的位置 ● id：被单击的数据项的 Id
setOnItemLongClickListener()	public void setOnItemLongClickListener(AdapterView.OnItemLongClickListener listener)，注册数据项长按事件，参数使用与数据项单击事件类似

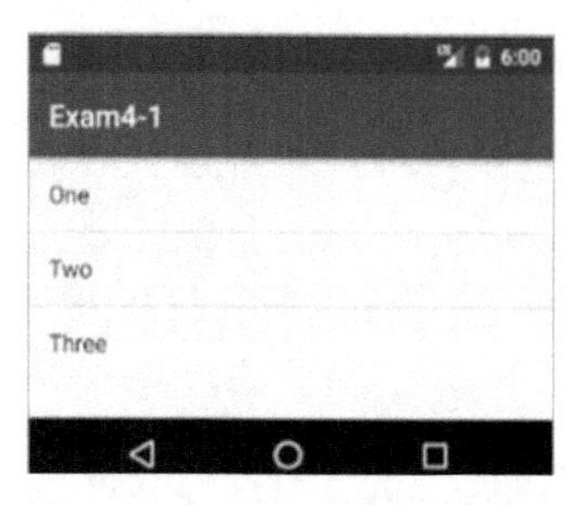

图 4-3　ListView 显示简单数据

【例 4-1】 创建一个简单信息列表显示程序，程序显示效果如图 4-3 所示。

① 创建应用程序，编写布局代码如下。

```
<ListView
    android:layout_width="wrap_content"
    android:layout_height="wrap_content"
    android:id="@+id/listview" />
```

② 为 MainActivity 添加代码实现程序功能。

```
public class MainActivity extends AppCompat Activity {
    //准备数据
    String[] items = {"One", "Two", "Three"};
    @Override
    protected void onCreate(Bundle savedInstanceState) {
        super.onCreate(savedInstanceState);
        setContentView(R.layout.activity_main);
        //创建适配器对象,使用系统样式（simple_list_item_1）布局列表项
        ArrayAdapter adapter = new ArrayAdapter(this
                             ,android.R.layout.simple_list_item_1,items);
        ListView listview = (ListView) findViewById(R.id.listview);
        //把适配器加载到 ListView 中
        listview.setAdapter(adapter);
    }
}
```

数组资源也可以用作 ListView 列表的数据源。

【例 4-2】 修改例 4-1，为 ListView 控件添加单击事件，单击某一项后用 Toast 显示数据项中的内容，单击第二项的运行效果如图 4-4 所示。

页面不需要重新设计，在 MainActivity 里添加 ListView 控件的单击事件代码，添加后完整代码如下。

```
public class MainActivity extends AppCompat Activity {
    //准备数据
    String[] items = {"One", "Two", "Three"};
    @Override
    protected void onCreate(Bundle savedInstanceState) {
        super.onCreate(savedInstanceState);
        setContentView(R.layout.activity_main);
        ArrayAdapter adapter = new ArrayAdapter(this
                         , android.R.layout. simple_list_item_1, items);
        ListView listview = (ListView) findViewById(R.id.listview);
        listview.setAdapter(adapter);
        //为 ListView 控件添加单击事件代码
        listview.setOnItemClickListener(
                              new AdapterView.OnItemClick Listener() {
            @Override
            public void onItemClick(AdapterView<?> adapterView, View view,
```

```
                            int i, long l) {
            Toast.makeText(MainActivity.this,
                    "单击的项为：" + adapterView.getItemAtPosition(i).
                                        toString(),
                    Toast.LENGTH_LONG).show();
        }
    });
  }
}
```

【例 4-3】 分别基于 BaseAdapter、ArrayAdapter 和 SimpleAdapter 三种适配器用 ListView 控件展示一个产品列表，每一个产品包含产品图片和产品的名称，运行效果如图 4-5 所示。

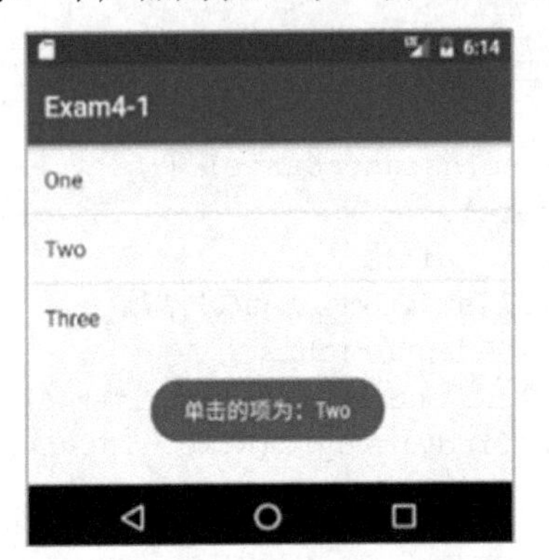

图 4-4　ListView 数据项单击应用

图 4-5　ListView 产品列表显示

① 应用程序主页面。创建应用程序，使用默认的相对布局来设计主页面，代码如下。

```
<ListView
    android:id="@+id/listview"
    android:layout_width="wrap_content"
    android:layout_height="wrap_content"
    android:layout_centerInParent="true" />
```

② 数据结构类 Product。创建 Product 类，编写代码如下。

```
public class Product {
    //存放图片说明的字段
    private String name;
    public String getName() {
        return name;
    }
    public void setName(String name) {
        this.name = name;
    }

    //存放图片文件名的字段
    private Integer imgId;
    public Integer getImgId() {
        return imgId;
    }
    public void setImgId(Integer imgId) {
```

```
        this.imgId = imgId;
    }
}
```

③ 布局文件 list_item。创建显示数据项布局文件 list_item，编写代码如下。

```
<?xml version="1.0" encoding="utf-8"?>
<LinearLayout xmlns:android="http://schemas.android.com/apk/res/android"
    android:layout_width="match_parent"
    android:layout_height="match_parent">
    <ImageView
        android:id="@+id/image1"
        android:layout_width="80dp"
        android:layout_height="80dp"
        android:layout_margin="5dp"
        android:layout_weight="1"
        android:src="@mipmap/ic_launcher" />
    <TextView
        android:id="@+id/text1"
        android:layout_width="wrap_content"
        android:layout_height="wrap_content"
        android:layout_marginTop="20dp"
        android:layout_weight="1"
        android:text="图片说明"
        android:textSize="35dp" />
</LinearLayout>
```

④ 实现程序功能。为 MainActivity 类添加代码，实现程序功能。

方法 1：使用 BaseAdapter 类，实现代码如下。

```
public class MainActivity extends AppCompatActivity {
    //存放数据源的集合，泛型设置为 Product 类型
    ArrayList<Product> Datas = new ArrayList<>();
    //定义保存图片文件 Id 的数组
    int[] images = {R.mipmap.wl1, R.mipmap.wl2, R.mipmap.wl3, R.mipmap.wl4};
    //定义保存图片说明的字符串数组
    String[] names = {"涡轮", "叶轮", "涡轮", "齿轮"};
    @Override
    protected void onCreate(Bundle savedInstanceState) {
        super.onCreate(savedInstanceState);
        setContentView(R.layout.activity_main);
        //准备数据，数据长度为图片个数和图片说明个数中较小的一个
        int n=names.length<images.length?names.length:images.length;
        for (int i = 0; i < n; i++) {
            Product product = new Product();
            product.setName(names[i]);
            product.setImgId(images[i]);
            Datas.add(product);
        }
        ListView listView = (ListView) findViewById(R.id.listview);
        //创建自定义的 BaseAdapter 适配器对象
```

```
        MyAdapter adapter = new MyAdapter();
        //把适配器加载到 ListView 中
        listView.setAdapter(adapter);
    }

    //自定义适配器类继承 BaseAdapter，实现其四个抽象方法
    public class MyAdapter extends BaseAdapter {
        //返回 item 的个数
        @Override
        public int getCount() {
            return Datas.size();
        }
        //返回每一个 item 对象
        @Override
        public Object getItem(int i) {
            return Datas.get(i);
            //如果不直接使用，也可以是 return null;
        }
        //返回每一个 item 的 id
        @Override
        public long getItemId(int i) {
            return i;
            //如果不直接使用，也可以返回第一个数据项，即 return 0;
        }
        //根据传入 item 的下标获取 View 对象，建立数据与显示的对应关系
        @Override
        public View getView(int position, View view, ViewGroup viewGroup) {
            //调用 inflate() 方法绘制 items 项
            view = View.inflate(this,R.layout.list_item, null);
            //获取数据对象
            Product product = Datas.get(position);
            //建立数据与布局文件中控件的对应关系
            ImageView pic = (ImageView) view.findViewById(R.id.image1);
            pic.setImageResource(product.getImgId());
            TextView name = (TextView) view.findViewById(R.id.text1);
            name.setText(product.getName());
            return view;
        }
    }
}
```

方法 2：使用 ArrayAdapter 类，该类比使用 BaseAdapter 类的代码更为简洁。ArrayAdapter 已经实现了 BaseAdapter 的 4 个抽象方法，只有在需要自定义 Item 布局时才需要重写 getView() 方法，且 getView()方法的实现与 BaseAdapter 类完全一样。此外，ArrayAdapter 类必须添加构造方法，在构造方法中传入待加载的数据，代码如下。

```
public MyAdapter(Context context, int resource,List objects) {
    super(context, resource, objects);
}
```

修改 MainActivity 类 onCreate()方法中定义适配器对象的代码如下。

```
MyAdapter adapter = new MyAdapter(MainActivity.this,R.layout. list_item,
                                  Datas);
```

以上介绍的 BaseAdapter 和 ArrayAdapter 的 getView()方法实现代码都较为简单，但是运行加载的 Item 过多或快速滑动 ListView 控件时会出现卡顿现象。原因在于 getView()方法对 view 进行了重复创建，每产生一个新的条目，程序都会重新加载一次布局，用户多次操作 ListView 控件就会持续创建内存空间，占用越来越多的资源，从而成为性能的瓶颈。

可以通过复用 convertView 对象减少 Item 对象的创建，优化 getView()方法。即使用 convertView 参数将之前加载好的布局进行缓存，以实现内存空间的循环使用。为了避免每次都在 getView()方法中调用 view 的 findViewById()方法来获取一次控件的实例，可以通过新增一个内部类 ViewHolder 以对控件的实例进行缓存。

在 MainActivity 类中新增内部类 ViewHolder，代码如下。

```
class ViewHolder {
    ImageView pic;
    TextView name;
}
```

改进后的 getView()方法实现如下。

```
@Override
public View getView(int position, View convertView, ViewGroup parent) {
    Product product = Datas.get(position);
    ViewHolder holder = null;
    if (convertView == null) {
        // 如果 convertView 为 null,则加载布局
        convertView=View.inflate(MainActivity.this,R.layout.list_item,null);
        //创建一个 ViewHolder 对象，将控件的实例放在 ViewHolder 里
        holder = new ViewHolder();
        holder.name = convertView.findViewById(R.id.text1);
        holder.pic = convertView.findViewById(R.id.image1);
        //将 ViewHolder 对象存储在 View 中
        convertView.setTag(holder);
    }
    else {
        //当 convertView 不为 null 时，调用 getTag()方法把 ViewHolder 重新取出
        holder = (ViewHolder)convertView.getTag();
    }
        holder.pic.setImageResource(product.getImgId());
        holder.name.setText(product.getName());
        return convertView;
}
```

方法 3：使用 SimpleAdapter 类，该类需要转换数据，但使用起来要比 BaseAdapter 和 ArrayAdapter 类简单，因此，本书后面的例子主要使用该类。在 MainActivity 类中编写代码如下。

```
public class MainActivity extends AppCompatActivity {
```

```
    //存放数据的变量
    List<Map<String,Object>> Datas= new ArrayList<Map<String,Object>>();
    //定义保存图片文件 Id 的数组
    int[] images = {R.mipmap.wl1, R.mipmap.wl2, R.mipmap.wl3, R.mipmap.wl4};
    //定义保存图片说明的字符串数组
    String[] names = {"涡轮", "叶轮", "涡轮", "齿轮"};
    @Override
    protected void onCreate(Bundle savedInstanceState) {
        super.onCreate(savedInstanceState);
        setContentView(R.layout.activity_main);
        //准备数据，数据长度为图片个数和图片说明个数中较小的一个
        int n=names.length<images.length?names.length:images.length;
        for (int i = 0; i < n; i++) {
            Map<String,Object> map=new HashMap<String,Object>();
            map.put("image",images[i]);
            map.put("name",names[i]);
            Datas.add(map);
        }
        //键名和显示控件名对应数组
        String[] from={"image","name"};
        int[] to={R.id.image1,R.id.text1};
        ListView listView = (ListView) findViewById(R.id.listview);
        //创建适配器对象
        SimpleAdapter adapter=new SimpleAdapter(this,Datas
                                        ,R.layout.list_ item, from,to);
        listView.setAdapter(adapter);
    }
}
```

4.3.2 GridView 控件

GridView 是一个二维可滚动网格显示控件，一般用来显示类似于“九宫格”“十六宫格”等样式的布局。其用法与 ListView 控件基本一致，只是布局不同，ListView 以列表形式显示数据，GridView 则以网格形式显示数据。其常用方法与 ListView 控件一样，除此之外增加的常用属性如表 4-9 所示。

表 4-9 GridView 控件的常用属性

属 性 名	说 明
android:numColumns	设置显示的列数，设为 1 时跟 ListView 控件一样，单列显示
android:columnWidth	设置列宽
android:stretchMode	缩放模式，有以下取值。 ● AUTO_FIT：自适应 ● NO_STRETCH：不缩放 ● STRETCH_SPACING：填充 ● STRETCH_SPACING_UNIFORM：按比例填充 ● COLUMN_WIDTH：列宽
android:verticalSpacing	设置行边距
android:horizontalSpacing	设置列边距

【例 4-4】 用 GridView 控件显示文本数据，一行显示两个数据，并设置其数据项的单击事件，在第二个数据项上单击的运行结果如图 4-6 所示。

① 创建应用程序，设计页面布局，代码如下。

```
<GridView
    android:layout_width="wrap_content"
    android:layout_height="wrap_content"
    android:numColumns="2"
    android:id="@+id/gridview" />
```

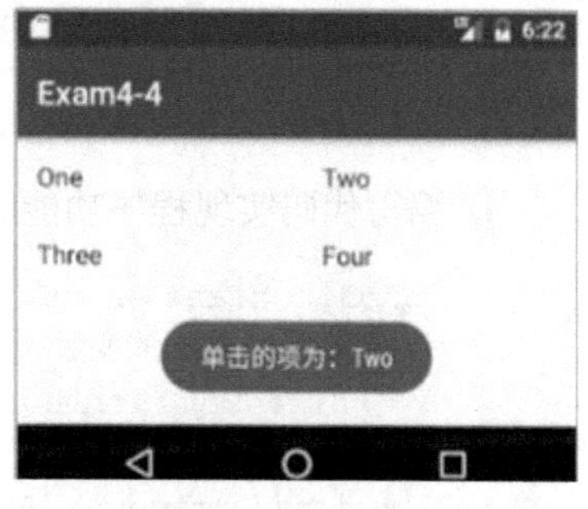

图 4-6　GridView 控件显示文本数据

② 编写代码实现程序功能。

```
public class MainActivity extends AppCompatActivity {
    //准备数据
    String[] items = {"One", "Two", "Three", "Four"};
    @Override
    protected void onCreate(Bundle savedInstanceState) {
        super.onCreate(savedInstanceState);
        setContentView(R.layout.activity_main);
    //创建 ArrayAdapter 适配器对象,使用系统样式（simple_list_item_1）布局列表项
        ArrayAdapter adapter = new ArrayAdapter(this
                    , android.R.layout. simple_list_item_1, items);
        GridView gridview = (GridView) findViewById(R.id.gridview);
         //把适配器加载到 GridView 中
        gridview.setAdapter(adapter);
        //为 GridView 控件添加单击事件代码
        gridview.setOnItemClickListener(new AdapterView.OnItemClickListener(){
            @Override
            public void onItemClick(AdapterView<?> adapterView, View view,
                                    int i, long l) {
                Toast.makeText(MainActivity.this,
                        "单击的项为: " + adapterView.getItemAtPosition(i).
                                            toString(),
                        Toast.LENGTH_LONG).show();
            }
        });
    }
}
```

【例 4-5】 用 GridView 控件显示产品图片数据，一行显示两张图片，运行结果如图 4-7 所示。

① 创建应用程序，按例 4-4 设计程序页面。

② 在 mipmap 文件夹下添加 4 张测试图片。

③ 创建数据显示的布局文件 layoutimgitem.xml，代码如下。

```
<ImageView
    android:layout_width="180sp"
```

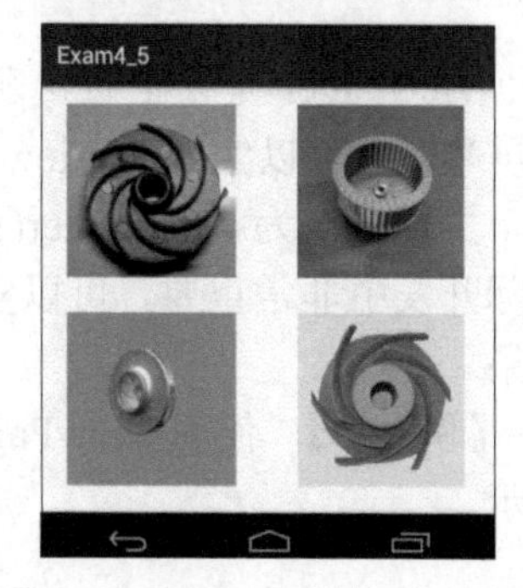

图 4-7　GridView 控件显示图片

```
        android:layout_height="120sp"
        android:padding="15sp"
        android:id="@+id/image"/>
```

④ 编写代码实现程序功能。

```
public class MainActivity extends AppCompatActivity {
    //存放数据的变量
    List<Map<String,Object>> Datas= new ArrayList<Map<String,Object>>();
    //定义保存图片文件 Id 的数组
    int[] images = {R.mipmap.wl1, R.mipmap.wl2, R.mipmap.wl3, R.mipmap.wl4};
    @Override
    protected void onCreate(Bundle savedInstanceState) {
        super.onCreate(savedInstanceState);
        setContentView(R.layout.activity_main);
        //准备数据，数据长度为图片个数和图片说明个数中较小的一个
        int n=images.length;
        for (int i = 0; i < n; i++) {
            Map<String,Object> map=new HashMap<String,Object>();
            //键值对
            map.put("image",images[i]);
            Datas.add(map);
        }
        //键名和显示控件名对应数组
        String[] from={"image"};
        int[] to={R.id.image1};
        GridView gridview = (GridView) findViewById(R.id.gridview);
        //创建适配器对象
        SimpleAdapter adapter=new SimpleAdapter(this,Datas
                              ,R.layout.layoutimgitem,from,to);
        //把适配器加载到 GridView 中
        gridview.setAdapter(adapter);
    }
}
```

为 GridView 控件绑定数据源的方法和 ListView 控件一样，既可以使用 SimpleAdapter，也可以使用 ArrayAdapter 或 BaseAdapter。

4.3.3 ViewPager 控件

ViewPager 是一个负责翻页的 ViewGroup 控件，它能够包含多个 View 页面，横向滑动屏幕时，可以实现对 View 的切换，使用 PagerAdapter 进行数据绑定并生成最终的 View 页。主要方法为 setAdapter()，通过该方法来建立与 PagerAdapter 的联系。ViewPager 在实际开发中非常重要，可以实现新闻详情页面的左右滑动、广告轮播图、图片展示画廊等效果。

【例 4-6】 使用 ViewPager 控件实现如图 4-8 所示的详情页面和评价页面的滑动切换显示。

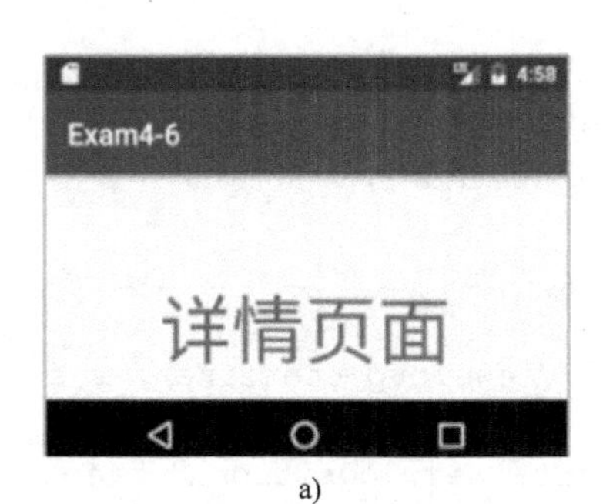

a)

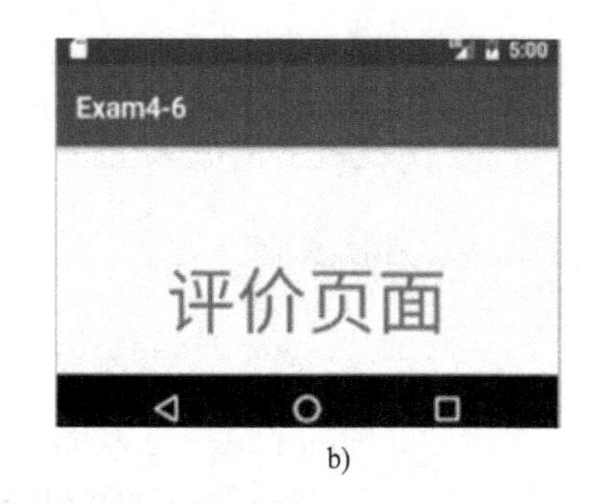

b)

图 4-8　ViewPager 控件应用

a) 详情页面　b) 评价页面

① 创建应用程序，设计页面布局，代码如下。

```
<androidx.ViewPager.widgt.ViewPager
    android:layout_width="match_parent"
    android:layout_height="match_parent"
    android:id="@+id/viewpager"/>
```

② 设计两个布局页面 layoutdetail.xml 和 layoutcontact.xml，页面中仅显示页面文字“详情页面”和“评价页面”。

③ 编写代码实现程序功能。

```
public class MainActivity extends AppCompatActivity {
    //定义存放页面的数组
    ArrayList<View> viewList = new ArrayList<>();
    @Override
    protected void onCreate(Bundle savedInstanceState) {
        super.onCreate(savedInstanceState);
        setContentView(R.layout.activity_main);
        //准备数据
        LayoutInflater lf = getLayoutInflater().from(this);
        View view = lf.inflate(R.layout.layoutdetail, null);
        viewList.add(view);
        view = lf.inflate(R.layout.layoutcontact, null);
        viewList.add(view);
        //基于准备好的数据创建 PagerAdapter 适配器对象
        PagerAdapter adapter = new PagerAdapter() {
            // 返回页面的个数
            @Override
            public int getCount() {
                return viewList.size();
            }
            //判断显示的是否是同一个页面
            @Override
            public boolean isViewFromObject(View view, Object object) {
                return view == object;
            }
            //初始化页面，返回待显示的页面
            @Override
```

```
        public Object instantiateItem(ViewGroup container, int position){
            container.addView(viewList.get(position));
            return viewList.get(position);
        }
        //销毁页面
        @Override
        public void destroyItem(ViewGroup container, int position,
                                Object object) {
            super.destroyItem(container, position, object);
            container.removeView(viewList.get(position));
        }
    };
    //把适配器加载到 ViewPager 中
    ViewPager viewPager = (ViewPager) findViewById(R.id.viewpager);
    viewPager.setAdapter(adapter);
  }
}
```

4.4 产品列表展示项目实施

4.4.1 编码实现

1）创建应用程序，设计系统主页面 activity_main，代码如下。

```
<ListView
    android:id="@+id/listview"
    android:layout_width="wrap_content"
    android:layout_height="wrap_content"
    android:layout_centerInParent="true" />
```

2）参考例 4-3，定义产品列表数据项布局文件 list_item.xml。

3）添加产品详情信息 Activity（ProductDetailActivity）。

4）参考例 4-3，在 MainActivity 类中定义 SimpleAdapter 对象并绑定到 ListView 控件，为 ListView 控件添加数据项的单击事件代码如下。

```
//为 ListView 控件添加数据项的单击事件
listView.setOnItemClickListener(new AdapterView.OnItemClickListener() {
    @Override
    public void onItemClick(AdapterView<?> adapterView, View view, int i,
                            long l) {
        Intent intent=new Intent(MainActivity.this
                                ,ProductDetailActivity. class);
        intent.putExtra("position",i);
        startActivity(intent);
    }
});
```

5）设计产品详情信息页面 activity_productDetail 的布局，代码如下。

```
<androidx.ViewPager.widget.ViewPager
    android:layout_width="match_parent"
    android:layout_height="match_parent"
    android:id="@+id/viewpager"/>
```

6）添加产品详情信息滑屏布局页面 layoutdetail.xml，代码如下。

```
<?xml version="1.0" encoding="utf-8"?>
<LinearLayout xmlns:android="http://schemas.android.com/apk/res/android"
    android:layout_width="match_parent"
    android:layout_height="match_parent"
    android:orientation="vertical">
    <TextView
        android:layout_width="wrap_content"
        android:layout_height="wrap_content"
        android:text="产品详情信息"
        android:id="@+id/tvDetail"/>
    <ImageView
        android:layout_width="150sp"
        android:layout_height="250sp"
        android:layout_gravity="center"
        android:id="@+id/imgProduct"/>
</LinearLayout>
```

7）添加产品评论滑屏布局页面 layoutcontact.xml，代码如下。

```
<?xml version="1.0" encoding="utf-8"?>
<LinearLayout xmlns:android="http://schemas.android.com/apk/res/android"
    android:layout_width="match_parent"
    android:layout_height="match_parent">
    <TextView
        android:layout_width="wrap_content"
        android:layout_height="wrap_content"
        android:layout_marginTop="50sp"
        android:id="@+id/tvProductContact"
        android:text="根据产品 Id 从数据表查询评论内容，用 ListView 控件逐条显示评论"
        android:textColor="#ff0000"
        android:textSize="20sp" />
</LinearLayout>
```

8）编写 ProductDetailActivity 类代码，实现程序功能。

```
public class ProductDetailActivity extends AppCompatActivity {
    //定义存放页面的数组
    ArrayList<View> viewList = new ArrayList<>();
    //索引在实体类中需要定义为整型
    int[] images = {R.mipmap.wl1, R.mipmap.wl2, R.mipmap.wl3, R.mipmap.wl4};
    //定义保存图片说明的字符串数组
    String[] details = {"涡轮......", "涡轮", "涡轮", "涡轮"};
    @Override
    protected void onCreate(Bundle savedInstanceState) {
```

```
        super.onCreate(savedInstanceState);
        setContentView(R.layout.activity_product_detail);
        //接收数据项 Id，用于详情和评论显示定位
        Intent intent = getIntent();
        int i = intent.getIntExtra("position", 0);
        //准备数据
        LayoutInflater lf = getLayoutInflater().from(
                                        ProductDetailActivity. this);
        View view = lf.inflate(R.layout.layoutdetail, null);
        //根据 Id 在详情页面显示指定产品的信息
        TextView tvDetail = (TextView) view.findViewById(R.id.tvDetail);
        tvDetail.setText(details[i]);
        ImageView imgProduct = (ImageView) view.findViewById(R.id. imgProduct);
        imgProduct.setImageResource(images[i]);
        viewList.add(view);
        view = lf.inflate(R.layout.layoutcontact, null);
        TextView tvProductContact=(TextView) view.findViewById(
                                               R.id.tvProductContact);
        tvProductContact.setText("这是第 "+(i+1)+" 号产品的评论信息");
        viewList.add(view);
        //基于准备好的数据创建 PagerAdapter 适配器对象
        PagerAdapter adapter = new PagerAdapter() {
            // 返回页面的个数
            @Override
            public int getCount() {
                return viewList.size();
            }
            //判断显示的是否同一个页面
            @Override
            public boolean isViewFromObject(View view, Object object) {
                return view == object;
            }
            //初始化页面，返回待显示的页面
            @Override
            public Object instantiateItem(ViewGroup container, int position){
                container.addView(viewList.get(position));
                return viewList.get(position);
            }
            //销毁页面
            @Override
            public void destroyItem(ViewGroup container, int position,
                                     Object object) {
                super.destroyItem(container, position, object);
                container.removeView(viewList.get(position));
            }
        };
        //把适配器加载到 ViewPager 中
        ViewPager viewPager = (ViewPager) findViewById(R.id.viewpager);
        viewPager.setAdapter(adapter);
    }
}
```

4.4.2　测试运行

1）查看主页面显示的信息是否正确。

2）单击产品列表 ListView 控件上的某一项，查看是否能够正确跳转到相应产品的详情页面，以及显示的数据项是否正确。

3）在产品详情页面左滑，查看是否能打开产品评论页面，以及显示的数据项是否正确，右滑查看是否能回到产品详情页面。

4.4.3　项目总结

1）数据适配器的定义较为复杂，但步骤比较固定，应熟练其基本应用举例。

2）ListView 控件的数据项单击事件是常用事件，应熟悉其参数含义。

3）本项目复习了 LayoutInflater 类加载布局文件的用法，以及访问所加载的布局页面上的控件的方法，通过分析代码可以发现，这些方法与 Activity 布局页面上控件的访问机制是一样的，由此可以加深对 Activity 的 onCreate()方法的理解。

4）在 ListView 控件的单击事件中可以通过位置参数获取数据项索引的位置值。

4.5　实验 4

1．修改产品评价页面，增加输入评价信息的功能。

2．修改产品详情页面，添加主菜单，实现返回主页面的功能。

3．为主页面的 ListView 控件设置属性，使其显示更为个性化。

4.6　习题 4

1．简述 ArrayAdapter 的构造方法中各参数的含义。

2．简述 SimpleCursorAdapter 的构造方法中各参数的含义。

3．分析 BaseAdpater 中 getView()方法的执行流程。

4．分析例 4-3 中 ListView 数据项的单击事件代码。

4.7　知识拓展——Spinner 控件

4.7.1　Spinner 控件基本用法

Spinner 控件提供了一种快速从数据集合中选择值的方法，默认情况下，Spinner 控件会显示当前选定的值，单击 Spinner 控件会弹出一个包含所有可选值的下拉列表，从该下拉列表中可以为 Spinner 控件选择一个新值，其用法与 ListView 控件非常类似。

Spinner 控件选择选项的事件注册方法为 setOnItemSelectedListener()，该方法的参数为 OnItemSelectedListener 对象，必须实现 onItemSelected()方法和 onNothingSelected()方法。onItemSelected()方法在选项发生变化时触发，定义如下。

```
void onItemSelected(AdapterView<?> parent, View view, int position, long id)
```

该方法参数的含义同 ListView 控件的 onItemClick()方法的参数。

onNothingSelected()方法在选择取消时触发，如果没有操作，可以不写代码。

【例 4-7】 修改例 4-1，将其中的 ListView 控件相应换成 Spinner 控件，并查看程序运行效果。程序运行效果如图 4-9 所示。

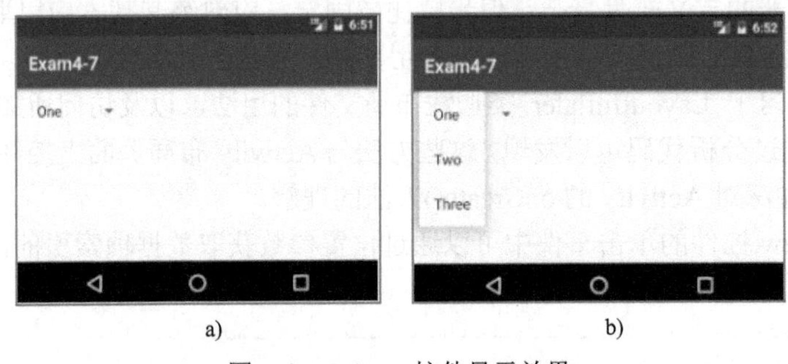

a) b)

图 4-9 Spinner 控件显示效果

a) 初始页面 b) 单击下拉按钮效果

4.7.2 Spinner 控件与资源文件

Spinner 控件的数据也可以是资源文件，使用资源文件作为数据源时通过设置 android:entries 属性将数据加载到 Spinner 控件。也可以使用适配器，用适配器时需要使用适配器类的 createFromResource()方法来创建适配器对象，该方法中参数的含义同 ArrayAdapter 类的构造方法。

Tips 资源文件的创建方法：右键单击 values 目录，在弹出的快捷菜单中，选择 “New” → “Values resource file”，输入文件名如 “array” 进行创建。

【例 4-8】 修改例 4-7，用资源文件实现同样的效果。

① 创建应用程序，创建 array.xml 资源文件，代码如下。

```
<?xml version="1.0" encoding="utf-8"?>
<resources>
    <string-array name="choice">
        <item>One</item>
        <item>two</item>
        <item>three</item>
    </string-array>
</resources>
```

其中，<string-array>节中的 name 属性就是数据项的 ID。

② 修改主页面布局代码如下。

```
<Spinner
    android:id="@+id/spinner"
    android:layout_width="wrap_content"
    android:layout_height="wrap_content"
    android:layout_marginLeft="10dp"
    android:entries="@array/choice" />
```

③ 清除 MainActivity 类中所有非自动生成的代码。

【例 4-9】 修改例 4-8，用适配器的方式加载资源文件数据到 Spinner 控件，实现同样的效果。

① 去掉例 4-8 中 Spinner 控件的关于 android:entries 属性的设置。

② 修改 MainActivity 类代码如下。

```
public class MainActivity extends AppCompatActivity {
    @Override
    protected void onCreate(Bundle savedInstanceState) {
        super.onCreate(savedInstanceState);
        setContentView(R.layout.activity_main);
        //为 Spinner 控件设置选择项
        Spinner spinner = (Spinner) findViewById(R.id.spinner);
        ArrayAdapter<CharSequence> adapter =
                                      ArrayAdapter.createFrom Resource(this,
              R.array.choice, android.R.layout.simple_list_item_1);
        spinner.setAdapter(adapter);
    }
}
```

4.8 知识拓展——RecyclerView 控件

4.8.1 RecyclerView 控件基本用法

从 Android 5.0 开始，Google 推出了功能更加强大的、用于大量数据显示的滑动组件 RecyclerView。与经典的 ListView 控件相比，它具有如下优点。

1）RecyclerView 封装了 ViewHolder 的回收复用，标准化了 ViewHolder，它的 Adapter 面向的是 ViewHolder 而不再是 View，不再需要优化；ListView 也不再需要 convertView.setTag(holder)和 convertView.getTag()这些烦琐的操作。

2）可以通过设置布局管理器控制 Item 的布局方式，灵活设置横向、竖向以及瀑布流方式。不再拘泥于 ListView 的线性展示方式，还能够实现 GridView 的网格显示效果。

3）通过继承 ItemDecoration 类可以设置 Item 的间隔样式。

4）通过 ItemAnimator 类可以控制 Item 增删的动画。

RecyclerView 控件适配器需要实现的方法如表 4-10 所示。

表 4-10　RecyclerView 控件适配器需要实现的方法

方法名	说　明
onCreateViewHolder()	onCreateViewHolder(ViewGroup parent, int viewType)，返回 ViewHolder 实例，用于为 Item 生成一个 View，将加载出来的 Item 布局传入构造函数，返回 ViewHolder 的实例
onBindViewHolder()	onBindViewHolder(MyAdapter.MyViewHolder holder, int position)，在每个子项被滚动到屏幕时执行，用于对 RecyclerView 子项的数据进行赋值。通过 position 定位到当前项的实例，将数据设置到 ViewHolder 的显示控件中
getItemCount()	int getItemCount()，返回数据项的数目

【例 4-10】 用 RecyclerView 控件实现例 4-3 中 ListView 产品图片列表的显示效果。

① 创建应用程序，使用默认局设计主页面，编写 RecyclerView 控件代码，因为 RecyclerView 控件没有内置在系统 SDK 中，需要写出完整的包路径。

```
<androidx.recyclerview.widget.RecyclerView
    android:layout_width="wrap_content"
    android:layout_height="wrap_content"/>
```

Tips 使用 RecyclerView 控件时需要在 build.gradle 文件中添加依赖。打开 app/build.gradle 文件，在 dependencies 闭包中添加依赖代码如下。

```
implementation 'androidx.recyclerview:recyclerview:1.1.0'
```

添加完之后单击“Sync Now”进行同步。

② 同例 4-3 一样创建数据结构类 Product 和数据项显示布局文件 list_item。

③ 为 MainActivity 添加代码，实现程序功能。

```
public class MainActivity extends AppCompatActivity {
    private RecyclerView recyclerView;
    //存放数据源的集合，泛型设置为 Product 类型
    ArrayList<Product> Datas = new ArrayList<>();
    //定义保存图片资源 Id 的数组
    int[] images = {R.mipmap.wl1, R.mipmap.wl2, R.mipmap.wl3, R.mipmap.wl4};
    //定义保存图片说明的字符串数组
    String[] names = {"涡轮", "叶轮", "涡轮", "齿轮"};

    @Override
    protected void onCreate(Bundle savedInstanceState) {
        super.onCreate(savedInstanceState);
        setContentView(R.layout.activity_main);
        //准备数据，图片个数和图片说明个数最好一样，不一样用小的值
        for (int i=0; i<names.length; i++) {
            Product product = new Product();
            product.setName(names[i]);
            product.setImgId(images[i]);
            Datas.add(product);
        }
        recyclerView = (RecyclerView) findViewById(R.id.recyclerView);
        //设置控件显示方式，这里是线性布局（默认垂直方向滑动）
```

```
        recyclerView.setLayoutManager(new LinearLayoutManager(this));
        MyAdapter adapter = new MyAdapter();
        recyclerView.setAdapter(adapter);
        //使用系统样式的分隔线
        recyclerView.addItemDecoration(new DividerItemDecoration(this,
                                    DividerItemDecoration.VERTICAL));
    }
    //定义内部类MyAdapter 继承 RecyclerView.Adapter
    public class MyAdapter extends RecyclerView.Adapter<
                                    MyAdapter. MyViewHolder> {
        @Override
        public MyAdapter.MyViewHolder onCreateViewHolder(ViewGroup parent,
                                            int viewType) {
            MyViewHolder holder = new MyViewHolder(getLayoutInflater().
                                    inflate (R.layout.list_item, null));
            return holder;
        }
        @Override
        public void onBindViewHolder(MyAdapter.MyViewHolder holder, int
                                    position) {
            Product product = Datas.get(position);
            holder.pic.setImageResource(product.getImgId());
            holder.name.setText(product.getName());
        }
        @Override
        public int getItemCount() {
            return Datas.size();
        }
        //定义内部类MyViewHolder，构造方法中传入View，即子项的布局
        public class MyViewHolder extends RecyclerView.ViewHolder {
            ImageView pic;
            TextView name;
            public MyViewHolder(View itemView) {
                super(itemView);
                pic = (ImageView) itemView.findViewById(R.id.image1);
                name = (TextView) itemView.findViewById(R.id.text1);
            }
        }
    }
}
```

4.8.2 布局管理器

1. LinearLayoutManager 管理器

使用 LinearLayoutManager 设置横向滑动的示例代码如下。

```
LinearLayoutManager manager = new LinearLayoutManager(this);
manager.setOrientation(LinearLayoutManager.HORIZONTAL);
```

2．GridLayoutManager 管理器

使用 GridLayoutManager 设置网格布局示例代码如下。

```
GridLayoutManager manager = new GridLayoutManager(this, 2);
manager.setOrientation(GridLayoutManager.VERTICAL);
```

4.9 随堂测试 4

1．以下关于适配器的说法正确的是哪个？（　　）

A．适配器能够用来存储数据　　B．适配器能够用来把数据绑定到组件上

C．适配器能够用来解析数据　　D．适配器能够用来存储 XML 数据

2．ArrayAdapter 类的作用是什么？（　　）

A．用于把数据绑定到组件上　　B．用于把数据显示到 Activity 上

C．用于把数据传递给广播　　D．用于把数据传递给服务

3．以下哪个是下拉列表组件？（　　）

A．Gallery　　B．Spinner　　C．GridView　　D．ListView

4．下列哪个适配器可用于把 SQLite 数据库的访问结果绑定到组件上？（　　）

A．ArrayAdapter　　B．BaseAdapter

C．SimpleCursorAdapter　　D．PagerAdapter

5．调用以下哪个方法可以将数据变化更新到显示控件？（　　）

A．notifyDataSetChanged()　　B．registerDataSetObserver()

C．setAdapter()　　D．notifyDataSetObserver()

第 5 章 Activity 与 SharedPreferences

图片浏览是手机的一个重要功能，本章介绍 Activity 组件的用法、Activity 生命周期和 SharedPreferences 数据存储技术，最后基于 Activity 的生命周期方法，利用 SharedPreferences 类实现一个具有记忆功能的产品图册浏览程序。

5.1 产品图册项目设计

5.1.1 项目需求

设计一个运行结果如图 5-1 和图 5-2 所示的产品图册浏览程序，程序具有以下功能。

1）第一次运行应用程序，以大图模式显示产品图册第一张图片，如图 5-1 所示。

2）在图片上进行左右滑动，依次浏览产品图册中当前图片的上一张或下一张图片，当浏览到产品图册的第一张图片时再右滑或者浏览到最后一张图片再左滑时将进入缩略图浏览模式，以一行显示两张图片的模式来显示产品图册缩略图，如图 5-2 所示。

3）退出程序时记住大图模式下最后浏览的图片，下次启动时自动打开大图模式下最后浏览的图片。

4）单击缩略图模式下的图片，从单击位置进入大图显示模式。

图 5-1　大图模式

图 5-2　缩略图模式

5.1.2 技术分析

1）大图模式下显示图片和滑动图片是通过 ImageView 控件完成的，例 2-10 中就是利用 ImageView 控件实现此功能的。

2）缩略图模式下显示图片是通过 GridView 控件实现的，它主要基于 SimpleAdapter 适配器来配置数据源，例 4-5 中正是利用 GridView 控件和 SimpleAdapter 适配器实现了此功能。

3）缩略图模式下单击图片会触发 GridView 控件的单击事件，例 4-4 正是利用 GridView 控件和 ArrayAdapter 适配器实现了此功能。

4）使用 SharedPreferences 类来保存和读取最近浏览的图片信息，本章的例 5-1 和例 5-2 分别演示如何使用 SharedPreferences 类来保存和读取数据。

5）在 Activity 的生命周期方法 onPause()中保存最近浏览的图片信息（参见本章例 5-4）。

6）在 Activity 的生命周期方法 onResume()中读取最近浏览的图片信息（参见本章例 5-5）。

产品图册项目涉及知识点如图 5-3 所示。

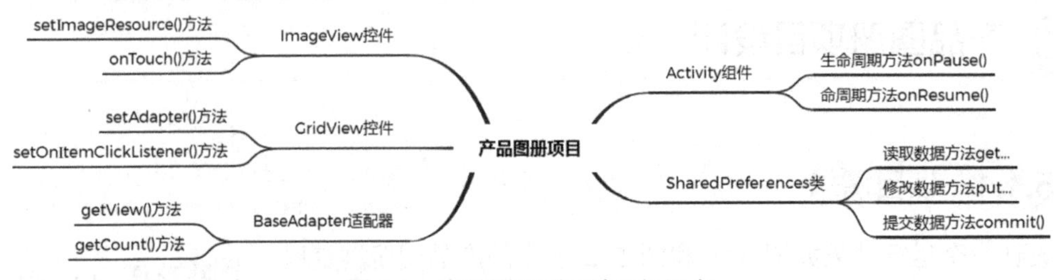

图 5-3　产品图册项目涉及知识点

【项目知识点】

5.2 SharedPreferences

SharedPreferences（共享偏好）是 Android 平台上的一个轻量级存储类，一般用于保存应用的配置信息，如用户的偏好设置、系统的状态等。创建 SharedPreferences 类时，Android 系统会在“/data/data/应用程序包名/shared_prefs”文件夹下自动创建一个 XML 数据文件，该文件以键值对的方式来存储用户要保存的数据。

SharedPreferences 支持常规的数据类型，如：int、long、boolean、String、Float、Set 和 Map 等。

5.2.1 创建 SharedPreferences 实例

使用 SharedPreferences 保存数据需要获取 SharedPreferences 类的实例，获取函数为 Context.getSharedPreferences(String name, int mode)。如果是在 Activity 中，由于 Activity 本身已经存在 Context 的实例，可以直接调用 getSharedPreferences()方法获取 SharedPreferences 的

实例。getSharedPreferences()方法的参数说明如表 5-1 所示。

表 5-1 getSharedPreferences()方法的参数

参 数 名	说 明
name	存储用户数据的文件名，如果文件不存在，则会在调用 Editor.commit()方法后自动创建
mode	创建模式，有 4 种取值。 ● 0：Context.MODE_PRIVATE，私有模式，是在应用内访问的常用模式。所创建的文件只能被创建这个文件的当前应用访问。若文件不存在，则创建文件；若文件已存在，则覆盖原来文件 ● 32768：Context.MODE_APPEND，追加模式，所创建的文件只能被创建这个文件的当前应用访问。若文件不存在，则创建文件；若文件存在，则在文件的末尾追加当前内容 ● 1：Context.MODE_WORLD_READABLE，可读模式，所创建的文件可以被其他应用读取 ● 2：Context.MODE_WORLD_WRITEABLE，可写模式，所创建的文件允许被其他应用进行写入

5.2.2 编辑 SharedPreferences 数据

用 SharedPreferences 类编辑数据需要获取编辑器，通过 SharedPreferences.edit()函数获取 SharedPreferences.Editor 实例。Editor 类的数据编辑方法如表 5-2 所示。

表 5-2 Editor 类的数据编辑方法

方 法 名	说 明
putString()	void putString(String key, String value)，保存字符串数据。 ● key：键名 ● value：键值
putInt()	void putInt(String key, Int value)，保存整型数据，参数说明同上
putBoolean()	void putBoolean(String key, Boolean value) ，保存布尔型数据，参数说明同上

5.2.3 提交 SharedPreferences 数据

数据编辑后需要执行提交的方法才可以完成编辑。用无参的 commit()方法提交数据的编辑。

【例 5-1】 设计一个如图 5-4 所示的用户登录程序，如果用户选中“记住密码”复选框，则用 SharedPreferences 类将用户名和密码存放到 userinfo.xml 文件中。

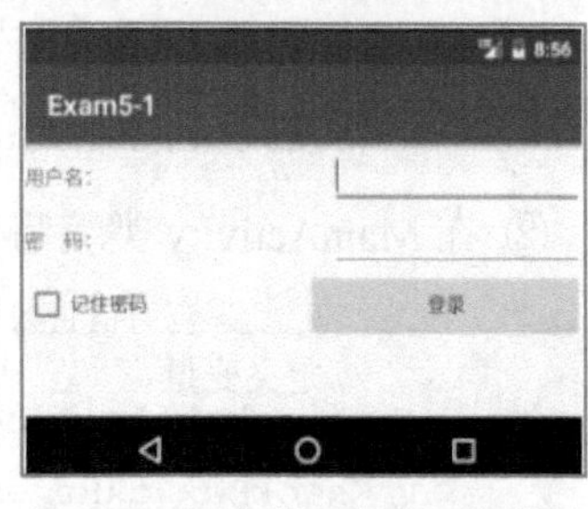

图 5-4 用户登录程序运行结果

① 创建应用程序，采用垂直线性布局编写页面，代码如下。

```
<LinearLayout
  android:layout_width="match_parent"
  android:layout_height="wrap_content">
  <TextView
     android:layout_width="wrap_content"
     android:layout_height="wrap_content"
     android:layout_weight="1"
     android:text="用户名： " />
  <EditText
     android:layout_width="wrap_content"
     android:layout_height="wrap_content"
```

```
            android:layout_weight="1"
            android:id="@+id/etUserName"/>
    </LinearLayout>
    <LinearLayout
        android:layout_width="match_parent"
        android:layout_height="wrap_content">
        <TextView
            android:layout_width="wrap_content"
            android:layout_height="wrap_content"
            android:layout_weight="1"
            android:text="密    码: " />
        <EditText
            android:layout_width="wrap_content"
            android:layout_height="wrap_content"
            android:layout_weight="1"
            android:id="@+id/etUserPass"/>
    </LinearLayout>
    <LinearLayout
        android:layout_width="match_parent"
        android:layout_height="wrap_content">
        <CheckBox
            android:layout_width="wrap_content"
            android:layout_height="wrap_content"
            android:layout_weight="1"
            android:id="@+id/ckRememberPass"
            android:text="记住密码" />
        <Button
            android:layout_width="wrap_content"
            android:layout_height="wrap_content"
            android:layout_weight="1"
            android:text="登录"
            android:id="@+id/btnLogin"/>
    </LinearLayout>
```

② 在 MainActivity 类编写代码实现程序功能。

```
public class MainActivity extends AppCompatActivity {
    //定义变量
    EditText etUserName,etUserPass;
    CheckBox ckRememberPass;
    @Override
    protected void onCreate(Bundle savedInstanceState) {
        super.onCreate(savedInstanceState);
        setContentView(R.layout.activity_main);
        //变量初始化
        etUserName=(EditText)this.findViewById(R.id.etUserName);
        etUserPass=(EditText)this.findViewById(R.id.etUserPass);
        ckRememberPass=(CheckBox) this.findViewById(R.id.ckRememberPass);
        //"登录"按钮单击事件
        Button btnLogin=(Button)this.findViewById(R.id.btnLogin);
        btnLogin.setOnClickListener(new View.OnClickListener() {
            @Override
```

```
                public void onClick(View view) {
                    //选中"记住密码"复选框，保存数据
                    if(ckRememberPass.isChecked()) {
                        SharedPreferences myPreferences = getSharedPreferences
                                        ("userinfo", 0);
                        SharedPreferences.Editor editor = myPreferences.edit();
                        //存储用户名和密码值
                        editor.putString("userName",etUserName.getText().
                                    toString());
                        editor.putString("userPass", etUserPass.getText().
                                    toString());
                        editor.commit();
                    }
                }
            });
        }
    }
```

Tips 查看 userinfo.xml 文件的方法：运行虚拟机，选择“View”→“Tool Windows”→“Device File Explorer”菜单项，打开文件浏览器，选择/data/data/com.example.exam5_1/shared_prefs 文件夹下的 userinfo.xml 文件，单击鼠标右键打开操作菜单，选中“Open”菜单项可以打开 userinfo.xml 文件的内容。

扫一扫
5-2　查看共享偏好文件内容

用户登录时如果选中“记住密码”复选框，则用户名和密码会自动保存到 userinfo.xml 文件中，打开 userinfo.xml 数据文件可以看到这里存放了刚刚输入的用户名和密码，如图 5-5 所示。

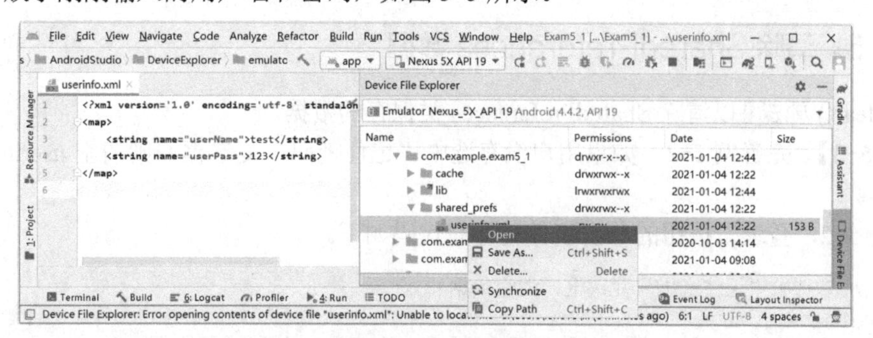

图 5-5　查看 userinfo.xml 文件内容

5.2.4　获取 SharedPreferences 数据

SharedPreferences 类获取数据的方法如表 5-3 所示。

表 5-3　SharedPreferences 类获取数据的方法

方　法　名	说　　明
getString ()	String getString(String key, String defaultValue)，获取字符串数据。 ● key：键名 ● defaultValue：数据默认值，若不需要默认值，则输入 null
getInt ()	int getInt(String key, int defaultValue)，获取整型数据，参数说明同上
getBoolean()	boolean getBoolean(String key, boolean defaultValue)，获取布尔型数据，参数说明同上

【例 5-2】 完善例 5-1，如果上次运行程序时“记住密码”复选框被选中，则打开应用程序时 SharedPreferences 类保存的用户名和密码会自动显示到对应的文本框中。程序运行结果如图 5-6 所示。

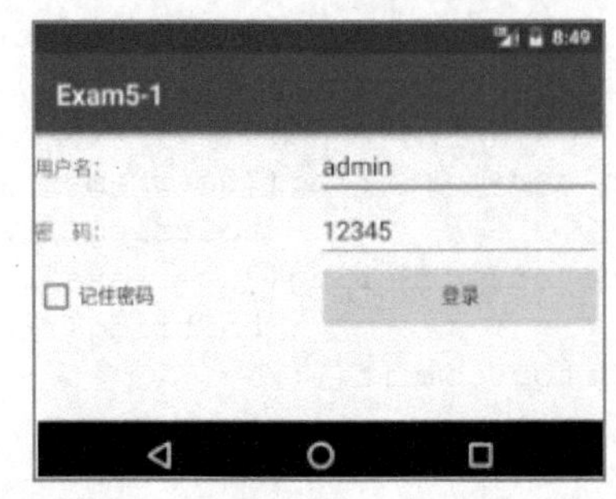

图 5-6　自动显示保存的用户名和密码

在例 5-1 中 MainActivity 类的 OnCreate()方法里补充以下代码。

```
//获取保存的数据
SharedPreferences myPreferences = getSharedPreferences("userinfo", 0);
if(myPreferences.getString("userName",null)!=null && myPreferences.
                        getString("userPass",null)!=null)
{
    etUserName.setText(myPreferences.getString("userName",null));
    etUserPass.setText(myPreferences.getString("userPass",null));
}
```

5.2.5　清除 SharedPreferences 数据

用 clear()方法可以清除 SharedPreferences 类保存的数据。

【例 5-3】 完善例 5-2，如果用户没有选中“记住密码”复选框，则清空 userinfo.xml 文件的内容。

在例 5-2“登录”按钮的单击事件里补充代码如下。

```
//未选中“记住密码”复选框，清空数据
else
{
    SharedPreferences myPreferences = getSharedPreferences("userinfo", 0);
    SharedPreferences.Editor editor = myPreferences.edit();
    editor.clear();
    editor.commit();
}
```

当用户登录时，如果没有选中“记住密码”复选框，userinfo.xml 文件的内容会被清空，下次打开应用程序时就不会自动输入用户名和密码。

5.3　Activity

Activity 是 Android 应用的四大组件之一，也是 Android 应用开发的核心组件，它提供了与用户进行交互的接口。每个 Activity 都对应一个用于绘制用户页面的窗口，窗口通常会充满屏幕，也可以小于屏幕并浮动在其他窗口之上。Android 利用视图定义窗口布局，实现了将用户页面的设计与定义 Activity 行为的源代码分开维护的目标。用户页面是一个 XML 文件，其命名往往与 Activity 相关，如 MainActivity 的页面文件的默认命名为 activity_main.xml。可以使用默认命名，也可以在创建 Activity 时指定名字。

一个应用通常由多个 Activity 组成，第一个创建的 Activity 默认为主活动，即启动应用时直接呈现给用户的 Activity，默认命名为 MainActivity。也可以将应用中的某个 Activity 设为主活动，需要在 AndroidManifest 文件中进行设置，如将 DetailActivity 设为主活动的代码如下。

```
<activity android:name=".DetailActivity">
        <intent-filter>
            <action android:name="android.intent.action.MAIN" />
            <category android:name="android.intent.category.LAUNCHER" />
        </intent-filter>
</activity>
```

5.3.1 使用 Activity

1. 创建 Activity

在 AS 中新建项目时默认创建 MainActivity，创建代码如下。

```
public class MainActivity extends AppCompatActivity{
    @Override
    protected void onCreate(Bundle savedInstanceState) {
        super.onCreate(savedInstanceState);
        setContentView(R.layout.activity_main);
    }
}
```

其中，onCreate()方法是必须实现的方法，一般在该方法中完成页面控件的初始化工作。MainActivity 类创建时自动重写了 onCreate()方法，并在其中自动生成两行代码，分别是调用父类的 onCreate()方法和设置 Activity 布局文件的 setContentView()方法。setContentView()方法的参数为布局文件资源 ID。如果不调用 setContentView()方法，则 Activity 没有页面布局。

2. 启动 Activity

调用 startActivity()方法启动一个 Activity，函数原型为 void startActivity(Intent intent)，参数为 Intent 类型，用于描述操作的类型，可以显式定义想启动的 Activity。如从主活动跳转到 DestinationActivity 的代码如下。

```
Intent intent = new Intent(MainActivity.this, DestinationActivity.class);
startActivity(intent);
```

3. 结束 Activity

调用 finish()方法可以结束当前 Activity，但是这样做也有可能对预期的用户体验产生不良影响，因此一般不要显式结束 Activity。

5.3.2 Activity 的状态

Activity 之间可以互相跳转，以便执行不同的操作。启动新的 Activity 时，旧的 Activity 会停止，并在系统堆栈（即返回栈中）保留该 Activity。同时，新的 Activity 启动会获得用户的操作焦点，与用户完成交互操作后系统将其销毁，并回到前一个 Activity。在这一过程中，Activity 有四种状态。

1）运行（Active/Running）：Activity 处于活动状态（可见），能够与用户进行交互。

2）暂停（Paused）：当 Activity 被一个新的非全屏的 Activity 遮挡，或被一个透明的 Activity 放置在栈顶时，Activity 便失去了操作焦点，转化为 Paused 状态。此时 Activity 并没有被销毁，只是失去了与用户交互的焦点，其所有状态信息及成员变量都还在，只有在系统内存紧张的情况下，才有可能被系统回收。

3）停止（Stopped）：Activity 被系统完全覆盖，进入 Stopped 状态（不可见），但是资源仍然保留。

4）系统回收（Killed）：Activity 被系统回收，进入 Killed 状态。

5.3.3 Activity 的生命周期

Activity 从运行到结束要经历各种状态，从一个状态转变到另一个状态，并自动触发一系列事件，这样的过程就叫作一个生命周期。Activity 的生命周期如图 5-7 所示。

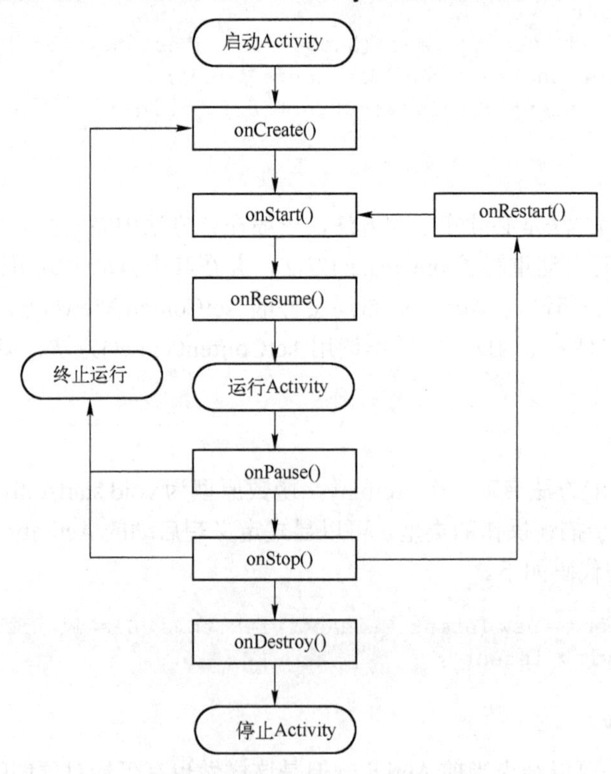

图 5-7 Activity 的生命周期

Activity 的整个生命周期发生在 onCreate()方法调用与 onDestroy()方法调用之间，在 onCreate()方法中执行“全局”状态设置，在 onDestroy()方法中释放所有的资源。

Activity 的可见生命周期发生在 onStart()方法调用与 onStop()方法调用之间。在这段时间，用户可以在屏幕上看到 Activity 并与其交互。在调用这两个方法的过程中保留向用户显示 Activity 所需的资源。如可以在 onStart()方法中注册一个 BroadcastReceiver（参见第 7 章）监控页面的变化，在 onStop()方法中取消其注册。在 Activity 的整个生命周期，Activity 在可见和隐藏这两种状态之间交替变化时，系统可能会多次调用 onStart()方法和 onStop()方法。

Activity 的前台生命周期发生在 onResume()方法调用与 onPause()方法调用之间。在这段时间，Activity 具有用户输入焦点，处于所有其他 Activity 之前，Activity 可频繁转入和转出前台，状态频繁发生转变，如弹出对话框系统就会调用 onPause()方法。由于这两个方法会频繁被调用，在这两个方法中应采用适度轻量级的代码，以避免因转换速度慢而让用户等待。

Activity 生命周期中常用事件的说明如表 5-4 所示。

表 5-4　Activity 生命周期中常用事件的说明

事件	说　　明
onCreate()	void onCreate(Bundle savedInstanceState)，初始化方法，首次创建 Activity 时调用，用于静态设置，如创建视图、控件初始化、将数据绑定到列表等
onStart()	void onStart()，启动 Activity 时调用该方法，Activity 处于可见状态，但是还没有在前台显示，因此无法与用户进行交互
onResume()	void onResume()，Activity 在前台可见时调用该方法，一般用于页面刷新操作
onPause()	void onPause()，Activity 由运行进入暂停或停止时调用该方法，一般用于保存状态或数据操作
onStop()	void onStop()，Activity 对用户不再可见时调用该方法
onDestroy()	void onDestroy()，Activity 被销毁时调用该方法，一般用于释放存储空间
onRestart()	void onRestart()，Activity 被停止后再次启动时调用该方法

总结以上生命周期事件的回调顺序，假定有两个 Activity 位于同一个进程，由 Activity A 启动 Activity B 时事件的发生顺序如下。

1）Activity A 的 onPause()方法执行。

2）Activity B 的 onCreate()、onStart()和 onResume()方法依次执行，Activity B 拥有焦点。

3）如果 Activity A 在屏幕上不再可见，则 Activity A 的 onStop()事件执行。

【例 5-4】 完善例 2-10，在 onPause()方法中保存用户的浏览记录，并能够在用户退出图片查看程序时记住其最后查看的图片。

重写 MainActivity 的 onPause()方法，在其中编写代码如下。

```
@Override
protected void onPause() {
    super.onPause();
        SharedPreferences share=getSharedPreferences("imginfo"
                                , Activity. MODE_PRIVATE);
        SharedPreferences.Editor editor = share.edit();
        editor.putInt("pi", position);
        editor.commit();
}
```

【例 5-5】 完善例 5-4，实现用户打开程序时自动显示上一次最后查看的图片。

重写 MainActivity 的 onResume()方法，在其中编写代码如下。

```
@Override
protected void onResume() {
    super.onResume();
    SharedPreferences share = getSharedPreferences("imginfo"
                                , Activity. MODE_PRIVATE);
        //判断 SharedPreferences 对象是否是在有数据的情况下读取保存的数据,确保不
        //要出现空指针
        if (share.getInt("pi", -1) > -1) {
            position = share.getInt("pi", position);
            bigimage.setImageResource(img_id[position]);
        }
}
```

【例 5-6】 编写代码验证 Activity 的生命周期与事件执行顺序。

① 创建应用程序，编写布局代码如下。

```
<Button
    android:layout_width="wrap_content"
    android:layout_height="wrap_content"
    android:text="跳转"
    android:id="@+id/btnTurn"/>
```

② 添加一个新的 Activity（SecondActivity）。

③ 在 MainActivity 类中为“跳转”按钮添加单击事件代码如下。

```
private Button button;
@Override
protected void onCreate(Bundle savedInstanceState) {
    Log.d("Activity A","onCreate()被调用");
    super.onCreate(savedInstanceState);
    setContentView(R.layout.activity_main);
    button=(Button)findViewById(R.id.btnTurn);
    button.setOnClickListener(new View.OnClickListener() {
        @Override
        public void onClick(View view) {
            Intent intent=new Intent(MainActivity.this,SecondActivity.class);
            startActivity(intent);
        }
    });
}
```

④ 为 MainActivity 类重写生命周期的各个事件代码如下。

```
@Override
protected void onStart() {
    super.onStart();
    Log.d("Activity A","onStart()被调用");
}
@Override
```

```
    protected void onResume() {
        super.onResume();
        Log.d("Activity A","onResume()被调用");
    }
    @Override
    protected void onPause() {
        super.onPause();
        Log.d("Activity A","onPause()被调用");
    }
    @Override
    protected void onStop() {
        super.onStop();
        Log.d("Activity A","onStop()被调用");
    }
    @Override
    protected void onDestroy() {
        super.onDestroy();
        Log.d("Activity A","onDestroy()被调用");
    }
    @Override
    protected void onRestart() {
        super.onRestart();
        Log.d("Activity A","onRestart()被调用");
    }
```

⑤ 参考 MainActivity 类中的各个生命周期事件，为 SecondActivity 类重写生命周期的各个事件代码。

⑥ 运行程序，在主页面上单击“跳转”按钮，跳转到第二个 Activity，在 logCat 窗口监测到的事件执行顺序如图 5-8 所示。

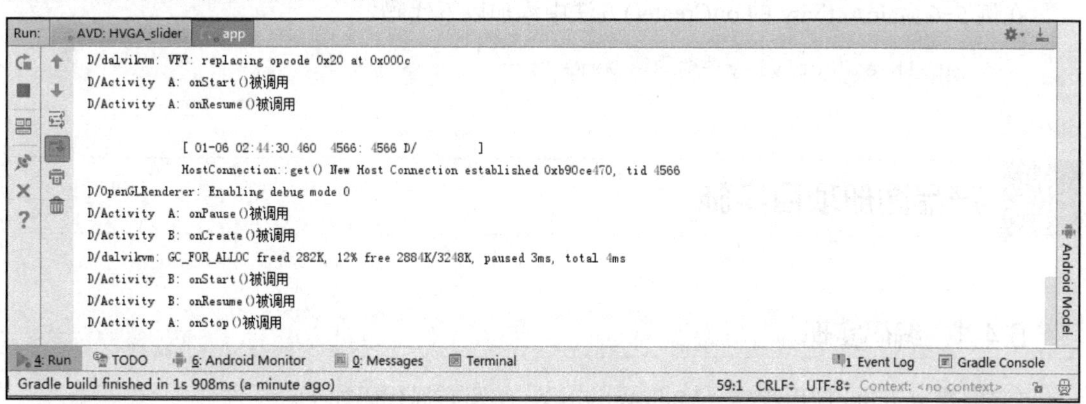

图 5-8　Activity 生命周期事件执行顺序

5.3.4　Activity 的方法

作为 Android 应用开发的基本组件之一，Activity 有很多方法供用户开发使用，有的方法前面已经使用过，这里将常用方法总结如表 5-5 所示。

表 5-5 Activity 的常用方法

方法名	说　明
findViewById()	View findViewById(int id)，返回一个由参数 id 所指定的 View 类型页面控件，通过该方法可以获取到页面控件
getApplication()	Application getApplication()，返回 Activity 的上下文
getIntent()	Intent getIntent()，返回启动 Activity 的 Intent 对象
getContentResolver()	ContentResolver getContentResolver()，返回应用的 ContentResolver 实例
getLayoutInflater()	LayoutInflater getLayoutInflater()，返回 LayoutInflater()对象
getSupportFragmentManager()	FragmentManager getSupportFragmentManager()，返回 FragmentManager 实例
getMenuInflater()	MenuInflater getMenuInflater()，返回 MenuInflater 对象
onCreateContextMenu()	void onCreateContextMenu(ContextMenu menu, View view, ContextMenu.ContextMenuInfo menuInfo)，生成上下文菜单。 ● menu：上下文菜单 ● view：视图对象 ● menuInfo：待显示菜单项的其他信息
onCreateOptionsMenu()	boolean onCreateOptionsMenu(Menu menu)，初始化 Activity 选项菜单
registerForContextMenu()	void registerForContextMenu(View view)，为参数 view 指定的视图控件注册上下文菜单
registerReceiver()	继承自 ContextWrapper 类的方法，有两种重载，其中一种原型为 Intent registerReceiver (BroadcastReceiver receiver, IntentFilter filter)，用来注册一个运行在主线程中的广播地址。 ● receiver：接收广播的类 ● filter：注册广播地址的 IntentFilter 对象
sendBroadcast()	继承自 ContextWrapper 类的方法，有两种重载，其中一种原型为 void sendBroadcast(Intent intent)，将一个由参数 intent 指定的 Intent 对象以广播的形式发送出去
setContentView()	void setContentView(View view)，为 Activity 添加由参数 view 指定的布局资源
setTitle()	void setTitle(CharSequence title)，为 Activity 设置由参数 title 指定的标题

【例 5-7】 修改例 5-6，将应用程序 MainActivity 页面的标题改为“Activity 生命周期 Demo”，查看程序运行结果。

在例 5-6 MainActivity 的 onCreate()方法中添加以下代码。

```
setTitle("Activity 生命周期 Demo ");
```

5.4 产品图册项目实施

5.4.1 编码实现

1）创建 Activity 应用程序（MainActivity），编写布局代码如下。

```
<ImageView
    android:layout_width="match_parent"
    android:layout_height="match_parent"
    android:id="@+id/bigimage"/>
```

2）创建缩略图显示 Activity（ImageGridActivity），编写布局代码如下。

```
<GridView
```

```
    android:layout_width="match_parent"
    android:layout_height="match_parent"
    android:id="@+id/gridView1"
    android:numColumns="2"/>
```

3）在 MainActivity 类中编写代码如下。

```
package com.example.liu.productalbum;
import android.app.Activity;
import android.content.Intent;
import android.content.SharedPreferences;
import android.graphics.Bitmap;
import android.graphics.BitmapFactory;
import android.os.Environment;
import androidx.appcompat.app.AppCompatActivity;
import android.os.Bundle;
import android.view.MotionEvent;
import android.view.View;
import android.widget.ImageView;
import android.widget.Toast;

public class MainActivity extends AppCompatActivity
                            implements View. OnTouchListener {
    //图片 id 的数组，特别需要注意的是，图片文件名不允许有大写字母和汉字
    int img_id[] = {R.drawable.wl1, R.drawable.wl2, R.drawable.wl3,
            R.drawable.wl4};
    //设置图片起始位置为 0
    int position = 0;
    ImageView bigimage;
    //记录鼠标滑动的 x 坐标
    float x0 = 0, x1;

    @Override
    protected void onCreate(Bundle savedInstanceState) {
        super.onCreate(savedInstanceState);
        setContentView(R.layout.activity_main);
        bigimage = (ImageView) this.findViewById(R.id.bigimage);
        //只有将 ImageView 控件设置为允许单击，才能捕捉鼠标按下和抬起时的位置
        bigimage.setClickable(true);
        //将照片用 Image 控件显示
        bigimage.setImageResource(img_id[position]);
        bigimage.setOnTouchListener(this);
    }

    //ImageView 控件的触摸事件
    @Override
    public boolean onTouch(View view, MotionEvent motionEvent) {
        switch (motionEvent.getAction()) {
            //捕获鼠标按下位置
            case MotionEvent.ACTION_DOWN:
                x0 = motionEvent.getX();
```

```
                break;
            //捕获鼠标抬起位置
            case MotionEvent.ACTION_UP:
                x1 = motionEvent.getX();
                float w;
                w = x1 - x0;
                //判断如果是右滑，调用显示上一张照片函数
                if (w > 0)
                    viewPrePhoto();
                //判断如果是左滑，调用显示下一张照片函数
                if (-w > 0)
                    viewNextPhoto();
                break;
        }
        return false;
    }

    //显示下一张照片函数
    private void viewNextPhoto() {
        //如果已经到数组结尾，回到缩略图模式
        if (position == img_id.length - 1) {
            Toast.makeText(this, "已经是最后一张了！", 1).show();
            Intent intent= new Intent(MainActivity.this
                                    , ImageGridActivity. class);
            startActivity(intent);
        } else {
            //指针下移，显示下一张照片
            position = position + 1;
             //将照片用 Image 控件显示
         bigimage.setImageResource(img_id[position]);
        }
    }

    //显示上一张照片函数
    private void viewPrePhoto() {
        //如果已经到数组开始，回到缩略图模式
        if (position == 0) {
            Toast.makeText(this, "已经是第一张了！", 1).show();
            Intent intent = new Intent(MainActivity.this
                                    , ImageGridActivity. class);
            startActivity(intent);
        } else {
            //指针上移，显示上一张照片
            position = position - 1;
          //将照片用 Image 控件显示
         bigimage.setImageResource(img_id[position]);
        }
    }

    @Override
```

```
    protected void onResume() {
        super.onResume();
        //实例化 SharedPreferences 对象
        SharedPreferences share = getSharedPreferences("info"
                                      , Activity. MODE_PRIVATE);
        //判断 SharedPreferences 对象有数据后再读取保存的数据,确保不要出现空指针
        if (share.getInt("fp", -1) > -1) {
            position = share.getInt("pi", position);
             //将照片用 Image 控件显示
        bigimage.setImageResource(img_id[position]);
        }
    }

    @Override
    protected void onPause() {
        super.onPause();
        //判断数组有数据的情况下保存数据,确保不要出现空指针
        if (img_id.length != 0) {
            //保存最近浏览的照片在数组中的位置
            SharedPreferences share=getSharedPreferences("info"
                                    ,Activity. MODE_PRIVATE);
            SharedPreferences.Editor editor = share.edit();
            editor.putInt("fp", img_id[position]);
            editor.putInt("pi", position);
            editor.commit();
        }
    }
}
```

4）编写缩略图显示布局文件（layoutimgitem.xml），代码如下。

```
<ImageView
    android:layout_width="180sp"
    android:layout_height="180sp"
    android:padding="15sp"
    android:id="@+id/image" />
```

5）在 ImageGridActivity 类中编写代码如下。

```
import android.app.Activity;
import android.content.Intent;
import android.content.SharedPreferences;
import android.os.Bundle;
import android.view.View;
import android.widget.AdapterView;
import android.widget.GridView;
import android.widget.SimpleAdapter;
import androidx.appcompat.app.AppCompatActivity;
import java.util.ArrayList;
import java.util.HashMap;
import java.util.List;
import java.util.Map;
```

```
public class ImageGridActivity extends AppCompatActivity {
    //图片 id 的数组，特别需要注意的是，图片文件名中不允许出现数字和汉字
    int img_id[] = {R.mipmap.wl1, R.mipmap.wl2, R.mipmap.wl3, R.mipmap.wl4};
    GridView gridView1;
    //存放数据的变量
    List<Map<String, Object>> Datas = new ArrayList<Map<String, Object>>();

    @Override
    protected void onCreate(Bundle savedInstanceState) {
        super.onCreate(savedInstanceState);
        setContentView(R.layout.activity_image_grid);
        //准备数据，数据长度为图片个数和图片说明个数中较小的一个
        int n = img_id.length;
        for (int i = 0; i < n; i++) {
            Map<String, Object> map = new HashMap<String, Object>();
            //键值对
            map.put("image", img_id[i]);
            Datas.add(map);
        }
        //键名和显示控件名对应数组
        String[] from = {"image"};
        int[] to = {R.id.image};
        //创建适配器对象
        SimpleAdapter adapter = new SimpleAdapter(this, Datas
                            , R.layout. layoutimgitem, from, to);
        //把适配器加载到 GridView 控件中
        gridView1 = (GridView) this.findViewById(R.id.gridView1);
        gridView1.setAdapter(adapter);

        //GridView 控件的单击事件
        gridView1.setOnItemClickListener(new AdapterView.OnItemClickListener(){
            @Override
            public void onItemClick(AdapterView<?> adapterView, View view,
                                    int i, long l) {
                //保存长按图片在数组中的位置信息
                SharedPreferences share = getSharedPreferences("info",
                                        Activity.MODE_PRIVATE);
                SharedPreferences.Editor editor = share.edit();
                editor.putInt("fp", img_id[i]);
                editor.putInt("pi", i);
                editor.commit();
                Intent intent = new Intent(ImageGridActivity.this
                                    , MainActivity. class);
                startActivity(intent);
            }
        });
    }
}
```

5.4.2　测试运行

1）测试大图模式的滑屏显示是否正确。
2）测试浏览到大图最后一张和第一张图片时滑屏是否进入缩略图模式。
3）测试在缩略图模式下长按图片是否能进入对应图片的大图模式。
4）测试下一次打开程序时是否能显示上一次最后浏览的大图图片。

5.4.3　项目总结

1）用 SharedPreferences 类的数据编辑方法可以保存程序的运行状态。
2）灵活应用 Activity 的生命周期的方法实现自动保存程序状态。
3）GridView 控件配合适配器能够以缩略图模式显示图片。
4）用 ImageView 控件的 onTouch 事件时应设置其 onClick 属性为 true。

Tips 项目思考：在大图模式下，如何通过滑动鼠标实现图片的放大和缩小？

提示：为 ImageView 控件添加鼠标滚轮事件，并使用 Matrix 类。

5.5　实验 5

1．基于 Activity 的生命周期方法，利用 SharedPreferences 类设计一个便签条，记录当天的安排，可以随时打开便签进行修改，修改后自动保存修改。

2．基于本章知识拓展中介绍的内容，修改程序以浏览显示 SD 卡图片。

5.6　习题 5

1．写出实验 5 保存和修改便签的关键代码。
2．写出实验 5 读取便签的关键代码。
3．简述 Activity 的状态。
4．简述 Activity 的 onCreate()、onResume()、onPause()方法的用法。

5.7　知识拓展——虚拟机文件浏览器（Device File Explorer）

为了调试方便起见，将产品图册项目中的产品图片存放到了应用程序 mipmap 文件夹下，对于演示性的小项目可以简单这样做，实际中最好还是将图片存放到手机的 SD 卡。因此，还需要操作 SD 卡，使用文件浏览器和环境类操作 SD 卡。

通过 Device File Explorer 可以查看和操作 Android 系统中的文件，如从 PC 复制文件到

Android 系统、从 Android 系统复制文件到 PC，以及删除 Android 系统文件等。

将图片加载到手机 SD 卡后就需要打开虚拟机文件浏览器，而在打开前需要先启动手机（类似于真机的开机），然后选择“View”→“Tool Windows”→“Device File Explorer”菜单项。打开时如果有应用程序正在运行，则自动停止正在运行的应用程序。也可以单击应用程序开发环境界面右侧的图标快速打开 Device File Explorer。Device File Explorer 的界面如图 5-9 所示。打开以后通过右键单击相应的文件来进行相关的操作，如创建文件夹、复制文件、删除文件等。在图 5-9a 中，通过右键单击图片文件 wl1.png 打开该文件的操作菜单。在图 5-9b 中，通过右键单击文件夹可以打开文件夹菜单，在菜单中选择“Upload”菜单项就可以将 PC 上的文件加载到手机 SD 卡。

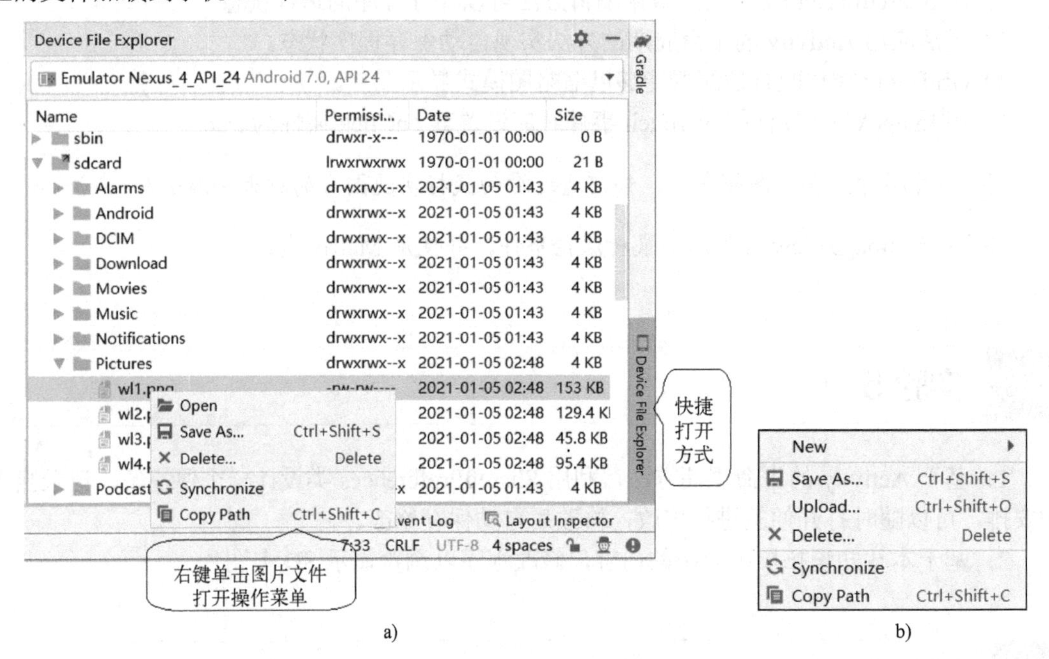

图 5-9 文件浏览器

a) 文件操作菜单 b) 文件夹操作菜单

5.8 知识拓展——Environment 类

图片一般存放在手机的 SD 卡上，如果要将本项目的图片存放在手机的 SD 卡上，则可以使用静态类 Environment 来读取 SD 卡的路径。该类提供了一种无参方法 getExternalStorageDirectory() 用于返回 SD 卡的根目录。获取 SD 卡中图片路径的代码如下。

```
String filePathPictures = Environment.getExternalStorageDirectory().
        getPath() + "/Pictures/";
```

应用程序访问 SD 卡时需要权限。在配置文件中添加访问 SD 卡权限的代码如下。

```
<uses-permission android:name="android.permission.READ_EXTERNAL_STORAGE" />
```

Tips 加载图片文件到 SD 卡的方法：运行虚拟机，打开 Device File Explorer 文件浏览器，选择 sdcard（或 storage→sdcard）文件夹，加载文件。一般情况下，图片文件存放在 Pictures 文件夹下，如果没有该文件夹，可以自行创建。右键单击文件夹打开文件夹操作菜单，选择“Upload”菜单项可以浏览加载文件。

Tips 建议创建应用程序时选择最小 SDK（minimum SDK）为 19 及以下的版本，高版本应用程序有可能在静态注册 SD 访问卡权限时失败，应用程序就不能访问 SD 卡，从而造成闪退问题。虽然也可以通过动态注册权限的方式解决，但是操作起来会更麻烦一些。

【例 5-8】 修改例 2-10，将图片文件存放到手机 SD 卡上进行访问。

复制例 2-10 中的项目，然后修改 MainActivity 类代码如下。

```
public class MainActivity extends AppCompatActivity
                        implements View. OnTouchListener {
    //获取 SD 卡图片路径
    String filePathPictures = Environment.getExternalStorageDirectory().
                                getPath() + "/Pictures/";
    //定义存放图片文件的数组
    ArrayList<String> imgPath = new ArrayList<String>();
    int position = 0;
    ImageView bigimage;
    float x0 = 0, x1;
    @Override
    protected void onCreate(Bundle savedInstanceState) {
        super.onCreate(savedInstanceState);
        setContentView(R.layout.activity_main);
        //将 SD 卡图片添加到图片文件数组
        getSdCardImgFile(filePathPictures);
        bigimage = (ImageView) this.findViewById(R.id.bigimage);
        bigimage.setClickable(true);  //图片必须允许单击，滑屏功能才有效
        //将图片加载到 ImageView 控件
        Bitmap bm = BitmapFactory.decodeFile(imgPath.get(position));
        bigimage.setImageBitmap(bm);
        bigimage.setOnTouchListener(this);
    }

    //遍历 SD 卡图片文件夹中的文件，并将文件添加到图片数组
    private void getSdCardImgFile(String url) {
        File files = new File(url);
        File[] file = files.listFiles();
        //遍历文件数组
        for (File f : file) {
            //如果是文件夹
            if (f.isDirectory()) {
                //递归调用，继续遍历
                getSdCardImgFile(f.getAbsolutePath());
            }
            //如果不是文件夹
```

```
            else {
                //进一步判断是否为图片文件，如果是
                if (isImageFile(f.getPath())) {
                    //获取绝对路径，并返回到定义好的数组中
                    imgPath.add(f.getAbsolutePath());
                }
            }
        }
    }

    // 定义图片文件扩展名
    String[] imageFormat = new String[]{"jpg", "bmp", "gif", "png"};

    //判断文件是否为图片函数
    private boolean isImageFile(String path) {
        for (String format : imageFormat) {
            //将文件名转换为小写，如果文件名中包含指定的扩展名字符串，则返回 true
            if (path.toLowerCase().contains(format))
                return true;
        }
        return false;
    }
    @Override
    public boolean onTouch(View view, MotionEvent motionEvent) {
    //代码同例 2-10，略
    }
    private void viewNextPhoto() {
    //代码同例 2-10，略
    }
    private void viewPrePhoto() {
    //代码同例 2-10，略
    }
}
```

5.9 随堂测试 5

1. SharedPreferences 类用 ______________方法清除保存的数据。
2. SharedPreferences 类用______________方法提交数据的修改。
3. 什么时候调用 onPause()方法？（　　）

   A. 页面启动时　　B. onCreate()方法被执行之后

   C. 页面被隐藏时　　D. 页面重新显示时
4. 以下哪个方法能够激活 Activity？（　　）

   A. runActivity()　　B. goActivity()　　C. startActivity()　　D. startActivityForIn()
5. 最好在生命周期的哪个函数中实现 Activity 对一些状态的恢复操作？（　　）

   A. onPause()　　B. onCreate()　　C. onResume()　　D. onStart()

第 6 章　数据库访问技术

数据库是保存数据的重要手段，本章介绍 SQLite 数据库，数据库访问类 SQLiteDataBase 操纵数据的方法和 SQLiteOpenHelper 类，最后基于数据库访问类开发了一个简易的产品日志项目。

6.1 产品日志项目设计

6.1.1 项目需求

设计一个可以维护和查看产品日志的项目，它具有以下功能。

1）日志列表显示功能。打开应用程序时自动显示日志列表页面，如图 6-1 所示，列表可以显示所有日志的日期和标题。

2）日志查看、编辑功能。在日志列表页面单击“写日志”按钮，进入日志编辑/查看页面，第一次打开时日志信息为空白，日志日期会根据系统日期自动生成，编写完日志信息后可以保存和删除，如图 6-2a 所示。在日志列表某一日志上单击同样可以进入日志编辑/查看页面，显示指定日期的日志详情，系统会自动判断是否是当天日志，如果是，则可以保存、修改和删除日志，与写日志页面功能一样；如果不是，则只能查看日志详情，如图 6-2b 所示，查看完毕单击“取消”按钮返回日志列表。

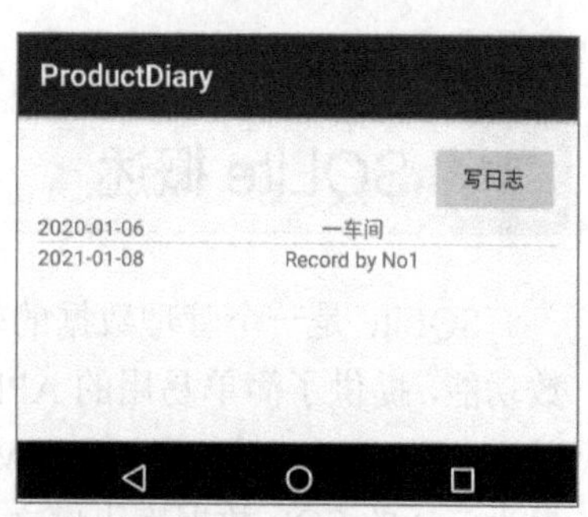

图 6-1　日志列表页面

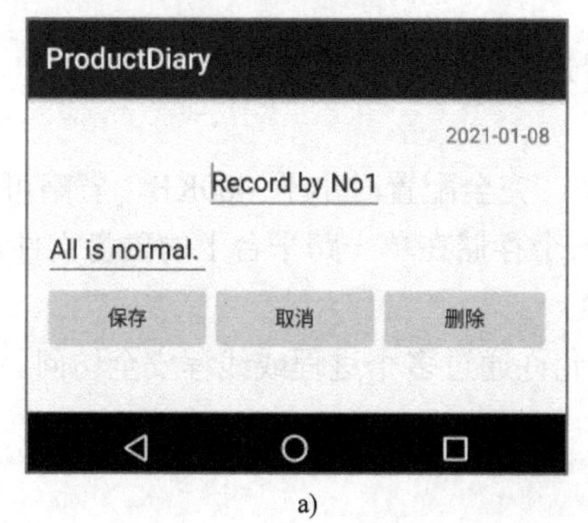

a)

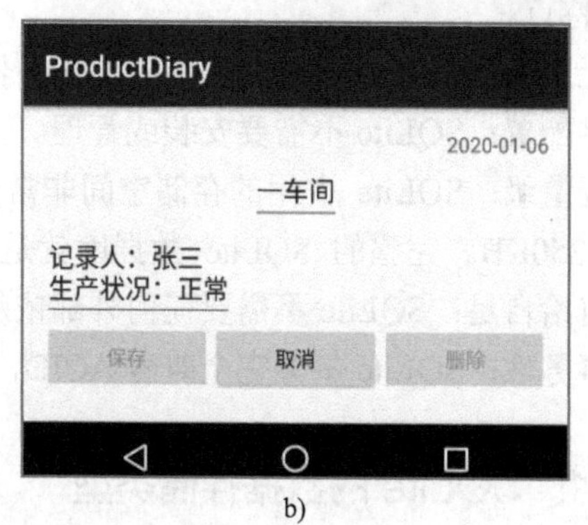

b)

图 6-2　日志编辑/查看页面
a) 编辑日志　b) 查看日志

6.1.2 技术分析

1）使用 SQLiteOpenHelper 类创建产品日志数据库和日志表。

2）使用 SQLiteDatabase 类操作日志表（增、删、改、查）。

3）使用 ListView 控件列表显示数据表数据。

4）使用 SimpleCursorAdapter 类适配数据表数据。

产品日志项目涉及知识点如图 6-3 所示。

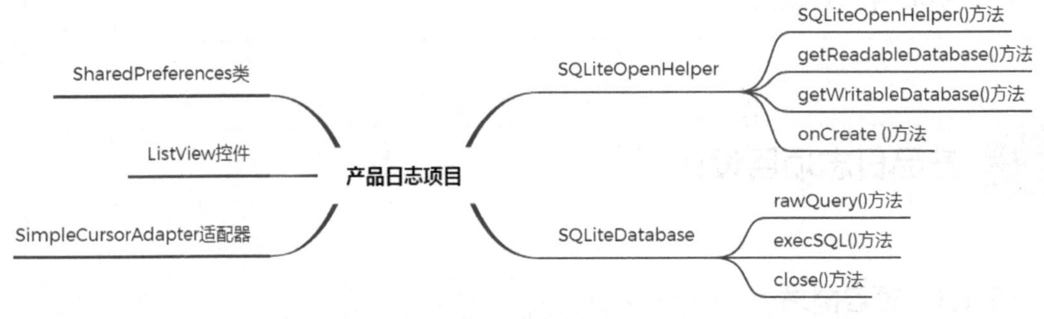

图 6-3 产品日志项目涉及知识点

【项目知识点】

6.2 SQLite 概述

SQLite 是一个管理数据的软件库，占用存储空间小，支持 SQL 92（SQL2）标准的大多数功能，提供了简单易用的 API，可以在 UNIX（Linux、macOS-X、Android、iOS）和 Windows（Windows 32、Windows CE、Windows RT）系统中运行，源代码不受版权限制，是目前部署最为广泛的 SQL 数据库引擎之一，因此也作为 Android 应用开发中的数据库管理工具。SQLite 具有以下特点。

1）无服务器：SQLite 不需要单独的服务器进程或操作的系统。

2）零配置：SQLite 不需要安装或管理。

3）轻量级：SQLite 占用的存储空间非常小，完全配置时小于 400KB，省略可选功能配置时小于 250KB。完整的 SQLite 数据库就是一个存储在单一跨平台上的磁盘文件。

4）自给自足：SQLite 不需要任何外部依赖。

5）事务性：SQLite 事务完全兼容 ACID，允许通过多个进程或线程安全访问。

6.2.1 SQLite 的数据存储类型

SQLite 有 5 种数据存储类型，如表 6-1 所示。存储类型比数据类型的概念更为普遍，如

INTEGER 存储类型支持 6 种不同长度的整数数据类型。还支持亲和类型，因此绝大多数数据类型在创建数据表的时候都可以使用。

表 6-1　SQLite 的数据存储类型

存储类型	说　明
NULL	存储一个 NULL 值
INTEGER	存储一个带符号整数，根据值的大小存储在 1、2、3、4、6 或 8 个字节中
REAL	存储一个浮点值，存储为 8 字节的 IEEE 浮点数字
TEXT	存储一个文本字符串，使用数据库编码（UTF-8、UTF-16BE 或 UTF-16LE）存储
BLOB	存储一个 blob 数据，完全根据输入来存储数据

SQLite 没有 Boolean 存储类型，布尔值被存储为整数 0（false）和 1（true），也没有用于存储日期和时间的存储类型，把日期和时间存储为 TEXT、REAL 或 INTEGER 值。

【例 6-1】 利用 SQLite 的数据存储类型设计一个管理用户登录信息的数据表。

分析：用户登录时一般需要输入用户名和密码，为简单起见，可以设计为两个文本型的字段。为了录入方便，一般使用标识列作为主键，设计结果如表 6-2 所示。

表 6-2　用户信息表（tblUser）

字 段 名	数 据 类 型	含　义	说　明
_id	INTEGER	用户编码，标识列	主键，不允许为空
userName	TEXT	用户名	不允许为空
userPassword	TEXT	密码	不允许为空

Tips 使用 SimpleCursorAdapter 获取 SQLite 数据表中的数据时，对数据表的设计有要求，即数据表的第一个字段必须是_id 字段。

6.2.2　SQLite 的语法与语句

除一些特殊的命令（如 GLOB 和 glob 在 SQLite 语句中的含义与 SQL Server 不同）外，SQLite 遵循与 SQL Server 类似的语法规则和准则。SQLite 对大小写不敏感，可以有注释，注释一般以两个连续的“-”字符开始，直到换行符或输入结束，或使用 C 风格的跨越多行的块注释，以“/*”开始，以“*/”结束。

SQLite 语句以分号结束，可以以任何关键字开始，支持的语句风格与 SQL Server 类似，如支持 CREATE、ALTER、DROP、SELECT、INSERT、UPDATE、DELETE 等语句。

6.3　SQLiteDatabase 类

Android 提供了 SQLiteDatabase 类访问数据库，该类提供了常见管理数据库任务的方法，如基本的数据表增、删、改、查等方法，能够执行 SQL 命令，本书使用其来访问 SQLite 数据库。SQLiteDatabase 类执行 SQL 命令的常用方法如表 6-3 所示。

表 6-3　SQLiteDatabase 类的常用方法

方 法 名	说　明
execSQL()	该方法可重载，其中一种原型为 void execSQL(String sql)，执行除查询以外的 SQL 语句，参数 sql 为待执行的 SQL 语句（命令）
openOrCreateDatabase()	该方法可重载，其中一种原型为 static SQLiteDatabase openOrCreateDatabase(File file, int mode, SQLiteDatabase.CursorFactory factory)，创建并打开数据库的方法。如果数据库不存在，则创建；如果已经存在，则直接打开。参数说明如下。 ● file：指定数据库的文件名 ● mode：指定创建的方式，取值为 MODE_PRIVATE，表示应用私有数据库 ● factory：是一个游标工厂类型的数据，取值为 null 表示用默认游标工厂
rawQuery()	该方法可重载，其中一种原型为 Cursor rawQuery(String sql, String[] selectionArgs)，将 SQL 查询的结果返回为一个 Cursor 类型的数据。参数说明如下。 ● sql：SQL 查询语句或命令 ● selectionArgs：如果查询语句中有参数，那么由该参数给出；若无，该参数取值为 null
close()	void close()，关闭数据库

6.3.1　数据操纵

1．创建数据库与表

使用 SQLiteDatabase 类的 execSQL()方法来执行操纵数据库的语句，能够创建数据库和数据表。

【例 6-2】 利用 SQLiteDatabase 类创建数据库（diary.db）和例 6-1 中的数据表。

创建应用程序，在 MainActivity 类中编写代码如下。

```
public class MainActivity extends AppCompatActivity {
    private SQLiteDatabase sqlDB;
    @Override
    protected void onCreate(Bundle savedInstanceState) {
        super.onCreate(savedInstanceState);
        setContentView(R.layout.activity_main);
        //创建数据库
        sqlDB = openOrCreateDatabase("diary.db", MODE_PRIVATE, null);
        //创建前先删除数据表
        sqlDB.execSQL("drop table if exists tblUser");
        //创建数据表
        String str="CREATE TABLE tblUser(_id integer primary key autoincrement"
                + ",userName text NOT NULL"
                +",userPassword text NOT NULL)";
        sqlDB.execSQL(str);
    }
}
```

运行程序，打开 Device File Explorer，在 dada\data\com.example.exam6_1（应用程序包）\database 目录下可以看到创建好的数据库文件 diary.db 和数据库日志文件 diary.db-journal，表明数据库成功创建。

2．数据维护

使用 SQLiteDatabase 类的 execSQL()方法可以对数据表的数据进行维护。

【例 6-3】 完善用户注册项目，利用 SQLiteDatabase 类将用户注册信息写入用户数据表。

① 为简单起见，重新设计用户注册项目页面，仅录入用户名和密码两类信息。这里直接修改例 6-2，为例 6-2 设计用户注册页面，代码如下。

```
        <LinearLayout
            android:layout_width="match_parent"
            android:layout_height="wrap_content">
            <TextView
                android:layout_width="wrap_content"
                android:layout_height="wrap_content"
                android:layout_weight="1"
                android:text="用户名：" />
            <EditText
                android:id="@+id/etName"
                android:layout_width="wrap_content"
                android:layout_height="wrap_content"
                android:layout_weight="2.08" />
    </LinearLayout>
    <LinearLayout
            android:layout_width="match_parent"
            android:layout_height="wrap_content">
            <TextView
                android:layout_width="wrap_content"
                android:layout_height="wrap_content"
                android:layout_weight="1"
                android:text="密码：" />
            <EditText
                android:id="@+id/etPass"
                android:layout_width="wrap_content"
                android:layout_height="wrap_content"
                android:layout_weight="2" />
    </LinearLayout>
            <Button
            android:id="@+id/btnRegister"
            android:layout_width="match_parent"
            android:layout_height="wrap_content"
            android:text="注册" />
```

② 为 MainActivity 类的 onCreate()方法补充代码如下。

```
    EditText etName, etPass;
    etName = (EditText) findViewById(R.id.etName);
    etPass = (EditText) findViewById(R.id.etPass);
    //注册用户
    Button btnRegister = (Button) findViewById(R.id.btnRegister);
    btnRegister.setOnClickListener(new View.OnClickListener() {
        @Override
        public void onClick(View view) {
            //录入数据
            String strSql = String.format("insert into tblUser"
```

```
                    +"(userName, userPassword) values('%s','%s')"
                , etName.getText().toString()
                , etPass.getText().toString());
        sqlDB.execSQL(strSql);
    }
});
```

调试小技巧：如果程序闪退且找不到原因，建议删除数据库，然后检查并修改 SQL，再重新运行程序。

Java 字符串格式化函数 String.format()有两种重载形式，其中一种原型为 format(String format, Object…args)。参数 format 用来指定字符串的格式，其中可以包含若干占位符，%s 是字符串型数据占位符，%d 是十进制整数型数据占位符；参数 args 用来指定 format 占位符的值。

【例 6-4】 完善例 6-3，利用 SQLiteDatabase 类为用户注册程序增加修改密码和删除用户功能。程序运行结果如图 6-4 所示。

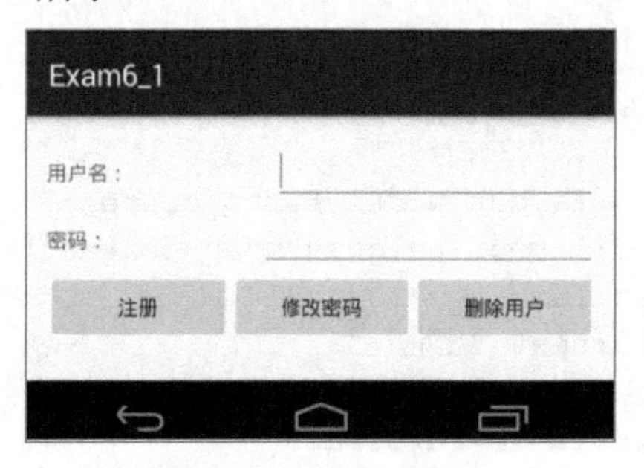

图 6-4 用户信息维护

（1）修改密码功能

① 在例 6-3 页面上增加一个“修改密码”按钮，代码如下。

```
<Button
    android:id="@+id/btnModi"
    android:layout_width="match_parent"
    android:layout_height="wrap_content"
    android:text="修改密码"/>
```

② 为 MainActivity 类的 onCreate()方法补充代码如下。

```
//修改用户信息
Button btnModi = (Button) findViewById(R.id.btnModi);
btnModi.setOnClickListener(new View.OnClickListener() {
    @Override
    public void onClick(View view) {
        //修改数据
        String strSql = String.format("update tblUser set userPassword"
                                +"='%s' where userName='%s'"
                , etPass.getText().toString()
                , etName.getText().toString());
```

```
                sqlDB.execSQL(strSql);
            }
        });
```

（2）删除用户功能

与修改用户功能类似，仅 SQL 不同，代码如下。

```
String strSql = String.format("delete from  tblUser where userName='%s'"
        , etName.getText().toString());
```

6.3.2　数据查询

Android 将数据表查询的结果集存放在 Cursor 接口中，使用 Cursor 接口提供的方法能够获取记录的信息。Cursor 接口的常用方法如表 6-4 所示。

表 6-4　Cursor 接口的常用方法

方法名	说明
close()	void close()，关闭游标
getCount()	int getCount()，返回结果集中记录的条数
getInt()	int getInt(int columnIndex)，返回当前记录中由参数 columnIndex 所指定的列的整型数据，索引值从 0 开始
getString()	String getString(int columnIndex)，返回当前记录中由参数 columnIndex 所指定的列的字符串型数据，索引值从 0 开始
moveToNext()	boolean moveToNext()，移动记录指针到下一条记录
moveToPosition()	boolean moveToPosition(int position)，移动记录指针到参数 position 指定的位置，从索引值为 0 的记录开始

【例 6-5】 完善例 6-4，利用 Cursor 接口为程序添加用户查看功能，用于查看已注册用户的信息。程序运行结果如图 6-5 所示。

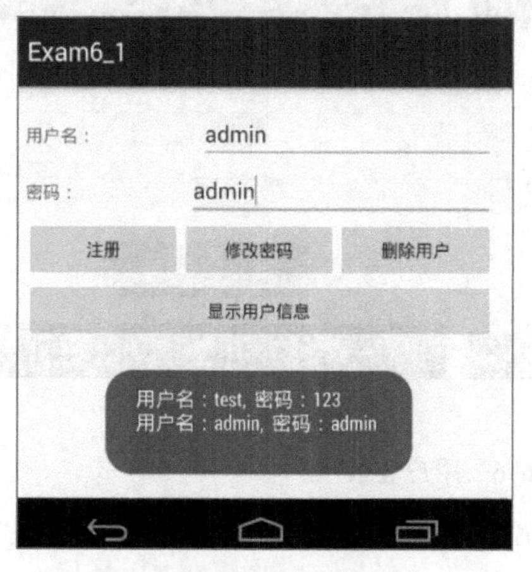

图 6-5　查看用户信息

① 在例 6-4 页面上增加一个“显示用户信息”按钮，代码如下。

```
<Button
        android:id="@+id/btnDisplay"
```

```
        android:layout_width="match_parent"
        android:layout_height="wrap_content"
        android:text="显示用户信息"/>
```

② 为 MainActivity 类的 onCreate()方法补充代码如下。

```
        //显示所有用户
        Button btnDisplay = (Button) findViewById(R.id.btnDisplay);
        btnDisplay.setOnClickListener(new View.OnClickListener() {
            @Override
            public void onClick(View view) {
                Cursor cursor = sqlDB.rawQuery("select * from tblUser", null);
                String str = "";
                //循环读取数据表的数据
                while (cursor.moveToNext()) {
                    // 获取第 2 列的值，第 1 列的索引从 0 开始
                    String name = cursor.getString(1);
                    // 获取第 3 列的值
                    String pass = cursor.getString(2);
                    str += "用户名: " + name + ", 密码: " + pass + "\n";
                }
                Toast.makeText(MainActivity.this, str, Toast.LENGTH_LONG).
                                show();
                //关闭 Cursor 对象
                cursor.close();
            }
        });
```

【例 6-6】 完善例 6-4，利用 SQLiteDatabase 类实现基于数据表的用户登录功能。程序运行结果如图 6-6 所示。

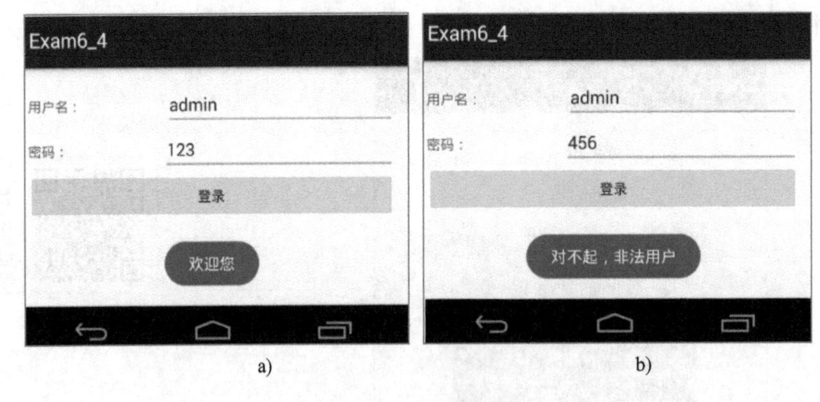

a) b)

图 6-6　用户登录

a) 登录成功　b) 登录不成功

① 创建应用程序，参考例 6-4 设计应用程序页面。

② 为 MainActivity 类编写代码如下。

```
    public class MainActivity extends AppCompatActivity {
        private SQLiteDatabase sqlDB;
```

```
    EditText etName, etPass;
    Button btnLogin;
    @Override
    protected void onCreate(Bundle savedInstanceState) {
        super.onCreate(savedInstanceState);
        setContentView(R.layout.activity_main);
        //创建数据库
        sqlDB = openOrCreateDatabase("diary.db", MODE_PRIVATE, null);
        //创建前先删除数据表
        sqlDB.execSQL("drop table if exists tblUser");
        //创建数据表
        String str = "CREATE TABLE tblUser(_id integer primary key autoincrement"
                + ",userName text NOT NULL"
                + ",userPassword text NOT NULL)";
        sqlDB.execSQL(str);

        //录入一个用户名为admin，密码为123的测试用户
        String strSql = "insert into tblUser(userName,userPassword)"
                        +"values ('admin','123')";
        sqlDB.execSQL(strSql);

        etName = (EditText) findViewById(R.id.etName);
        etPass = (EditText) findViewById(R.id.etPass);
        //用户登录
        btnLogin = (Button) findViewById(R.id.btnLogin);
        btnLogin.setOnClickListener(new View.OnClickListener() {
            @Override
            public void onClick(View view) {
                String strSql = String.format("select * from tblUser " +
                                "where userName='%s' and userPassword='%s'"
                        , etName.getText().toString()
                        , etPass.getText().toString());
                Cursor cursor = sqlDB.rawQuery(strSql, null);
                if (cursor.getCount() > 0)
                    Toast.makeText(MainActivity.this, "欢迎您", 1).show();
                else
                    Toast.makeText(MainActivity.this,"对不起,非法用户", 1).show();
                //关闭Cursor对象
                cursor.close();
            }
        });
    }
}
```

学习小建议：本章数据库访问最容易出错的是SQL语句，而这里的开发环境并不会检查SQL语句的正确性，SQL语句出错后，程序的表现是闪退。鉴于SQL语句并不是本课程的学习内容，为了排除学习干扰，建议在可以调试SQL语句的环境下调试出正确的SQL语句后再粘贴到本书的案例中。也可以直接查看本书源代码，将数据库和表的创建语句直接拿来使用。

6.3.3 数据操纵专用方法

SQLiteDatabase 类通过执行 SQL 语句（命令）操作数据具有简单直观的优点，但是用户需要熟悉 SQL 语句，操作并不方便，因此针对数据表的增、删、改、查操作，SQLiteDatabase 类还提供了专用方法，如表 6-5 所示。

表 6-5 SQLiteDatabase 类数据表操作专用方法

方法名	说　明
insert()	long insert(String table, String nullColumnHack, ContentValues values)，为指定数据表录入记录。 ● table：待录入数据的表的名字 ● nullColumnHack：指定没有数据时取值为 null 的列 ● values：指定待插入的数据
delete()	int delete(String table, String whereClause, String[] whereArgs)，删除数据表中的一条或多条记录，并返回删除的记录条数。 ● table：数据表名 ● whereClause：指定记录查找条件 ● whereArgs：指定记录查找条件中的参数值，若无参数，则为 null
update()	int update(String table, ContentValues values, String whereClause, String[] whereArgs)，更新数据表中的记录，并返回所更新的记录条数。 ● table：数据表名 ● values：指定更新的数据 ● whereClause：指定记录查找条件 ● whereArgs：指定记录查找条件中的参数值，若无参数，则为 null
query()	有多种重载，其中一种为 Cursor query(String table, String[] columns, String selection, String[] selectionArgs, String groupBy, String having, String orderBy)，返回查询的结果集。 ● table：数据表名 ● columns：指定待查询的列名 ● selection：指定记录查找条件 ● selectionArgs：指定记录查找条件中的参数值，若无参数，则为 null ● groupBy：指定查询分组的字段名，若为 null，不分组 ● having：指定查询分组的字段名，若为 null，不分组 ● orderBy：指定查询结果排序的字段名，若为 null，查询结果按物理排序

Tips ContentValues 是一种存放键值对数据的类，使用在数据库访问类中，用法与 Bundle 类类似。

【例 6-7】 用 SQLiteDatabase 类的数据表操作专用方法修改例 6-5。

页面设计不变，修改 MainActivity 类的代码如下。

```
public class MainActivity extends AppCompatActivity
                        implements View. OnClickListener {
    private SQLiteDatabase sqlDB;
    EditText etName, etPass;
    ContentValues values = new ContentValues();
    @Override
    protected void onCreate(Bundle savedInstanceState) {
        super.onCreate(savedInstanceState);
        setContentView(R.layout.activity_main);
        //创建数据库
        sqlDB = openOrCreateDatabase("diary.db", MODE_PRIVATE, null);
        //创建前先删除数据表
        sqlDB.execSQL("drop table if exists tblUser");
        //创建数据表
```

```
        String str = "CREATE TABLE tblUser (_id integer primary key autoincrement"
                + ",userName text NOT NULL"
                + ",userPassword text NOT NULL)";
        sqlDB.execSQL(str);
        //初始化页面控件变量
        etName = (EditText) findViewById(R.id.etName);
        etPass = (EditText) findViewById(R.id.etPass);
        Button btn = (Button) findViewById(R.id.btnRegister);
        btn.setOnClickListener(MainActivity.this);
        btn = (Button) findViewById(R.id.btnModi);
        btn.setOnClickListener(MainActivity.this);
        btn = (Button) findViewById(R.id.btnDel);
        btn.setOnClickListener(MainActivity.this);
        btn = (Button) findViewById(R.id.btnDisplay);
        btn.setOnClickListener(MainActivity.this);
    }
    @Override
    public void onClick(View view) {
        values.put("userName", etName.getText().toString());
        values.put("userPassword", etPass.getText().toString());
        switch (view.getId()) {
            case R.id.btnRegister:
                //注册用户 id 列为空，由 SQLite 自动赋值
                sqlDB.insert("tblUser", "_id", values);
                break;
            case R.id.btnModi:
                //修改用户信息
                String[] params = {etName.getText().toString()};
                sqlDB.update("tblUser", values, "userName=?", params);
                break;
            case R.id.btnDel:
                //删除用户
                sqlDB.delete("tblUser", "userName=?"
                            ,new String[]{etName.getText().toString()});
                break;
            case R.id.btnDisplay:
                //查看用户信息
                Cursor cursor = sqlDB.query("tblUser", null, null, null
                                    , null, null, null);
                String str = "";
                //循环读取数据表的数据
                while (cursor.moveToNext()) {
                    // 获取第 2 列的值，第 1 列的索引从 0 开始
                    String name = cursor.getString(1);
                    // 获取第 3 列的值
                    String pass = cursor.getString(2);
                    str += "用户名：" + name + ", 密码：" + pass + "\n";
                }
                Toast.makeText(MainActivity.this, str
                            , Toast.LENGTH_LONG). show();
```

```
                //关闭Cursor对象
                cursor.close();
            }
        }
    }
```

6.4 SQLiteOpenHelper 类

SQLiteOpenHelper 类是管理数据库创建和版本的类，其子类必须实现 onCreate()和 onUpgrade()方法。该类能够监控打开的数据库，根据需要创建和更新数据库，并利用事务保证数据库状态正确。上节的例子中利用 SQLiteDatabase 类进行数据库和表的创建。仔细分析会发现，每次运行程序数据表都只保留了本次打开程序的操作，前一次打开程序的操作没有保存，这与数据库的本质不符。原因在于程序添加了创建前先删除数据表的功能，如果不这样做，每次运行程序都会创建表，而这样就违反了数据表唯一性的要求，造成程序闪退报错。基于 SQLiteDatabase 类来改变这种情况，会使程序处理变得比较复杂，但是使用 SQLiteOpenHelper 类就可以很容易解决。SQLiteOpenHelper 类对数据库和表的创建与版本更新操作进行了封装，其常用方法如表 6-6 所示。

表 6-6　SQLiteOpenHelper 类的常用方法

方法名	说　　明
SQLiteOpenHelper()	public SQLiteOpenHelper(Context context, String name, SQLiteDatabase.CursorFactory factory, int version)，构造方法，创建数据库。 ● context：创建或打开数据库的上下文 ● name：数据库名称，若为 null，是匿名数据库 ● factory：游标工厂，若为 null，用默认游标工厂 ● version：数据库版本号，从 1 起始。如果是老版本号，则在 onUpgrade()方法中更新
close()	void close()，关闭数据库
getReadableDatabase	SQLiteDatabase getReadableDatabase()，创建或打开一个 SQLiteDatabase 类对象，用于读数据操作
getWritableDatabase()	SQLiteDatabase getWritableDatabase()，创建或打开一个 SQLiteDatabase 类对象，用于读/写数据操作
onCreate ()	abstract void onCreate(SQLiteDatabase db)，该方法必须实现，第一次创建数据库时调用，因为只调用一次，一般在其中编写创建数据表的代码。参数 db 定义执行 SQL 命令的 SQLiteDatabase 类对象
onOpen ()	void onOpen(SQLiteDatabase db)，打开数据库时调用，该方法一般不用。参数 db 定义执行 SQL 命令的 SQLiteDatabase 类对象
onUpgrade()	abstract void onUpgrade(SQLiteDatabase db, int oldVersion, int newVersion)，该方法必须实现，用于更新数据库的版本。 ● db：执行 SQL 命令的 SQLiteDatabase 类对象 ● oldVersion：数据库的老版本号 ● newVersion：数据库的新版本号

【例 6-8】 用 SQLiteOpenHelper 类修改例 6-7。

① 在 app\java\应用程序包（com.example.exam6_7）下创建 SQLiteOpenHelper 类的子类 MySQLHelper，代码如下。

```
public class MySQLHelper extends SQLiteOpenHelper {
    public MySQLHelper(Context context, String name
                      ,SQLiteDatabase.CursorFactory factory,int version){
```

```
            super(context, name, factory, version);
        }
        @Override
        public void onUpgrade(SQLiteDatabase sqLiteDatabase, int i, int i1) {
        }
        @Override
        public void onCreate(SQLiteDatabase sqLiteDatabase) {
            String str = "CREATE TABLE tblUser(_id integer primary key"
                    +"autoincrement"
                    + ",userName text NOT NULL"
                    + ",userPassword text NOT NULL)";
            sqLiteDatabase.execSQL(str);
        }
    }
```

② 利用创建的子类修改数据库创建代码和 SQLiteDatabase 对象创建代码，修改 MainActivity 类的变量定义和 onCreate()方法的代码如下。

```
    public class MainActivity extends AppCompatActivity implements
                        View. OnClickListener {
        private SQLiteDatabase sqlDB;
        EditText etName, etPass;
        ContentValues values = new ContentValues();
        MySQLHelper mySQLHelper;
        @Override
        protected void onCreate(Bundle savedInstanceState) {
            super.onCreate(savedInstanceState);
            setContentView(R.layout.activity_main);
            //创建数据库与数据表
            mySQLHelper=new MySQLHelper(this,"diary.db", null, 1);
            //初始化按钮并添加事件代码，略
        }
    }
```

③ 在 MainActivity 类的按钮单击事件中添加创建 SQLiteDatabase 类对象的代码如下。

```
    @Override
    public void onClick(View view) {
        sqlDB=mySQLHelper.getWritableDatabase();
        //其余代码同例 6-7
    }
```

运行程序后可以看到，利用 SQLiteOpenHelper 类修改数据库和数据表创建代码后多次运行程序仍能够保持数据库数据的一致性，从而解决了本节开始提出的问题。

【例 6-9】 整理例 6-8 代码，为数据表建一个自定义 User 数据类型，将数据库访问代码全部放到 SQLiteOpenHelper 类中，实现应用程序的分层开发。

① 在 app\java\应用程序包（com.example.exam6_7）下创建 User 类，该类需要实现 Serializable 接口，以方便在 Activity 之间传递数据，封装数据表的常量信息和定义相关变量，代码如下。

```
import java.io.Serializable;
public class User implements Serializable {
    /*为了方便调用，该类提供了三种构造方法*/
    //定义数据表字段变量
    int _id;
    String userName;
    String userPassword;
    //定义数据表字段常量
    static String FielduserName="userName";
    static String FielduserPassword="userPassword";
    static String FielduserId="_id";
    static String TableUser="tblUser";
    public User() {
        super();
    }
    public User(int _id) {
        super();
        this._id = _id;
    }
    public User(String pname) {
        super();
        this.userName = pname;
    }
    public User(String pname, String pwd) {
        super();
        this.userName = pname;
        this.userPassword= pwd;
    }
}
```

用 User 类优化自定义的 SQLiteOpenHelper 类，并将数据库访问的代码从 MainActivity 类移到 SQLiteOpenHelper 类，实现程序的分层设计。

② 基于 User 类修改 SQLiteOpenHelper 类的 onCreate()方法。

```
@Override
public void onCreate(SQLiteDatabase sqLiteDatabase) {
    String str = String.format("CREATE TABLE %s(%s integer primary key"
            +"autoincrement" +
            ",%s text NOT NULL,%s text NOT NULL)"
            , User.TableUser
            , User.FielduserId
            , User.FielduserName
            , User.FielduserPassword);
    sqLiteDatabase.execSQL(str);
}
```

③ 为自定义数据库访问类 MySQLHelper，增加数据库访问方法。

```
//注册用户
public void insert(User user) {
    SQLiteDatabase sqlDB = this.getWritableDatabase();
```

```
        ContentValues values = new ContentValues();
        values.put(User.FielduserName, user.userName);
        values.put(User.FielduserPassword, user.userPassword);
        sqlDB.insert(User.TableUser, User.FielduserId, values);
    }
    //更新用户
    public void update(User user) {
        SQLiteDatabase sqlDB = this.getWritableDatabase();
        ContentValues values = new ContentValues();
        values.put(User.FielduserPassword, user.userPassword);
        String whereClause = String.format("%s=?", User.FielduserName);
        String[] whereArgs = {user.userName};
        sqlDB.update(User.TableUser, values, whereClause, whereArgs);
    }
    //删除用户
    public void delete(User user) {
        SQLiteDatabase sqlDB = this.getWritableDatabase();
        String whereClause = String.format("%s=?", User.FielduserName);
        String[] whereArgs = {user.userName};
        sqlDB.delete(User.TableUser, whereClause, whereArgs);
    }
    //查询用户
    public String query() {
        //定义Cursor对象
        SQLiteDatabase sqlDB = this.getReadableDatabase();
        Cursor cursor = sqlDB.query(User.TableUser, null, null, null
                                    , null, null, null);
        String str = "";
        //循环读取数据表的数据
        while (cursor.moveToNext()) {
            // 获取第2列的值，第1列的索引从0开始
            String name = cursor.getString(1);
            // 获取第3列的值
            String pass = cursor.getString(2);
            str += "userName=" + name + ",   userPassword=" + pass + "\n";
        }
        //关闭Cursor对象
        cursor.close();
        return str;
    }
```

④ 修改MainActivity类onClick()方法的代码如下。

```
    @Override
    public void onClick(View view) {
        User  user = new User(etName.getText().toString()
                        , etPass.getText(). toString());
        switch (view.getId()) {
            case R.id.btnRegister:
                //注册用户
                mySQLHelper.insert(user);
```

```
            break;
          case R.id.btnModi:
            //修改用户信息
            mySQLHelper.update(user);
            break;
         case R.id.btnDel:
            //删除用户
            mySQLHelper.delete(user);
            break;
          case R.id.btnDisplay:
            //查询用户
            Toast.makeText(MainActivity.this, mySQLHelper.query()
                        , Toast. LENGTH_LONG).show();
       }
    }
```

6.5 产品日志项目实施

6.5.1 编码实现

（1）数据访问模块

1）根据需求分析设计日志表，如表 6-7 所示。

表 6-7　日志表（tblDiary）

字段名	数据类型	含义	说明
_id	INTEGER	用户编码，标识列	主键，不允许为空
diaryDate	TEXT	日志日期	不允许为空
diaryTitle	TEXT	日志标题	不允许为空
diaryContent	TEXT	日志内容	不允许为空

2）采用分层开发模式，编写日志表模型类 Diary，代码如下。

```
import java.io.Serializable;
public class Diary implements Serializable {
    /*为了方便调用，该类提供了三种构造方法*/
    //定义数据表字段变量
    int _id;
    String diaryDate;
    String diaryTitle;
    String diaryContent;
    //定义数据表字段常量
    static String FieldDiaryDate = "diaryDate";
    static String FieldDiaryTitle = "diaryTitle";
    static String FieldDiaryContent = "diaryContent";
```

```
    static String FieldDiaryId = "_id";
    static String TableDiary = "tblDiary";

    public Diary() {
        super();
    }

    public Diary(String date) {
        super();
        this.diaryDate = date;
    }

    public Diary(String date, String title) {
        super();
        this.diaryDate = date;
        this.diaryTitle = title;
    }

    public Diary(String date, String title, String content) {
        super();
        this.diaryDate = date;
        this.diaryTitle = title;
        this.diaryContent = content;
    }
}
```

3）编写日志表数据库访问类MySQLHelper，代码如下。

```
import android.content.ContentValues;
import android.content.Context;
import android.database.Cursor;
import android.database.sqlite.SQLiteDatabase;
import android.database.sqlite.SQLiteOpenHelper;

public class MySQLHelper extends SQLiteOpenHelper {
    //构造方法，根据需要创建数据库
    public MySQLHelper(Context context, String name,
              SQLiteDatabase. CursorFactory factory, int version) {
        super(context, name, factory, version);
    }

    @Override
    public void onCreate(SQLiteDatabase sqLiteDatabase) {
        //创建日志表
        String str = String.format("CREATE TABLE %s(%s integer primary key"
              +"autoincrement"
              + ",%s text NOT NULL"
              + ",%s text NOT NULL"
              + ",%s text)"
              , Diary.TableDiary
              , Diary.FieldDiaryId
```

```
                , Diary.FieldDiaryDate
                , Diary.FieldDiaryTitle
                , Diary.FieldDiaryContent);
        sqLiteDatabase.execSQL(str);
        //录入一条测试日志数据
        String strInsert = String.format("insert into %s(%s,%s,%s)"
                +"values ('%s','%s','%s')"
                , Diary.TableDiary
                , Diary.FieldDiaryDate
                , Diary.FieldDiaryTitle
                , Diary.FieldDiaryContent
                , "2020-01-06"
                , "一车间"
                , "记录人：张三\n 生产状况：正常");
        sqLiteDatabase.execSQL(strInsert);
        //录入下一条日志，代码略
    }

    //必须实现的方法
    @Override
    public void onUpgrade(SQLiteDatabase sqLiteDatabase, int i, int i1) {
    }

    //录入日志
    public void insert(Diary diary) {
        SQLiteDatabase sqlDB = this.getWritableDatabase();
        ContentValues values = new ContentValues();
        values.put(Diary.FieldDiaryDate, diary.diaryDate);
        values.put(Diary.FieldDiaryTitle, diary.diaryTitle);
        values.put(Diary.FieldDiaryContent, diary.diaryContent);
        sqlDB.insert(Diary.TableDiary, Diary.FieldDiaryId, values);
    }

    //更新指定日期日志
    public void update(Diary diary) {
        SQLiteDatabase sqlDB = this.getWritableDatabase();
        ContentValues values = new ContentValues();
        values.put(Diary.FieldDiaryTitle, diary.diaryTitle);
        values.put(Diary.FieldDiaryContent, diary.diaryContent);
        String whereClause = String.format("%s=?", Diary.FieldDiaryDate);
        String[] whereArgs = {diary.diaryDate};
        sqlDB.update(Diary.TableDiary, values, whereClause, whereArgs);
    }

    //删除指定日期日志
    public void delete(Diary diary) {
        SQLiteDatabase sqlDB = this.getWritableDatabase();
        String whereClause = String.format("%s=?", Diary.FieldDiaryDate);
        String[] whereArgs = {diary.diaryDate};
        sqlDB.delete(Diary.TableDiary, whereClause, whereArgs);
```

```
        }

        //查询所有日志
        public Cursor query() {
            SQLiteDatabase sqlDB = this.getReadableDatabase();
            Cursor cursor= sqlDB.query(Diary.TableDiary, null, null, null, null
                                        , null, null);
            return cursor;
        }

        //查询指定日期日志
        public int queryByDate(Diary diary) {
            SQLiteDatabase sqlDB = this.getReadableDatabase();
            String whereClause = String.format("%s=?", Diary.FieldDiaryDate);
            String[] whereArgs = {diary.diaryDate};
            Cursor cursor = sqlDB.query(Diary.TableDiary, null, whereClause
                                        , whereArgs, null, null, null);
            return cursor.getCount();
        }
    }
```

（2）日志列表程序

1）编写日志列表 Activity（MainActivity），使用垂直线性布局设计其页面，代码如下。

```
    <Button
        android:id="@+id/btnWriteDiary"
        android:layout_width="wrap_content"
        android:layout_height="wrap_content"
        android:layout_gravity="right"
        android:text="写日志" />
    <ListView
        android:id="@+id/lstDiary"
        android:layout_width="match_parent"
        android:layout_height="wrap_content"/>
```

2）根据项目需求，ListView 控件一行要显示两个数据，因此需要编写布局文件，添加布局文件 diarylistlayout.xml，编写代码如下。

```
    <TextView
        android:id="@+id/tvDate"
        android:layout_width="wrap_content"
        android:layout_height="wrap_content"
        android:layout_weight="1" />
    <TextView
        android:id="@+id/tvTitle"
        android:layout_width="wrap_content"
        android:layout_height="wrap_content"
        android:layout_gravity="left"
        android:layout_weight="1" />
```

3）修改 MainActivity 类代码，实现程序功能。

```
import androidx.appcompat.app.AppCompatActivity;
import android.content.Intent;
import android.database.Cursor;
import android.os.Bundle;
import android.view.View;
import android.widget.AdapterView;
import android.widget.Button;
import android.widget.CursorAdapter;
import android.widget.ListView;
import android.widget.SimpleCursorAdapter;
import java.text.SimpleDateFormat;
import java.util.Date;

public class MainActivity extends AppCompatActivity {
    //定义字符串格式
    private final static SimpleDateFormat df = new SimpleDateFormat
                                    ("yyyy-MM-dd");
    ListView lstDiary;
    MySQLHelper mySQLHelper;

    @Override
    protected void onCreate(Bundle savedInstanceState) {
        super.onCreate(savedInstanceState);
        setContentView(R.layout.activity_main);
        lstDiary = (ListView) this.findViewById(R.id.lstDiary);
        //初始化数据库访问对象
        mySQLHelper = new MySQLHelper(this, "diary.db", null, 1);
        //查询所有日志
        final Cursor cursor = mySQLHelper.query();
        //生成日志记录适配器
        final SimpleCursorAdapter adapter = new SimpleCursorAdapter(this
                , R.layout.diarylistlayout
                , cursor
                , new String[]{Diary.FieldDiaryDate,Diary.FieldDiaryTitle}
                , new int[]{R.id.tvDate, R.id.tvTitle}
                , CursorAdapter.FLAG_REGISTER_CONTENT_OBSERVER);
        lstDiary.setAdapter(adapter);
        //日志列表 ListView 的单击事件
        lstDiary.setOnItemClickListener(new AdapterView.OnItemClickListener() {
            @Override
            public void onItemClick(AdapterView<?> adapterView, View view
                                    , int i, long l) {
                //移动游标到当前单击记录
                cursor.moveToPosition(i);
                //获取记录值并存放到 Diary 类型变量中
                Diary diary = new Diary(cursor.getString(1).toString()
                        , cursor.getString(2).toString()
                        , cursor.getString(3).toString());
                //跳转到日志维护页面
                Intent it = new Intent(MainActivity.this
```

```
                                     , DiaryActivity. class);
                it.putExtra("diary", diary);
                startActivity(it);
            }
        });
        Button btnWriteDiary = (Button) this.findViewById(R.id.btnWriteDiary);
        btnWriteDiary.setOnClickListener(new View.OnClickListener() {
            @Override
            public void onClick(View view) {
                //用系统日期生成一个 Diary 类型变量
                Diary diary = new Diary(df.format(new Date()));
                //跳转到日志维护页面
                Intent it = new Intent(MainActivity.this
                                     , DiaryActivity. class);
                it.putExtra("diary", diary);
                startActivity(it);
            }
        });
    }
}
```

（3）查看、编辑日志程序

1）添加编辑日志 Activity（DiaryActivity），使用垂直线性布局设计其页面，代码如下。

```
<TextView
    android:id="@+id/tvDate"
    android:layout_width="wrap_content"
    android:layout_height="wrap_content"
    android:layout_gravity="right"
    android:text="日期" />
<EditText
    android:id="@+id/etTitle"
    android:layout_width="wrap_content"
    android:layout_height="wrap_content"
    android:layout_gravity="center"
    android:text="标题" />
<EditText
    android:id="@+id/etContent"
    android:layout_width="wrap_content"
    android:layout_height="wrap_content"
    android:text="内容" />
<LinearLayout
    android:layout_width="match_parent"
    android:layout_height="wrap_content">
    <Button
        android:id="@+id/btnSave"
        android:layout_width="wrap_content"
        android:layout_height="wrap_content"
        android:layout_weight="1"
        android:enabled="false"
        android:text="保存" />
```

```
    <Button
        android:id="@+id/btnCancel"
        android:layout_width="wrap_content"
        android:layout_height="wrap_content"
        android:layout_weight="1"
        android:text="取消" />
    <Button
        android:id="@+id/btnDelete"
        android:layout_width="wrap_content"
        android:layout_height="wrap_content"
        android:layout_weight="1"
        android:enabled="false"
        android:text="删除" />
    </LinearLayout>
```

2）修改 DiaryActivity 类代码，实现程序功能。

```
import android.content.Intent;
import android.os.Bundle;
import android.view.View;
import android.widget.Button;
import android.widget.EditText;
import android.widget.TextView;
import androidx.appcompat.app.AppCompatActivity;
import java.text.SimpleDateFormat;
import java.util.Date;

public class DiaryActivity extends AppCompatActivity
                            implements View. OnClickListener {
    //定义字符串格式
    private final static SimpleDateFormat df = new SimpleDateFormat
                                                ("yyyy-MM-dd");
    MySQLHelper mySQLHelper;
    EditText etTitle, etContent;
    Button btnSave, btnCancel, btnDelete;
    TextView tvDate;

    @Override
    protected void onCreate(Bundle savedInstanceState) {
        super.onCreate(savedInstanceState);
        setContentView(R.layout.activity_diary);
        //定义页面控件变量
        tvDate = (TextView) this.findViewById(R.id.tvDate);
        etTitle = (EditText) this.findViewById(R.id.etTitle);
        etContent = (EditText) this.findViewById(R.id.etContent);
        btnSave = (Button) this.findViewById(R.id.btnSave);
        btnSave.setOnClickListener(this);
        btnCancel = (Button) this.findViewById(R.id.btnCancel);
        btnCancel.setOnClickListener(this);
        btnDelete = (Button) this.findViewById(R.id.btnDelete);
        btnDelete.setOnClickListener(this);
```

```
        //初始化数据库访问对象
        mySQLHelper = new MySQLHelper(this, "diary.db", null, 1);
        //获取日志列表页面传递过来的数据
        Intent it = getIntent();
        Diary diary = (Diary) it.getSerializableExtra("diary");
        tvDate.setText(diary.diaryDate);
        etTitle.setText(diary.diaryTitle);
        etContent.setText(diary.diaryContent);
        //根据日志的日期赋予日志的“保存”和“删除”按钮操作权限
        if (diary.diaryDate.equals(df.format(new Date()))) {
            btnSave.setEnabled(true);
            btnDelete.setEnabled(true);
        }
    }

    @Override
    public void onClick(View view) {
        //利用页面控件数据信息初始化Diary类型变量
        Diary diary = new Diary(tvDate.getText().toString()
                ,etTitle.getText().toString(),etContent.getText().toString());
        switch (view.getId()) {
            //“保存”按钮单击事件代码
            case R.id.btnSave:
                //根据日志日期查找日志，如果未找到，录入日志
                if (mySQLHelper.queryByDate(diary) == 0)
                    mySQLHelper.insert(diary);
                //如果找到，修改日志
                else
                    mySQLHelper.update(diary);
                break;
            //“取消”按钮单击事件代码
            case R.id.btnCancel:
                break;
            //“删除”按钮单击事件代码
            case R.id.btnDelete:
                mySQLHelper.delete(diary);
                break;
        }
        //完成操作跳转到日志列表页面
        Intent it = new Intent(DiaryActivity.this, MainActivity.class);
        startActivity(it);
    }
}
```

6.5.2 测试运行

1）测试日志列表功能，查看日志是否正确地以列表显示，单击日志标题是否可以以正确的方式进入日志编辑页面。

2）测试日志录入功能，在日志列表页面单击“写日志”按钮，进入日志编写页面后是否

能够正确录入日志，并确认“编辑”和“删除”按钮有效。

3）测试当天日志编辑功能，在日志列表页面单击当天日志列表项，进入日志编辑页面后确认“保存”“修改”和“删除”按钮有效。

4）测试历史日志查看功能，在日志列表页面单击历史日志列表项，进入日志编辑/查看页面后日志信息能够正确显示，确认“保存”“修改”和“删除”按钮无效。

6.5.3 项目总结

1）使用 SQLiteOpenHelper 类和 SQLiteDatabase 类专用操作方法可以以参数的方式访问数据库。

2）SimpleCursorAdapter 类能够方便地将 Cursor 数据呈现在 ListView 控件中。

3）Intent 类使用 putExtra()方法传递 Serializable 类型数据，使用 getSerializableExtra()方法获取 Serializable 类型数据。

6.6 实验 6

1．将本章例 6-2～例 6-5 和第 5 章例 5-1～例 5-3 整合进产品日志项目，使日志项目具有用户管理功能，同时能够让用户选择是否保存登录信息，实现登录信息的自动保存和加载。

2．完善日记项目，利用第 3 章介绍的对话框类 Dialog 为删除操作添加确认操作对话框。

6.7 习题 6

1．简述 SQLite 数据库的优点。

2．简述 SQLite 支持的数据存储类型。

3．简述 SQLiteDatabase 类数据表操作专用方法的用法。

4．简述 SQLiteOpenHelper 类的用法。

6.8 随堂测试 6

1．以下哪个方法是 SQLiteOpenHelper 类实现版本升级时用的？（　　）

A．onCreate()　　B．onCreade()　　C．onUpdate()　　D．onUpgrade()

2．以下哪个方法是 SQLiteOpenHelper 类用于执行数据表创建语句的？（　　）

A．onCreate()　　B．onCreade()　　C．onUpdate()　　D．onUpgrade()

3．以下关于 ContentValues 类的说法哪个正确？（　　）

A．与哈希表类似，用于存储名值对数据，名是 String 类型，值是基本类型

B．与哈希表类似，用于存储名值对数据，名是任意类型，值是基本类型

C．与哈希表类似，用于存储名值对数据，名可以为空，值是 String 类型
D．与哈希表类似，用于存储名值对数据，名和值都是 String 类型

4．Android 手机应用程序开发中常用的数据库是以下哪个？（　　）
A．SQLite　　B．MySQL　　C．Oracle　　D．SQL Server

5．以下哪个方法可以执行数据查询操作？（　　）
A．execSQL()　　B．openOrCreateDatabase()
C．rawQuery()　　D．execQuery ()

第 7 章 BroadcastReceiver 与 ContentProvider

本章首先介绍广播的发送、接收和分类，基于广播接收开发了一个产品信息收集的项目。接下来介绍 ContentProvider 和 ContentResolver，使用 ContentProvider 访问手机通讯录，改善了产品信息收集项目的人机交互显示。

7.1 产品信息收集项目设计

7.1.1 项目需求

设计一个收集用户反馈的产品信息的应用程序，将收到的短消息进行整理和收藏，页面设计参考图 7-1 和图 7-2。该程序具有以下功能。

扫一扫
7-1 产品信息收集项目

1）打开系统，列表显示接收到的所有短消息，如图 7-1a 所示。

2）输入查询条件，根据条件查找短消息并以列表显示，如图 7-1b 所示，支持单条件查询和组合条件查询。

3）在短消息列表上通过单击的方式打开短消息详情页面，如图 7-2 所示，显示短消息的详细信息，单击“删除”按钮删除当前短消息，删除操作需要确认才能执行，增加系统的安全性。

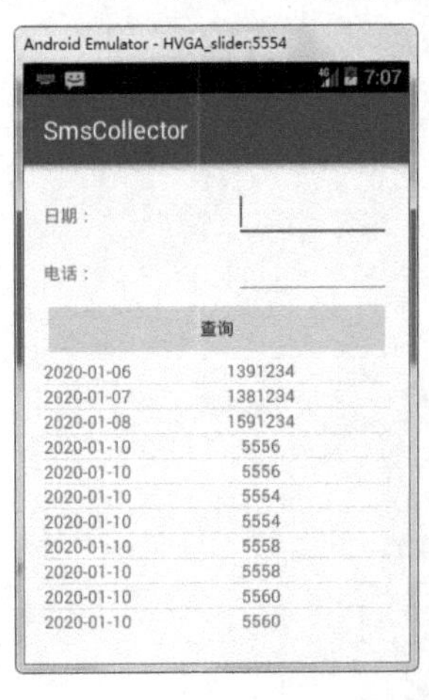

a)

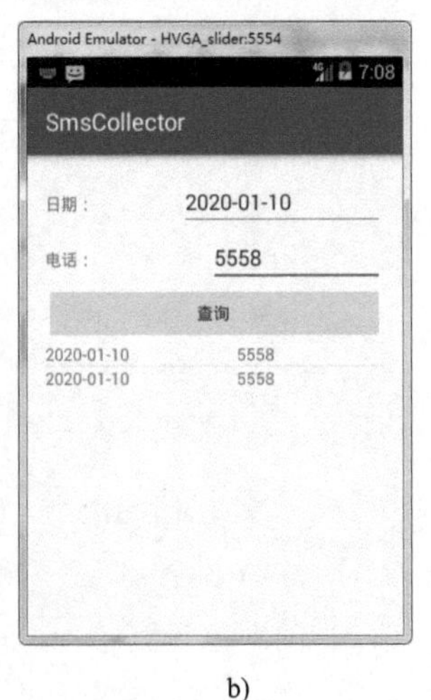

b)

图 7-1 短消息列表页面

a) 全部短消息 b) 查询到的短消息

图 7-2 短消息详情页面

7.1.2　技术分析

1）使用第 6 章介绍的 SQLiteOpenHelper 类和 SQLiteDatabase 类数据表操作专用方法管理数据，巩固第 6 章知识点。

2）在配置文件中注册广播接收器。

3）在 BroadcastReceiver 类的 onReceive()方法中处理接收到的广播信息。

4）使用 SmsMessage 类处理接收的到短消息。

产品信息收集项目涉及知识点如图 7-3 所示。

图 7-3　产品信息收集项目涉及知识点

【项目知识点】

7.2　BroadcastReceiver

广播信息的种类有很多，如手机开机、电池电量不足等都是广播信息，应用程序使用 BroadcastReceiver 类处理接收到的广播信息。

7.2.1　创建广播接收器

可以通过继承 BroadcastReceiver 类来定义一个广播接收器类 SmsReceiver，在这个类中需要重写 onReceive()方法，该方法在广播信息到达时自动触发。以下代码定义了广播接收器类 SmsReceiver。

```
public class SmsReceiver extends BroadcastReceiver {
    @Override
    public void onReceive(Context context, Intent intent) {
        //编写接收广播信息的代码
    }
}
```

onReceive()方法的参数说明如下。

- context：运行广播的上下文。
- intent：发送广播的 Intent 对象。

7.2.2 注册广播地址

通过注册广播地址可以明确广播接收器要处理的广播信息，有两种注册方式。

1. 静态注册

在 AndroidManifest.xml 配置文件中进行注册，如为前面写的 SmsReceiver 广播接收器注册接收短消息广播的代码如下。

```
<receiver android:name=".SmsReceiver">
    <intent-filter android:priority="2147483647">
        <action android:name="android.provider.Telephony.SMS_RECEIVED" />
    </intent-filter>
</receiver>
```

参数说明如下。

1）receiver 节中的“android:name”属性：指定广播接收器类名。

2）intent-filter 节中的“android:priority”属性：指定广播地址的优先级。

3）action 节中的“android:name”属性：声明接收的广播信息地址。

静态注册的代码放在配置文件的 application 配置节中，是常驻型的，即使应用程序关闭，广播信息传来后广播接收器也会被系统调用而自动运行。

2. 动态注册

动态注册使用 IntentFilter 类，IntentFilter 类的常用方法如表 7-1 所示。

表 7-1 IntentFilter 类的常用方法

方 法 名	说 明
addAction()	void addAction(String action)，添加一个由 action 指定的动作
addCategory()	void addCategory(String category)，添加一个 category 指定的条件
addDataPath()	void addDataPath(String path, int type)，添加一个数据。 ● path：数据的 URI ● type：数据的类型
getAction()	String getAction(int index)，返回 index 指定位置的动作

动态注册使用 registerReceiver()方法，该方法是 ContextWrapper 类提供的方法，Activity 和 Service 继承了 ContextWrapper，因此可以直接使用该方法。registerReceiver()方法有两种重载方式，其中一种原型为 Intent registerReceiver(BroadcastReceiver receiver, IntentFilter filter)，用于注册一个运行在主线程中的广播地址。该方法的参数说明如下。

1）receiver：广播接收器类。

2）filter：注册广播地址的 IntentFilter 对象。

如为前面写的 SmsReceiver 广播接收器动态声明地址的代码如下。

```
SmsReceiver receiver = new SmsReceiver ();
IntentFilter filter = new IntentFilter();
filter.addAction("android.provider.Telephony.SMS_RECEIVED ");
registerReceiver(receiver, filter);
```

需要注意的是，registerReceiver()是 android.content.ContextWrapper 类中的方法，在 Activity

中使用该方法注册了广播地址以后需要在 Activity 被销毁时解除注册，否则系统会提示异常。解除已注册广播地址的代码如下。

```
unregisterReceiver(receiver);
```

解除注册的代码一般写在 Activity 的 onDestroy()方法中。

7.2.3 终止广播

可以在广播接收器类中调用 abortBroadcast()方法终止广播的接收。Android8 对接收广播做了保护，不接收广播。

7.3 广播的分类

广播可以分为系统广播和用户自定义广播。

7.3.1 系统广播

系统广播是指由系统发出的广播，Android 中内置了多个系统广播，几乎所有手机的基本操作（如系统日期改变、电量变化、开机、网络状态变化等）都会发出相应的广播。常用系统广播的地址常量如表 7-2 所示。

表 7-2 常用系统广播地址常量

广播地址	说明
android.net.conn.CONNECTIVITY_CHANGE	监听网络变化
android.intent.action.AIRPLANE_MODE_CHANGED	关闭或打开飞行模式
android.intent.action.BATTERY_CHANGED	充电时或电量发生变化
android.intent.action.BATTERY_LOW	电池电量低
android.intent.action.BATTERY_OKAY	电池电量充足（即从电量低变化到饱满时会发出广播）
android.intent.action.BOOT_COMPLETED	系统启动完成后（仅广播一次）
android.intent.action.CAMERA_BUTTON	按下照相机的拍照按键（硬件按键）时
android.intent.action.CLOSE_SYSTEM_DIALOGS	屏幕锁屏
android.intent.action.REBOOT	重启设备
android.intent.action.DATE_CHANGED	系统日期改变
android.provider.Telephony.SMS_RECEIVED	短消息到达

【例 7-1】 设计一个程序接收系统日期改变的广播信息。

① 创建应用程序，添加广播接收器类 DateChangedReceiver 并重写其 onReceive()方法。

```
public class DateChangedReceiver
            extends BroadcastReceiver {
    @Override
    public void onReceive(Context context
                    , Intent Receiver (intent) {
        Log.v("广播信息到达了：","==========日期已修改==========");
    }
}
```

扫一扫

7-2 例7-1运行效果

② 在配置文件的 application 配置节中注册广播地址信息。

```
<receiver android:name=".DateChangedReceiver">
    <intent-filter android:priority="2147483647">
        <action android:name="android.intent.action.DATE_CHANGED" />
    </intent-filter>
</receiver>
```

程序运行结果如图 7-4 所示。程序运行方法：打开虚拟手机，选择“Settings”→“Date & Time”→“Set Date”→“修改日期”→“Done”。

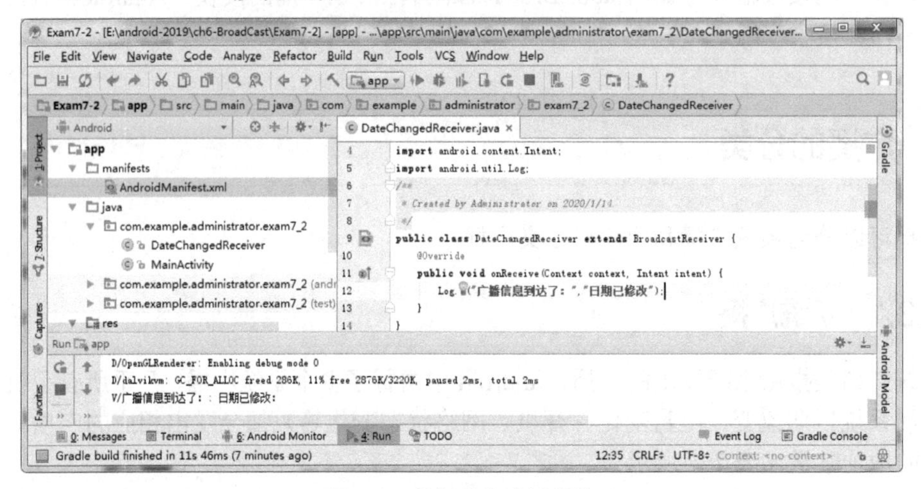

图 7-4　日期改变广播事件

运行注意：修改后的日期时间比系统当前时间大才能捕获到广播信息。

【例 7-2】 设计程序接收系统日期改变和短消息到达时的广播信息，并根据广播信息的类型给出不同的提示。

① 创建广播接收类 MyReceiver，使其具有处理不同广播信息的能力。

```
public class MyReceiver extends BroadcastReceiver {
    @Override
    public void onReceive(Context context, Intent intent) {
        if (intent.getAction().equals("android.intent.action.DATE_CHANGED"))
            Log.v("广播信息到达了：","============日期改变了=============");
        if (intent.getAction()
                    .equals("android.provider.Telephony.SMS_RECEIVED"))
            Log.v("广播信息到达了：","============短消息到了=============");
    }
}
```

② 在配置文件中 application 配置节内添加接收短消息的权限，代码如下。

```
<uses-permission android:name="android.permission.RECEIVE_SMS" />
```

③ 在配置文件中注册接收日期修改和短消息的广播地址，代码如下。

```
<receiver android:name=".DateChangedReceiver">
    <intent-filter android:priority="2147483647">
```

```
            <action android:name="android.intent.action.DATE_CHANGED" />
            <action android:name="android.provider.Telephony.SMS_RECEIVED" />
        </intent-filter>
    </receiver>
```

④ 测试运行程序。日期修改广播信息测试与例 7-1 相同，短消息广播信息测试需要发送短消息，最简单的测试方式是给本机发送短消息测试，也可以再开一个虚拟手机发送短消息，这种模式跟普通手机发送短消息一样，测试方法与修改日期广播信息类似。

并不是所有的系统都支持开两个虚拟手机，这就需要使用 telnet 命令模式来发送短消息，发送短消息的方法：输入 cmd 命令，进入命令行窗口→进入 adb.exe 文件所在路径（如输入“cd D:\Android\sdk\platform-tools”进入 adb.exe 的路径）→连接虚拟机（如虚拟机 5554 的连接命令为“telnet localhost 5554”）→发送短消息（如使用虚拟机 5556 向前面连接的虚拟机 5554 发送“hello 5554”短消息的命令为“sms send 5556 hello 5554”）。程序运行结果如图 7-5 所示。

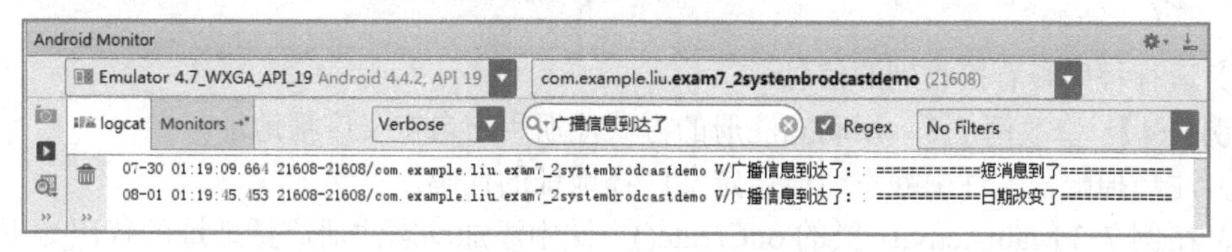

图 7-5 接收到的广播信息

7.3.2 用户自定义广播

用户也可以在应用程序中发送广播信息，称为用户自定义广播，使用 sendOrderedBroadcast() 方法发送有序广播，使用 sendBroadcast()方法发送最简单的广播，该方法继承自 ContextWrapper 类，在 Activity 中可以直接使用，它有两种重载，其中一种原型为 void sendBroadcast(Intent intent)，将一个指定地址和参数信息的 Intent 对象以广播的形式发送出去。

【例 7-3】 编写程序发送一条用户自定义广播信息“我爱你，中国！”，编写广播接收器类，将接收到的用户自定义广播信息用 Log.v()函数显示出来。

① 创建应用程序，在程序页面中添加一个发送广播信息的按钮，在该按钮单击事件的代码里编写发送广播信息的代码如下。

```
Button btnSend=(Button)this.findViewById(R.id.btnSend);
btnSend.setOnClickListener(new View.OnClickListener() {
    @Override
    public void onClick(View view) {
        //定义广播的地址
        Intent it=new Intent("android.intent.action.MY_BROADCAST");
        //附加广播数据
        it.putExtra("msg","我爱你，中国！");
        sendBroadcast(it);
    }
```

```
});
```

② 编写广播接收类 MyReceiver 用来接收广播信息。

```
public class MyReceiver extends BroadcastReceiver {
    @Override
    public void onReceive(Context context, Intent intent) {
        String str=intent.getStringExtra("msg");
        Log.v("收到的广播信息为：",str);
    }
}
```

③ 在配置文件中注册自定义广播地址，代码如下。

```
<receiver android:name=".MyReceiver">
    <intent-filter android:priority="2147483647">
        <action android:name="android.intent.action.MY_BROADCAST" />
    </intent-filter>
</receiver>
```

④ 运行程序查看接收到的信息。

【例 7-4】 修改例 7-3，用动态注册的方式注册用户自定义广播地址。

① 注释掉配置文件中静态注册自定义广播地址的代码。

② 在例 7-3 MainActivity 类的 onCreate()方法中添加动态注册广播地址的代码如下。

```
//动态注册广播地址
MyReceiver receiver = new MyReceiver ();
IntentFilter filter = new IntentFilter();
filter.addAction("android.intent.action.MY_BROADCAST");
registerReceiver(receiver, filter);
```

7.4 产品信息收集项目实施

7.4.1 编码实现

（1）数据访问模块

1）根据需求分析设计短消息记录表，如表 7-3 所示。

表 7-3 短消息表（tblSms）

字 段 名	数 据 类 型	含 义	说 明
_id	INTEGER	短消息编码，标识列	主键，不允许为空
smsDate	TEXT	收到短消息的日期	不允许为空
smsPhone	TEXT	发送短消息的电话	不允许为空
smsContact	TEXT	发送短消息的联系人	允许为空
smsContent	TEXT	短消息内容	允许为空

2）创建应用程序，采用分层开发模式，编写短消息表模型类 Sms，代码如下。

```
import java.io.Serializable;
public class Sms implements Serializable {
    /*为了方便调用，该类提供了 5 种构造方法*/
    //定义数据表字段变量
    int _id;
    String smsDate="",smsPhone="",smsContact="",smsContent="";

    //定义数据表字段常量
    static String FieldSmsDate = "smsDate";
    static String FieldSmsPhone = "smsPhone";
    static String FieldSmsContact = "smsContact";
    static String FieldSmsContent = "smsContent";
    static String FieldSmsId = "_id";
    static String TableSms = "tblSms";

    public Sms() {
        super();
    }

    public Sms(String date, String phone) {
        super();
        this.smsDate = date;
        this.smsPhone = phone;
    }

    public Sms(String date, String phone, String content) {
        super();
        this.smsDate = date;
        this.smsPhone = phone;
        this.smsContent = content;
    }

    public Sms(String date, String phone, String content, String contact) {
        super();
        this.smsDate = date;
        this.smsPhone = phone;
        this.smsContent = content;
        this.smsContact=contact;
    }
    public Sms(int _id,String date, String phone, String content, String contact) {
        super();
        this._id=_id;
        this.smsDate = date;
        this.smsPhone = phone;
        this.smsContent = content;
        this.smsContact=contact;
    }
}
```

3）编写短消息表数据库访问类 MySQLHelper，代码如下。

```
import android.content.ContentValues;
import android.content.Context;
import android.database.Cursor;
import android.database.sqlite.SQLiteDatabase;
import android.database.sqlite.SQLiteOpenHelper;

public class MySQLHelper extends SQLiteOpenHelper {
   //构造方法，根据需要创建数据库
   public MySQLHelper(Context context, String name
                  , SQLiteDatabase.CursorFactory factory,int version) {
      super(context, name, factory, version);
   }

   @Override
   public void onCreate(SQLiteDatabase sqLiteDatabase) {
      //创建短消息表
      String str = String.format("CREATE TABLE %s(%s integer primary key"
                  + "autoincrement"
                  + ",%s text NOT NULL"
                  + ",%s text NOT NULL"
                  + ",%s text"
                  + ",%s text)",
            Sms.TableSms,
            Sms.FieldSmsId,
            Sms.FieldSmsDate,
            Sms.FieldSmsPhone,
            Sms.FieldSmsContent,
            Sms.FieldSmsContact);
      sqLiteDatabase.execSQL(str);
      //录入一条短消息
      String strInsert = String.format("insert into %s"
            +"(%s,%s,%s,%s) values('%s','%s','%s','%s')"
            ,Sms.TableSms
            ,Sms.FieldSmsDate
            ,Sms.FieldSmsPhone
            ,Sms.FieldSmsContent
            ,Sms.FieldSmsContact
            ,"2020-01-06"
            ,"1391234"
            ,"山中相送"
            ,"测试用户");
      sqLiteDatabase.execSQL(strInsert);
      //录入下一条短消息，代码略
   }

   //必须实现的方法
   @Override
   public void onUpgrade(SQLiteDatabase sqLiteDatabase, int i, int i1) {
   }
```

```
    //录入短消息
    public void insert(Sms sms) {
        SQLiteDatabase sqlDB = this.getWritableDatabase();
        ContentValues values = new ContentValues();
        values.put(Sms.FieldSmsDate, sms.smsDate);
        values.put(Sms.FieldSmsPhone, sms.smsPhone);
        values.put(Sms.FieldSmsContent, sms.smsContent);
        values.put(Sms.FieldSmsContact, sms.smsContact);
        sqlDB.insert(Sms.TableSms, Sms.FieldSmsId, values);
    }

    //删除指定短消息
     public void delete(Sms sms) {
         SQLiteDatabase sqlDB = this.getWritableDatabase();
         String whereClause = String.format("%s=?", Sms.FieldSmsId);
         String[] whereArgs = {String.valueOf(_id)};
         sqlDB.delete(Sms.TableSms, whereClause, whereArgs);
     }

//查询短消息，根据条件模糊查找
public Cursor query(Smssms) {
    SQLiteDatabasesqlDB = this.getReadableDatabase();
    String whereClause = String.format("%s like ? and %s like ?"
                                , Sms.FieldSmsDate, Sms.FieldSmsPhone);
    String[] whereArgs = {"%"+sms.smsDate+"%", "%"+sms.smsPhone+"%"};
    Cursor cursor = sqlDB.query(Sms.TableSms, null, whereClause
                                , whereArgs, null, null, null);
    return cursor;
}
```

（2）短消息列表 Activity（MainActivity）

1）设计短消息项目主页面，代码如下。

```
     <LinearLayout
        android:layout_width="match_parent"
        android:layout_height="wrap_content">
        <TextView
            android:layout_width="wrap_content"
            android:layout_height="wrap_content"
            android:layout_weight="1"
            android:text="日期："/>
        <EditText
            android:layout_width="wrap_content"
            android:layout_height="wrap_content"
            android:layout_weight="1"
            android:id="@+id/etDate"/>
    </LinearLayout>
    <LinearLayout
        android:layout_width="match_parent"
        android:layout_height="wrap_content">
```

```
        <TextView
            android:layout_width="wrap_content"
            android:layout_height="wrap_content"
            android:layout_weight="1"
            android:text="电话: "/>
        <EditText
            android:layout_width="wrap_content"
            android:layout_height="wrap_content"
            android:layout_weight="1"
            android:id="@+id/etPhone"/>
    </LinearLayout>
    <Button
        android:id="@+id/btnSearch"
        android:layout_width="match_parent"
        android:layout_height="wrap_content"
        android:text="查询" />
    <ListView
        android:id="@+id/lstSms"
        android:layout_width="match_parent"
        android:layout_height="wrap_content"/>
```

2）根据项目需求，ListView 控件一行要显示两个数据，因此需要编写布局文件，添加布局文件 smslistlayout.xml，编写代码如下。

```
<TextView
    android:id="@+id/tvDate"
    android:layout_width="wrap_content"
    android:layout_height="wrap_content"
    android:layout_weight="1" />

<TextView
    android:id="@+id/tvPhone"
    android:layout_width="wrap_content"
    android:layout_height="wrap_content"
    android:layout_gravity="left"
    android:layout_weight="1" />
```

3）修改 MainActivity 类代码，实现程序功能。

```
import android.content.Intent;
import android.database.Cursor;
import androidx.appcompat.app.AppCompatActivity;
import android.os.Bundle;
import android.view.View;
import android.widget.AdapterView;
import android.widget.Button;
import android.widget.CursorAdapter;
import android.widget.EditText;
import android.widget.ListView;
import androidx.cursoradapter.widget.SimpleCursorAdapter;

public class MainActivity extends AppCompatActivity {
```

```
    ListView lstSms;
    MySQLHelper mySQLHelper;
    Cursor cursor;
    EditText etDate, etPhone;
    SimpleCursorAdapter adapter;
    Sms sms=new Sms(" "," ");
    @Override
    protected void onCreate(Bundle savedInstanceState) {
        super.onCreate(savedInstanceState);
        setContentView(R.layout.activity_main);
        lstSms = (ListView) this.findViewById(R.id.lstSms);
        etDate = (EditText) this.findViewById(R.id.etDate);
        etPhone = (EditText) this.findViewById(R.id.etPhone);
        //初始化数据库访问对象
        mySQLHelper = new MySQLHelper(this, "sms.db", null, 1);
        //查询所有短消息
        cursor = mySQLHelper.query(sms);
        display();

        //短消息列表ListView单击事件，单击打开详情页面
        lstSms.setOnItemClickListener(new AdapterView.OnItemClickListener() {
            @Override
            public void onItemClick(AdapterView<?> adapterView, View view
                                    , int i, long l) {
                //移动游标到当前单击记录
                cursor.moveToPosition(i);
                //获取记录值并存放到Sms类型变量中
                Sms sms = new Sms(cursor.getInt(0),
                        cursor.getString(1).toString(),
                        cursor.getString(2).toString(),
                        cursor.getString(3).toString(),
                        cursor.getString(4).toString());
                //跳转到短消息查看页面
                Intent it = new Intent(MainActivity.this
                                    , SmsDetailActivity.class);
                it.putExtra("sms", sms);
                startActivity(it);
            }
        });
        Button btnSearch = (Button) this.findViewById(R.id.btnSearch);
        btnSearch.setOnClickListener(new View.OnClickListener() {
            @Override
            public void onClick(View view) {
                //按条件查找短消息，初始化查找条件
                Sms sms = new Sms(etDate.getText().toString()
                                , etPhone.getText().toString());
                cursor = mySQLHelper.query(sms);
                display();
            }
```

```
        });
    }

    //绑定 ListView 控件
    private void display() {
        //生成短消息记录适配器
        adapter = new SimpleCursorAdapter(this,
                R.layout.smslistlayout,
                cursor,
                new String[]{Sms.FieldSmsDate, Sms.FieldSmsPhone},
                new int[]{R.id.tvDate, R.id.tvPhone},
                CursorAdapter.FLAG_REGISTER_CONTENT_OBSERVER);
        lstSms.setAdapter(adapter);
    }
}
```

（3）短消息详情

1）添加短消息详情 Activity（SmsDetailActivity），编写页面代码如下。

```
<TextView
    android:id="@+id/tvDate"
    android:layout_width="wrap_content"
    android:layout_height="wrap_content" />
<TextView
    android:id="@+id/tvContact"
    android:layout_width="wrap_content"
    android:layout_height="wrap_content"
    android:text="未知用户"/>
<TextView
    android:id="@+id/tvPhone"
    android:layout_width="wrap_content"
    android:layout_height="wrap_content" />
<TextView
    android:id="@+id/tvContent"
    android:layout_width="wrap_content"
    android:layout_height="wrap_content" />
<Button
    android:layout_width="match_parent"
    android:layout_height="wrap_content"
    android:id="@+id/btnDelete"
    android:text="删除"/>
```

2）修改 SmsDetailActivity 类代码，实现程序功能。

```
import android.content.DialogInterface;
import android.content.Intent;
import androidx.appcompat.app.AlertDialog;
import androidx.appcompat.app.AppCompatActivity;
import android.os.Bundle;
import android.view.View;
import android.widget.Button;
import android.widget.TextView;
```

```
public class SmsDetailActivity extends AppCompatActivity {
    TextView tvDate, tvPhone, tvContact, tvContent;

    @Override
    protected void onCreate(Bundle savedInstanceState) {
        super.onCreate(savedInstanceState);
        setContentView(R.layout.activity_sms_detail);
        //定义变量
        tvDate = (TextView) this.findViewById(R.id.tvDate);
        tvPhone = (TextView) this.findViewById(R.id.tvPhone);
        tvContact = (TextView) this.findViewById(R.id.tvContact);
        tvContent = (TextView) this.findViewById(R.id.tvContent);
        //获取传过来的短消息
        Intent it = getIntent();
        Sms sms = (Sms) it.getSerializableExtra("sms");
        //获取短消息记录_id
        //将短消息详情显示到页面上
        tvDate.setText(sms.smsDate);
        tvPhone.setText(sms.smsPhone);
        tvContact.setText(sms.smsContact);
        tvContent.setText(sms.smsContent);
        Button btnDelete = (Button) this.findViewById(R.id.btnDelete);
        btnDelete.setOnClickListener(new View.OnClickListener() {
            @Override
            public void onClick(View view) {
                //定义对话框
                AlertDialog.Builder builder = new AlertDialog.Builder
                                        (SmsDetailActivity.this);
                builder.setMessage("确认删除短消息").setTitle("删除短消息");
                //确认按钮，确认删除的操作
                builder.setPositiveButton("确认", new DialogInterface.
                                        OnClickListener() {
                    public void onClick(DialogInterface dialog, int id) {
                        //删除一条记录
                        MySQLHelper mySQLHelper = new MySQLHelper
                                (SmsDetailActivity.this,
                                "sms.db",
                                Null,
                                1);
                        mySQLHelper.deletesms;
                        //删除完毕返回主页面
                        Intent it = new Intent(SmsDetailActivity.this,
                                          MainActivity.class);
                        startActivity(it);
                    }
                });
                //放弃按钮，放弃删除的操作
```

```
                builder.setNegativeButton("放弃",
                                new DialogInterface.OnClickListener() {
                    public void onClick(DialogInterface dialog, int id) {
                    }
                });
                AlertDialog dialog = builder.create();
                dialog.show();
            }
        });
    }
}
```

（4）广播接收器

1）定义广播接收器类 SmsReceiver，代码如下。

```
import android.content.BroadcastReceiver;
import android.content.Context;
import android.content.Intent;
import android.os.Bundle;
import android.telephony.SmsMessage;
import java.text.SimpleDateFormat;
import java.util.Date;

public class SmsReceiver extends BroadcastReceiver {
    //定义日期格式
    private final static SimpleDateFormat df = new SimpleDateFormat
                                                    ("yyyy-MM-dd");

    @Override
    public void onReceive(Context context, Intent intent) {
        MySQLHelper mySQLHelper = new MySQLHelper(context, "sms.db", null, 1);
        //获取短消息类
        Bundle bundle = intent.getExtras();
        Object[] pdus = (Object[]) bundle.get("pdus");
        SmsMessage[] msgs = new SmsMessage[pdus.length];
        for (int i = 0; i < pdus.length; i++) {
            msgs[i] = SmsMessage.createFromPdu((byte[]) pdus[i]);
        }
        //获取短消息电话号码
        String phone = msgs[0].getOriginatingAddress();
        //获取短消息内容
        String content = "";
        for (SmsMessage msg : msgs) {
            content += msg.getMessageBody();
        }
        //读取系统时间
        String date = df.format(new Date());
        //设置短消息发送人的默认姓名为未知用户
```

```
            String contact="未知用户";
            //录入数据
            Sms sms = new Sms(date, phone, content,contact);
            mySQLHelper.insert(sms);
            abortBroadcast();
        }
    }
```

2）注册广播接收器

```
<!-- 注册写好的短信广播接收器，优先级 priority 设为最高级别，取值为 2147483647 -->
<receiver android:name=".SmsReceiver">
    <intent-filter android:priority="2147483647">
        <action android:name="android.provider.Telephony.SMS_RECEIVED" />
    </intent-filter>
</receiver>
```

3）注册短消息接收权限

```
<uses-permission android:name="android.permission.RECEIVE_SMS" />
```

7.4.2　测试运行

1）测试短消息列表信息，向应用程序发送短消息，查看接收和显示是否正确。

2）测试短消息查找功能，输入日期和电话号码进行查找，查看查找结果是否正确；只输入日期或电话号码进行查找，查看查找结果是否正确；什么也不输入进行查找，查看查找结果是否正确。

3）测试短消息详情信息，在短消息列表上单击，查看打开的短消息是否正确。

4）测试短消息删除功能，单击“删除”按钮，查看短消息删除是否有保护操作，是否能正确删除。

7.4.3　项目总结

数据库访问技术是信息管理系统设计的一个重点和难点，Android 应用程序开发也不例外，在数据库访问中，查询操作又是难点中的难点，本项目对第 6 章介绍的数据库访问的知识进行了升华，实现了较为完备的查询功能。复习了第 3 章中介绍的 Intent 知识，对本章 BroadcastReceiver 类进行了应用，实现了 Android 开发的一个典型应用。

1）查询操作是数据库访问中的难点和重点，使用 SQLiteDatabase 类的专用操作方法实现了短消息的模糊查询。

2）SmsMessage 类能够方便地处理接收到的短消息。

3）用 BroadcastReceiver 类的 onReceive()方法接收广播信息并处理。

4）在应用程序的配置文件中静态注册广播。

运行注意：本项目运行前请先用例 7-2 测试确认虚拟手机能够正确接收短消息广播信息。

7.5 产品信息收集项目改进设计

7.5.1 项目需求

在本章开始完成的项目中，保存的短消息中并没有联系人的名字，短消息查询需要根据电话号码进行查找，使用起来不够方便。本项目使用系统提供的通讯录对项目进行改进，改进后的程序页面设计如图 7-6、图 7-7 所示，它具有了通过联系人名字查找短消息的功能和在短消息中显示联系人姓名的功能，程序更为友好。

图 7-6　查询页面

图 7-7　短消息详情页面

7.5.2 技术分析

本项目是对产品信息收集项目的改进，以期使查看到的用户反馈信息更加友好，主要使用 ContentResolver 类通过电话号码获取更多用户信息。

7.6 ContentProvider 和 ContentResolver

与一般的数据库操作不同，Android 系统的数据库是一种进程中的数据库，直接创建在应用程序包下面，是一个私有的数据库。因此，Android 中没有数据库客户端，也不存在数据库服务器，一个应用程序无权读取非自己应用程序中的数据，应用程序间无法通过数据库实现数据共享。为了解决这一问题，Android 提供了 ContentProvider（内容提供者）和 ContentResolver（内容解析者）实现不同应用程序间的数据共享。

7.6.1 ContentProvider

ContentProvider 类提供了一些数据访问的方法原型，通过重写这些方法能够提供数据的共享访问。ContentProvider 类需要实现的方法如表 7-4 所示。

表 7-4 ContentProvider 类需要实现的方法

方法名	说明
query()	Cursor query(Uri uri, String[ ] columns, String selection, String[ ] selectionArgs,String sortOrder)，查询函数，查询 uri 指定的资源，返回一个 Cursor 类型的数据。 ● uri：查询的资源名称 ● columns：要返回的数据字段集合，取值为 null 表示返回所有字段 ● Selection：查询的条件 ● selectionArgs：查询的参数 ● sortOrder：查询结果的排序字段
insert()	Uri insert(Uri uri, ContentValues values)，将一组数据插入到 uri 指定的位置，返回新录入资源的 URI。 ● uri：资源的位置 ● values：待录入的数据
update()	int update(Uri uri, ContentValues values, String where, String[ ] selectionArgs)，更新 uri 指定位置的数据，返回所影响的行数。 ● uri：资源的位置 ● values：用于更新的数据 ● where：更新的条件 ● selectionArgs：更新条件的参数
delete()	int delete(Uri uri, String where, String[ ] selectionArgs)，删除 uri 中符合指定条件的数据，返回所影响的行数。 ● uri：资源的位置 ● where：删除的条件 ● selectionArgs：删除条件的参数

URI 由 3 个部分组成，“content://”头、数据的路径和可选的标识数据的 ID。常见 URI 示例如下。

1）content://media/internal/images：返回设备上存储的所有图片。

2）content://contacts/people/：返回设备上的所有联系人信息。

3）content://contacts/people/45：返回联系人信息中 ID 为 45 的联系人记录。

这种查询字符串的格式不容易记忆，看起来也有点令人迷惑，因此 Android 提供了一系列的帮助类，以类变量的形式给出查询字符串，如上面 URI 对应的变量如下。

1）MediaStore.Images.Media.INTERNAL_CONTENT_URI。

2）Contacts.People.CONTENT_URI。

3）content://contacts/people/45 这个 URI 可以写成如下形式。

```
Uri person = ContentUris.withAppendedId(People.CONTENT_URI, 45)
```

7.6.2 ContentResolver

应用程序通过 ContentResolver 接口可以访问 ContentProvider 类提供的数据，但一般不使用该接口直接实例化对象，而是通过调用 Activity 类的 getContentResolver()方法获取一个 ContentResolver 接口实例，以下代码生成一个 ContentResolver 实例对象 cr。

```
ContentResolver cr =getContentResolver();
```

利用 ContentResolver 实例，使用 ContentProvider 类提供的方法就可以进行数据查询，如使用前面 cr 实例查询手机通讯录的代码如下。

```
Cursor cursor = cr.query(ContactsContract.Contacts.CONTENT_URI,
        null,
```

```
            null,
            null,
            null);
```

该查询返回一个包含所有数据字段的游标，通过这个游标可以获取所需要的数据。

【例 7-5】 设计一个程序，使用 ContentResolver 接口查询手机通讯录并显示。

① 创建应用程序，在布局页面中添加一个 id 为 tvContact 的 TextView 控件，在 MainActivity 类的 onCreate()方法中编写代码如下。

```
    @Override
    protected void onCreate(Bundle savedInstanceState) {
        super.onCreate(savedInstanceState);
        setContentView(R.layout.activity_main);
        TextView tvContact = (TextView) this.findViewById(R.id.tvContact);
        // 取得内置的内容提供者 ContactsContract.Contacts.CONTENT_URI（联系人）
        ContentResolver cr = getContentResolver();
        Cursor cursor = cr.query(ContactsContract.Contacts.CONTENT_URI,
                null,
                null,
                null,
                null);
        //定义存放通讯录的变量
        String allContact = "";
        //从返回的游标中取得联系人信息
        while (cursor.moveToNext()) {
            //获取联系人的名字索引
            int nameIndex = cursor.getColumnIndex(
                                ContactsContract.PhoneLookup.DISPLAY_NAME);
            String contact = cursor.getString(nameIndex);
            allContact += (contact + ": ");
            //获取联系人的 ID 索引值
            String contactId = cursor.getString(cursor.getColumnIndex
                                    (ContactsContract.Contacts._ID));
            // 查询该位联系人的电话号码，类似的，也可以查询电子邮件和照片
            // 每位联系人的电话号码也是一个光标，因为一个人可能有多个号码
            Cursor phone = cr.query(ContactsContract.CommonDataKinds.Phone.
                                CONTENT_URI,
                    null,
                    ContactsContract.CommonDataKinds.Phone.CONTACT_ID + " = " +
                                                          contacted,
                    null,
                    null);
            // 一个联系人的多个电话号码
            while (phone.moveToNext()) {
                String strPhoneNumber = phone.getString(
                    phone.getColumnIndex(ContactsContract.CommonDataKinds.
                                    Phone.NUMBER));
                allContact += (strPhoneNumber + "; ");
            }
            allContact += "\r\n";
```

```
            phone.close();
        }
        cursor.close();
        tvContact.setText(allContact.toString());
    }
```

② 在配置文件中注册读取手机通讯录的权限。

```
<uses-permission android:name="android.permission.READ_CONTACTS" />
```

ContentResolver 实例利用 ContentProvider 类提供的方法录入、更新、删除共享数据的操作方法与数据库对应操作方法相同，这里不再举例，感兴趣的读者可以参考帮助文档完成。

7.7 产品信息收集项目改进实施

7.7.1 编码实现

（1）数据访问模块

1）根据项目需求设计通讯录表，如表 7-5 所示。

表 7-5 通讯录表（tblContact）

字 段 名	数 据 类 型	含 义	说 明
contactPhone	TEXT	联系人电话号码	不允许为空
contactName	TEXT	联系人姓名	不允许为空

2）采用分层开发模式，编写通讯录表模型类 MyContact，代码如下。

```
import java.io.Serializable;
public class MyContact implements Serializable {
    /*为了方便调用，该类提供了两种构造方法*/
    //定义数据表字段变量
    public String contactPhone="",contactName="";

    //定义数据表字段常量
    static String FieldContactPhone = "contactPhone";
    static String FieldContactName = "contactName";
    static String TableContact = "tblContact";

    public MyContact(){
        super();
    }

    public MyContact(String name, String phone) {
        super();
        this.contactName = name;
```

```
            this.contactPhone = phone;
        }
    }
```

3）修改 MySQLHelper 类，增加通讯录表操作的代码。在 onCreate()方法中添加创建项目通讯录表的代码如下。

```
        public void onCreate(SQLiteDatabase sqLiteDatabase) {
            //创建项目通讯录表
            String str = String.format("CREATE TABLE %s(%s text NOT NULL"
                                        +",%s text NOT NULL)",
             MyContact.TableContact,
             MyContact.FieldContactName,
             MyContact.FieldContactPhone);
             sqLiteDatabase.execSQL(str);
        }
```

4）在 MySQLHelper 类中添加 4 个通讯录操作函数，代码如下。

```
        //录入通讯录
        public void insertMyContact(MyContact mycontact) {
            SQLiteDatabase sqlDB = this.getWritableDatabase();
            ContentValues values = new ContentValues();
            values.put(MyContact.FieldContactName, mycontact.contactName);
            values.put(MyContact.FieldContactPhone, mycontact.contactPhone);
            sqlDB.insert(MyContact.TableContact, null, values);
        }

        //查询通讯录
        public Cursor queryContact(MyContact mycontact) {
            SQLiteDatabase sqlDB = this.getReadableDatabase();
            String whereClause = String.format("%s=? and %s=?",
                    MyContact.FieldContactName,
                    MyContact.FieldContactPhone);
            String[] whereArgs = {mycontact.contactName, mycontact.contactPhone};
            Cursor cursor = sqlDB.query(MyContact.TableContact,
                    null,
                    whereClause,
                    whereArgs,
                    null,
                    null,
                    null);
            return cursor;
        }

        //查询通讯录，通过电话号码查找姓名
        public String queryContactName(String phone) {
            String str = "";
            SQLiteDatabase sqlDB = this.getReadableDatabase();
            String whereClause = String.format("%s=?", MyContact.FieldContactPhone);
            String[] whereArgs = {phone};
```

```
        Cursor cursor = sqlDB.query(MyContact.TableContact,
                null,
                whereClause,
                whereArgs,
                null,
                null,
                null);
        if (cursor.moveToNext())
            str = cursor.getString(0);
        return str;
    }
    //查询通讯录，通过姓名查找电话号码
    public String queryContactPhone(String name) {
        String str = "";
        SQLiteDatabase sqlDB = this.getReadableDatabase();
        String whereClause = String.format("%s=?", MyContact.FieldContactName);
        String[] whereArgs = {name};
        Cursor cursor = sqlDB.query(MyContact.TableContact,
                null,
                whereClause,
                whereArgs,
                null,
                null,
                null);
        if (cursor.moveToNext())
            str = cursor.getString(1);
        return str;
    }
```

（2）短信列表 Activity（MainActivity）修改

1）修改页面代码，将按电话号码查找改为按联系人姓名查找，将布局页面中的电话号码改为姓名。

```
    <LinearLayout
        android:layout_width="match_parent"
        android:layout_height="wrap_content">
        <TextView
            android:layout_width="wrap_content"
            android:layout_height="wrap_content"
            android:layout_weight="1"
            android:text="姓名："/>
        <EditText
            android:layout_width="wrap_content"
            android:layout_height="wrap_content"
            android:layout_weight="1"
            android:id="@+id/etContact"/>
    </LinearLayout>
```

2）修改 MainActivity 类代码，增加通讯录操作的内容，鉴于修改较多，给出修改后的完整代码如下。

```
    import android.content.ContentResolver;
```

```
import android.content.Intent;
import android.database.Cursor;
import android.provider.ContactsContract;
import androidx.appcompat.app.AppCompatActivity;
import android.os.Bundle;
import android.view.View;
import android.widget.AdapterView;
import android.widget.Button;
import android.widget.EditText;
import android.widget.ListView;
import androidx.cursoradapter.widget.SimpleCursorAdapter;
import android.widget.Toast;

public class MainActivity extends AppCompatActivity {
    ListView lstSms;
    MySQLHelper mySQLHelper;
    Cursor cursor;
    EditText etDate, etContact;
    String strPhone = "";
    Sms sms=new Sms(" "," ");
    @Override
    protected void onCreate(Bundle savedInstanceState) {
        super.onCreate(savedInstanceState);
        setContentView(R.layout.activity_main);
        lstSms = (ListView) this.findViewById(R.id.lstSms);
        etDate = (EditText) this.findViewById(R.id.etDate);
        etContact = (EditText) this.findViewById(R.id.etContact);
        //初始化数据库访问对象
        mySQLHelper = new MySQLHelper(this, "sms.db", null, 1);
        //查询所有短消息
        cursor = mySQLHelper.query(sms);
        display();
        //根据手机通讯录更新项目通讯录
        writeownContact();
        //短消息列表 ListView 单击事件,单击打开详情页面
        lstSms.setOnItemClickListener(new
                         AdapterView.OnItemClickListener() {
            @Override
            public void onItemClick(AdapterView<?> adapterView, View view
                         , int i, long l) {
                //移动游标到当前单击记录
                cursor.moveToPosition(i);
                //获取记录值并存放到 Sms 类型变量中
                Sms sms = new Sms(cursor.getInt(0),
                        cursor.getString(1).toString(),
                        cursor.getString(2).toString(),
                        cursor.getString(3).toString(),
                        cursor.getString(4).toString());
                //跳转到短消息查看页面
                Intent it = new Intent(MainActivity.this, SmsDetailActivity.class);
                it.putExtra("sms", sms);
                startActivity(it);
            }
```

```
        });

        Button btnSearch = (Button) this.findViewById(R.id.btnSearch);
        btnSearch.setOnClickListener(new View.OnClickListener() {
            @Override
            public void onClick(View view) {
                strPhone = mySQLHelper.queryContactPhone(
                                        etContact.getText().toString());
                //去除电话号码中的空格
                strPhone = strPhone.replace(" ", "");
                //按条件查找短消息，初始化查找条件
                sms = new Sms(etDate.getText().toString(), strPhone);
                cursor = mySQLHelper.query(sms);
                display();
            }
        });
    }

    //绑定ListView控件
    private void display() {
        //生成短消息记录适配器
        final SimpleCursorAdapter adapter = new SimpleCursorAdapter(this,
                R.layout.smslistlayout,
                cursor,
                new String[]{Sms.FieldSmsDate, Sms.FieldSmsPhone},
                new int[]{R.id.tvDate, R.id.tvPhone});
        lstSms.setAdapter(adapter);
    }
    //根据手机通讯录更新项目通讯录
    private void writeownContact() {
        MyContact mycontact = new MyContact();
        //获取内置的内容提供者ContactsContract.Contacts.CONTENT_URI（联系人）
        ContentResolver cr = getContentResolver();
        //局部变量cursor，仅用于函数内部，查询手机通讯录之用，与项目cursor无关
        Cursor cursor = cr.query(ContactsContract.Contacts.CONTENT_URI,
                null,
                null,
                null,
                null);
        // 从返回的游标中取得联系人信息
        while (cursor.moveToNext()) {
            // 取得联系人的名字索引
            int nameIndex = cursor.getColumnIndex(ContactsContract.
                                        PhoneLookup.DISPLAY_NAME);
            //取得联系人姓名
            mycontact.contactName = cursor.getString(nameIndex);
            // 取得联系人的ID索引值
            String contactId = cursor.getString(cursor.getColumnIndex
                                    (ContactsContract.Contacts._ID));
            // 查询该位联系人的电话号码，类似的，也可以查询电子邮件和照片
            // 每位联系人的电话号码也是一个光标，因为一个人可能有多个号码
            Cursor mobilephone = cr.query(ContactsContract.CommonDataKinds.
```

```
                                    Phone.CONTENT_URI,
                    null,
                    ContactsContract.CommonDataKinds.Phone.CONTACT_ID
                                    + " = " + contactId,
                    null,
                    null);
            // 如果一个联系人有多个电话号码，遍历之
            while (mobilephone.moveToNext()) {
                String strPhoneNumber = mobilephone.getString(mobilephone.
                    getColumnIndex(ContactsContract.CommonDataKinds.Phone.
                            NUMBER));
                strPhoneNumber = strPhoneNumber.replaceAll("-", "");
                //替换掉空格和减号
                strPhoneNumber = strPhoneNumber.replaceAll(" ", "");
                mycontact.contactPhone = strPhoneNumber;
                //确认是新的联系人，更新到项目通讯录中
                if (mySQLHelper.queryContact(mycontact).getCount() == 0)
                    mySQLHelper.insertMyContact(mycontact);
            }
            mobilephone.close();
        }
        cursor.close();
    }
}
```

（3）广播接收器

1）修改广播接收器代码，增加短消息发送人姓名确认的代码如下。

```
    //设置短消息发送人的默认姓名为未知用户
    String contact="未知用户";
    //获取用户名
    //为了确保电话号码的一致性，清除了电话号码中的格式字符
    phone = phone.replace(" ", "");
    phone = phone.replace("+", "");
    if(mySQLHelper.queryContactName(phone).length()!=0)
        contact=mySQLHelper.queryContactName(phone);
```

2）在配置文件中注册访问手机通讯录的权限。

```
    <uses-permission android:name="android.permission.READ_CONTACTS" />
```

本项目是本章产品信息收集项目的完善，短消息详情页面不需要修改。本项目涉及的读取手机通讯录内容较为复杂，可以根据需要选择学习。

7.7.2 测试运行

1）测试短消息查找功能，输入日期和联系人姓名进行查找，查看查找结果是否正确；只输入日期或联系人姓名进行查找，查看查找结果是否正确；什么也不输入进行查找，查看查找结果是否正确。

2）测试短消息详情信息，查看联系人姓名显示是否正确。

7.7.3 项目总结

使用 ContentResolver 能够获取手机通讯录，使应用程序的人机交互更为友好，践行了用户至上、精益求精的工匠精神。

运行注意：建议用 telnet 命令模式发送短消息，确保发送短信的手机号码与通讯录中的手机号码一致。

7.8 实验 7

1．修改程序，使项目的所有查询由精确查询改为模糊查询。

2．为应用程序添加菜单，实现短消息列表和短消息详情之间的菜单切换。

7.9 习题 7

1．简述广播的类型。

2．写出动态注册广播地址的代码。

3．列举 5 个常用的广播地址。

4．简述 ContentProvider 和 ContentResolver 的作用。

5．列举 5 个常用的 ContentProvider 的 URI 变量。

7.10 知识拓展——intent-filter 配置节

应用程序在 AndroidManifest.xml 文件中通过配置 intent-filter 信息确定可以接收的隐式 Intent，具体发送和接收工作流程如下。

1）发送方发送隐式 Intent。

2）发送方根据接收方应用程序配置文件 AndroidManifest.xml 中的 intent-filter 配置节内容寻找符合接收条件的接收方。

3）将符合接收条件的组件作为隐式 Intent 的目标组件。若只有一个组件满足接收条件，则直接启动；若同时有多个组件满足接收条件，则系统弹出一个对话框由用户决定启动哪个组件。

4）完成数据的发送和接收。

intent-filter 配置节包含 action、data、category 三个属性。

- action：表示某个特定动作的一个字符串，可以自定义，也可以使用系统默认字符串，如字符串“android.intent.action.MAIN”表示 Android 应用程序入口，可以定义多个 action。
- category：指定目标组件需要额外满足条件的一个字符串，如取值为“android.intent.

category.LAUNCHER”，表明应用在程序列表里显示。

- data：指定待操作数据的 URI，如果没有数据，可以不设置，最多只能设置一个。

具有以下 intent-filter 配置的组件可以被三种隐式 Intent 作为目标组件。

```
<activity  android:name=" com.example.liu.My Activity">
    <intent-filter>
        <action android:name=" com.example.liu.SEND_EMAIL"/>
        <action android:name=" com.example.liu.SEND_MESSAGE"/>
        <action android:name=" android.intent.action.CALL"/>
        <category android:name=" com.example.liu.DEFAULT" />
    </intent-filter>
</activity>
```

一个没有声明 intent-filter 配置节的组件，只能响应指定自己名字的显式 Intent 请求，无法响应隐式 Intent 请求。

【例 7-6】 编写代码，演示隐式 Intent 的发送和 intent-filter 的匹配接收。在图 7-8 第一个 Activity 的“隐式启动”按钮上单击，自动打开图 7-9 所示的第二个 Activity。

① 创建应用程序，在 MainActivity 页面添加一个发送隐式 Intent 的“隐式启动”按钮。

② 添加第二个 Activity（Main2Activity），在页面中用静态文本显示“这是第二个页面”的提示信息。

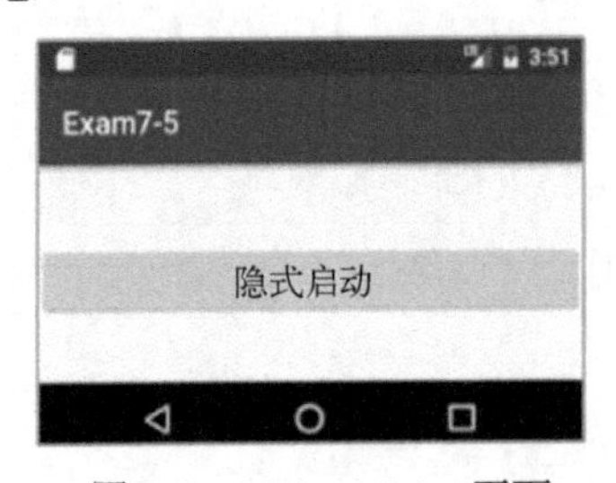

图 7-8　MainActivity 页面

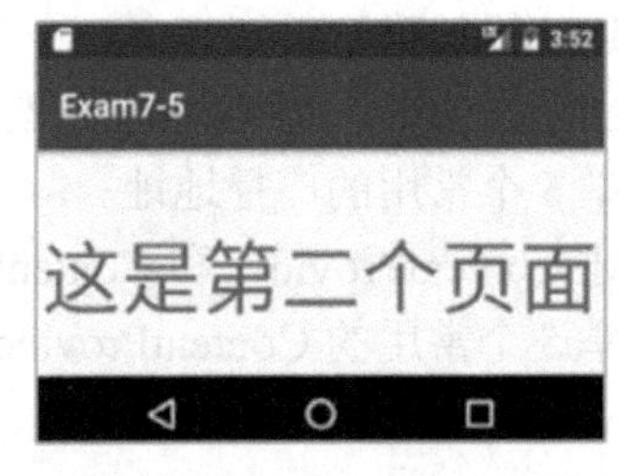

图 7-9　Main2Activity 页面

③ 修改 MainActivity 类按钮单击事件的代码如下。

```
public class MainActivity extends AppCompatActivity {
    @Override
    protected void onCreate(Bundle savedInstanceState) {
        super.onCreate(savedInstanceState);
        setContentView(R.layout.activity_main);
        Button btnStart=(Button)findViewById(R.id.btnStart);
        btnStart.setOnClickListener(new View.OnClickListener() {
            @Override
            public void onClick(View view) {
                Intent intent =new Intent("com.example.liu.ACTION_START");
                 //发送隐式 Intent
                startActivity(intent);
            }
        });
    }
}
```

④ 在 AndroidManifest.xml 文件中修改第二个 Activity（Main2Activity）的配置代码，使

其能够接收第一个 Activity 发送的隐式 Intent。

```
<activity android:name=".Main2Activity">
    <intent-filter>
        <action android:name="com.example.liu.ACTION_START" />
        <category android:name="android.intent.category.DEFAULT" />
    </intent-filter>
</activity>
```

本例中第一个 Activity 的按钮单击事件发送了一个隐式 Intent，第二个 Activity 的 intent-filter 配置节匹配了该隐式 Intent 的请求，所以被隐式 Intent 启动打开。这里使用的是自定义动作字符串“com.example.liu.ACTION_START”，动作字符串一般以一个有意义的包名方式来定义。

7.11 随堂测试 7

1．以下哪句代码能够在 AndroidManifest.xml 文件中正确注册广播接收器？（　　）

A．<action android:name="android.provider.action.NewBroad"/>

B．<category android:name="android.provider.action.NewBroad"/>

C．<receiver android:name="android.provider.action.NewBroad"/>

D．<category android:name="android.provider.action.NewBroad"/>

2．以下关于广播接收器的说法哪个不正确？（　　）

A．是用来接收广播 Intent 的

B．一个广播只能被一个订阅了此广播的 BroadcastReceiver 所接收

C．对于有序广播，系统会根据接收者声明的优先级按顺序逐个执行接收者

D．优先级在<intent-filter>的“android:priority”属性中声明，数值越大，优先级越高

3．以下哪个不属于 Android 体系结构中的应用程序层？（　　）

A．电话簿　　B．日历　　C．SQLite　　D．SMS 程序

4．以下关于隐式 Intent 的描述哪个正确？（　　）

A．Android 中使用 Intent-Filter 来寻找与隐式 Intent 相关的对象

B．通过组件的名称来寻找与 Intent 相关联的对象

C．隐式 Intent 更多用于在应用程序内部传递消息

D．一个声明了 Intent-Filter 的组件只能响应隐式 Intent 请求

5．内容提供者的________方法可以用于查询共享数据。

第8章 Service与媒体播放

本章首先介绍媒体播放类 MediaPlayer、VideoView 和 MediaController，然后介绍 Service 类、启动服务、服务的状态和生命周期，最后基于媒体播放类和服务实现一个产品介绍播放项目。

8.1 产品介绍播放项目设计

8.1.1 项目需求

设计一个产品介绍播放的项目，播放产品介绍的音频，页面设计参考图 8-1。该程序具有以下功能。

1）产品列表：读取音频资源中的所有产品介绍文件组成产品列表，并用 ListView 控件呈现。

2）播放列表及其维护：单击产品列表中的某一个产品将其添加到播放列表中，单击播放列表中的某一个产品将其从播放列表中清除。

3）产品介绍循环播放：长按产品列表中的某一个产品可以进入播放模式，从被长按产品的位置开始循环播放产品列表中的所有文件。

4）播放列表：单击“START”按钮，从头开始循环播放播放列表中的所有文件；单击“STOP”按钮，则停止播放。

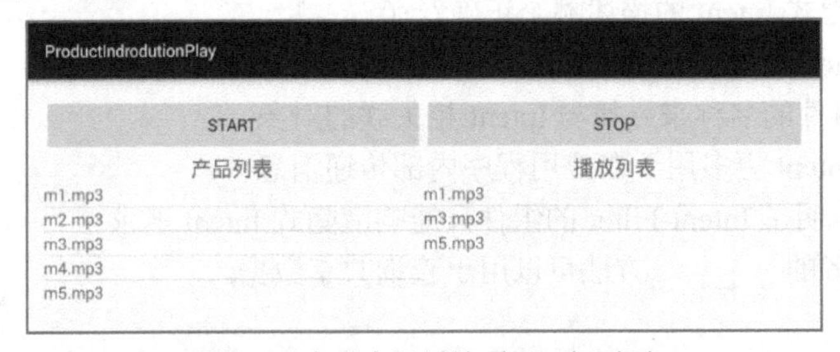

图 8-1　产品介绍播放项目运行页面

8.1.2 技术分析

1）使用 Service 类用后台播放模式播放音频文件。

2）使用媒体播放类 MediaPlayer 单个或循环播放音频文件。

3）产品列表和播放列表基于 SimpleAdapter 适配器，并用 ListView 控件显示和维护。

产品介绍播放项目涉及知识点如图 8-2 所示。

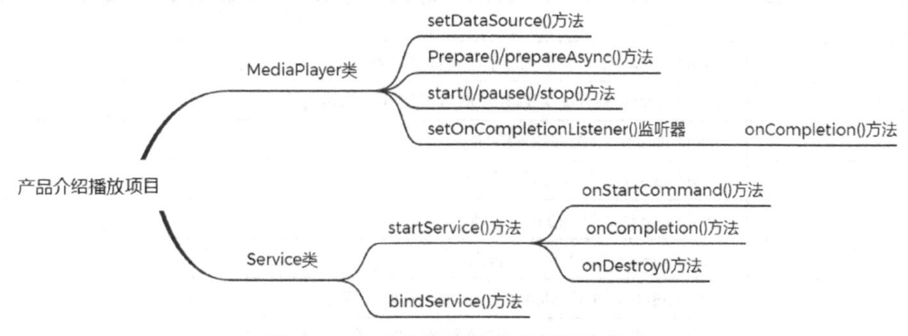

图 8-2　产品介绍播放项目涉及知识点

【项目知识点】

8.2 媒体播放类

Android 的多媒体框架支持各种常见的媒体类型，包括图片（PNG、GIF、JPG、BMP）、音频（MP3、MP4、M4A、MID）、视频（MP4、3GP、MXF）等。本书第 2 章介绍了图片控件（ImageView）的用法，本节将介绍使用 MediaPlayer 类播放音频和使用 VideoView 类播放视频的内容。播放的文件资源可以存放在不同的位置，主要包括以下资源。

1）本地资源，一般为项目中的资源。

2）内部 URI，一般为 SD 卡中的资源。

3）外部 URI，一般为从互联网的流服务器中获得的资源。

8.2.1 音频播放

音频一般用 MediaPlayer 类播放，MediaPlayer 类的常用方法如表 8-1 所示。

表 8-1　MediaPlayer 类的常用方法

方 法 名	说　明
MediaPlayer()	无参构造函数，用于实例化 MediaPlayer 类对象
create()	静态类方法，初始化 MediaPlayer 的工作，有两种常用重载。 ● static MediaPlayer create(Context context,int resid)：参数 resid 是本地资源 Id，由 resid 指定的资源创建一个 MediaPlayer 实例 ● static MediaPlayer create(Context context,Uri uri)：参数 uri 是资源地址，由 uri 指定的资源创建一个 MediaPlayer 实例
setAudioStreamType()	void setAudioStreamType(int streamtype)，指定播放流媒体的类型，streamtype 的值以常量定义在 AudioManager 类中，有以下常用取值。 ● AudioManager.STREAM_MUSIC：播放音频文件 ● AudioManager.STREAM_VOICE_CALL：播放来电 ● AudioManager.STREAM_SYSTEM：播放系统声音
setDataSource()	设置 MediaPlayer 的数据源，有两种常用重载。 ● void setDataSource(String path)，参数 path 是路径名，可以是本地路径，也可以是网络路径，通过路径名来设置 MediaPlayer 的数据源 ● void setDataSource(Context context,Uri uri)，参数 uri 是路径名，可以是网络路径或 ContentProvider 的 URI，通过给定的 URI 来设置 MediaPlayer 的数据源

（续）

方 法 名	说 明
prepare()	void prepare()，以同步的方式装载流媒体文件
prepareAsync()	void prepareAsync()，以异步的方式装载流媒体文件
start()	void start()，开始播放流媒体
pause()	void pause()，暂停播放流媒体
stop()	void stop ()，停止播放流媒体
release()	void release ()，释放流媒体资源
reset()	void reset()，重置 MediaPlayer 至未初始化状态
seekTo()	void seekTo(int msec)，指定播放的位置，参数 msec 以毫秒为时间单位
setOnCompletionListener()	void setOnCompletionListener(MediaPlayer.OnCompletionListener listener)，为 MediaPlayer 注册回调函数，在 MediaPlayer 播放完毕时被回调，可以在这里写代码实现流媒体的循环播放。参数 listener 用于设置要运行回调的指针

【例 8-1】 编写代码播放 raw 文件夹中的音频文件。

扫一扫

8-2 添加 raw 文件夹

创建应用程序，直接在 MainActivity 类的 onCreate()方法中编写代码如下。

```
MediaPlayer player = MediaPlayer.create(this, R.raw.start);
player.start();
```

Tips 本地资源一般放在 raw 文件夹中，如果没有 raw 文件夹，则需要添加。添加步骤：在 app 下右键单击 res 包，在弹出的快捷菜单中选择“new”→“Android resource directory”菜单项，打开“New Resource Directory”对话框，在对话框中选择 Resource type 类型为“raw”，单击“OK”按钮完成 raw 文件夹的添加。

Tips 添加音频文件到 raw 文件夹的步骤：右键单击 raw 文件夹，直接粘贴需要添加的文件到 raw 文件夹。文件名中不允许出现大写字母和汉字。

Tips 运行小经验：有可能程序运行正确，但是没有声音，这有可能是虚拟机内存不足造成的，建议新建一个虚拟机进行测试。

【例 8-2】 编写代码以同步的方式播放 SD 卡中的音频文件，SD 卡的路径可以通过静态类 Environment 获取。

① 创建应用程序，直接在 MainActivity 类的 onCreate()方法中编写代码如下。

```
String url = "file://" + Environment.getExternalStorageDirectory().
                         toString() + "/Music/001.mp3";
MediaPlayer player = new MediaPlayer();
player.setAudioStreamType(AudioManager.STREAM_MUSIC);
player.setDataSource(url);
player.prepare();
player.start();
```

② 在配置文件中加访问 SD 卡权限，代码如下。

```
<uses-permission android:name="android.permission.READ_EXTERNAL_STORAGE" />
```

Tips 将音频文件加载到SD卡的方法：运行虚拟机，选择“View”→“Tool Windows”→“Device File Explorer”菜单项，打开虚拟机文件浏览器，右键单击sdcard（或storage→sdcard）文件夹，选择“Upload”，在菜单项可以浏览加载文件。一般音频文件放在Music文件夹下，如果没有该文件夹，可以创建。

Tips 常见问题：程序代码没有错误，一步一步编写代码并调试后也确认没有空指针问题，但是程序运行时还是会闪退。原因是读取SD卡数据权限问题，建议动态注册读取权限并添加修复权限的代码。

【例8-3】 完善例8-2，编写代码循环播放SD卡中的所有音频文件。

实现思路分析如下。

首先，例8-2播放了SD卡中的一个指定文件，本例循环播放SD卡中的所有音频文件，是播放单文件的升级，可以将例8-2播放的代码整理成一个函数playing()，通过参数来指定应该播放哪一个文件。

其次，定义一个数组musicPath以存放播放文件列表，用数组加下标的方式musicPath.get(i)获取要播放的文件。

最后，通过重写setOnCompletionListener()方法实现循环播放功能，在setOnCompletionListener()方法中将播放指针指向下一个文件（下一个数组元素），直到文件结束才回到开始重新播放。

具体实现如下。

① 创建应用程序，按照以上分析在MainActivity类中编写代码如下。

```
public class MainActivity extends AppCompatActivity
                        implements MediaPlayer.OnCompletionListener {
    //获取音乐文件夹
    String musicfilePath = Environment.getExternalStorageDirectory().
                        getPath() + "/Music/";
    //音乐播放列表
    ArrayList<String> musicPath = new ArrayList<String>();
    public static MediaPlayer player = new MediaPlayer();
    int i=0;
    @Override
    protected void onCreate(Bundle savedInstanceState) {
        super.onCreate(savedInstanceState);
        setContentView(R.layout.activity_main);
        //读取SD卡音乐文件列表，存放到播放数组中
        getSdCardFile(musicfilePath, musicPath);
        //从第一个音乐文件开始播放
        playing(musicPath.get(0));
    }
    //读取音乐文件夹文件到播放列表中
    private void getSdCardFile(String url, ArrayList<String> Path) {
        File file = new File(url);
        File[] files = file.listFiles();
        for (File f : files)
            Path.add(f.getAbsolutePath());
```

```
    }
    //播放音乐
    void playing(String path) {
        player.reset();
        try {
            //为音乐播放器设置文件播放结束监听事件
            player.setOnCompletionListener(this);
            player.setAudioStreamType(AudioManager.STREAM_MUSIC);
            player.setDataSource(path);
            player.prepare();
            player.start();
        } catch (Exception e) {
            e.printStackTrace();
        }
        player.start();
    }
    //实现音乐文件播放结束监听事件
    @Override
    public void onCompletion(MediaPlayer mediaPlayer) {
        i++;
        //如果已经到播放列表结尾，重新开始播放
        if(i>musicPath.size()-1)
            i=0;
        playing(musicPath.get(i));
    }
}
```

② 在配置文件中添加访问 SD 卡的权限，代码如下。

```
<uses-permission android:name="android.permission.READ_EXTERNAL_STORAGE" />
```

【例 8-4】 编写代码播放网络资源中的音频文件。

① 创建应用程序，直接在 MainActivity 类的 onCreate 方法中编写代码如下。

```
String url = "http://www.music.net/download/001.mp3";
// 与播放 SD 卡中的音频有区别，其 URL 不同
MediaPlayer player = new MediaPlayer();
player.setAudioStreamType(AudioManager.STREAM_MUSIC);
player.setDataSource(url);
player.prepare();
player.start();
```

② 在配置文件中添加访问网络资源的权限，代码如下。

```
<uses-permission android:name="android.permission.INTERNET"/>
```

8.2.2 视频播放

视频播放需要窗口，可以在页面上使用 VideoView 控件作为视频播放的窗口。VideoView 类的常用方法如表 8-2 所示。

表 8-2 VideoView 类的常用方法

方法名	说明
setVideoPath()	void setVideoPath(String path)，播放由 path 参数指定的路径上的数据源，path 是路径名，可以是本地路径，也可以是网络路径
setMediaController()	void setMediaController(MediaController controller)，设置由 controller 参数指定的 MediaController 类型视频控制器
start()	void start()，开始（或继续）视频播放
pause()	void pause()，暂停视频播放
resume()	void resume()，恢复视频，重新开始播放
getDuration()	long getDuration()，获取视频时长

为了达到良好的视觉效果，一般会尽可能地为 VideoView 控件预留出大的空间，所以在设计中也经常会使用全屏显示模式。AppCompatActivity 类不支持全屏模式，所以，使用全屏模式时 MainActivity 类应继承自 Activity 类。

注意：全屏模式继承 AppCompatActivity 类造成的错误是闪退。

【例 8-5】 编写代码播放 SD 卡中的视频文件。

① 创建 Activity 应用程序，编写布局代码如下。

```
<VideoView
        android:id="@+id/videoView1"
        android:layout_width="match_parent"
        android:layout_height="wrap_content" />
```

② 修改的 MainActivity 类继承自 Activity 类，并在 onCreate()方法中编写代码如下。

```
public class MainActivity extends Activity {
    @Override
    protected void onCreate(Bundle savedInstanceState) {
        super.onCreate(savedInstanceState);
        setContentView(R.layout.activity_main);
        //获取视频文件路径
        String url = "file://"+ Environment.getExternalStorageDirectory().
                               toString() + "/Movies/ex8-5.mp4";
        VideoView videoView = (VideoView) findViewById(R.id.videoView1);
        //初始化 VideoView 控件
        videoView.setVideoPath(url);
        //开始播放视频
        videoView.start();
    }
}
```

③ 在配置文件中添加访问 SD 卡的权限，代码如下。

```
<uses-permission android:name="android.permission.READ_EXTERNAL_STORAGE" />
```

④ 在配置文件中修改 application 配置节的 theme 属性，设置全屏显示。

```
android:theme="@android:style/Theme.Light.NoTitleBar.Fullscreen"
```

【例 8-6】 完善例 8-5，使用 MediaController 类为视频播放添加启动、暂停、继续功能，程序运行效果如图 8-3 所示。

增加 MediaController 对象，并关联到 VideoView 控件，代码如下。

```
protected void onCreate(Bundle savedInstance State) {
    super.onCreate(savedInstanceState);
    setContentView(R.layout.activity_main);
    videoView = (VideoView) findViewById(R.id.videoView1);
    //初始化 VideoView 控件
    MediaController mediaController=new MediaController(this);
    videoView.setVideoPath(url);
    videoView.setMediaController(mediaController);
    //开始播放视频
    videoView.start();
}
```

【例 8-7】 完善例 8-5，调用函数为视频播放添加启动、暂停、继续功能，运行效果如图 8-4 所示。

图 8-3 MediaController 类实现播放控制

图 8-4 视频播放页面

① 创建 Activity 应用程序，编写布局代码如下。

```
<VideoView
    android:id="@+id/videoView1"
    android:layout_width="match_parent"
    android:layout_height="wrap_content" />
<LinearLayout
    android:layout_width="match_parent"
    android:layout_height="wrap_content">
    <Button
    android:layout_width="wrap_content"
    android:layout_height="wrap_content"
    android:layout_weight="1"
    android:id="@+id/btnStart"
    android:text="Start"/>
    <Button
        android:layout_width="wrap_content"
        android:layout_height="wrap_content"
        android:layout_weight="1"
        android:id="@+id/btnPause"
        android:text="Pause"/>
```

```
        <Button
            android:layout_width="wrap_content"
            android:layout_height="wrap_content"
            android:layout_weight="1"
            android:id="@+id/btnContinue"
            android:text="Continue"/>
    </LinearLayout>
```

② 在 MainActivity 类中编写代码以实现程序功能。

```
    public class MainActivity extends Activity implements View.OnClickListener {
        Button btnStart,btnPause,btnContinue;
        //获取视频文件路径
        String url = "file://"+ Environment.getExternalStorageDirectory().
                                toString() + "/Movies/ex8-5.mp4";
        VideoView videoView;
        @Override
        protected void onCreate(Bundle savedInstanceState) {
            super.onCreate(savedInstanceState);
            setContentView(R.layout.activity_main);
            videoView = (VideoView) findViewById(R.id.videoView1);
            //初始化 VideoView 控件
            videoView.setVideoPath(url);
            //开始播放视频
            videoView.start();
            //定义按钮控件
            btnStart=(Button)this.findViewById(R.id.btnStart);
            btnStart.setOnClickListener(this);
            btnPause=(Button)this.findViewById(R.id.btnPause);
            btnPause.setOnClickListener(this);
            btnContinue=(Button)this.findViewById(R.id.btnContinue);
            btnContinue.setOnClickListener(this);
        }
        @Override
        public void onClick(View view) {
            switch (view.getId()){
                case R.id.btnStart:
                    videoView.resume();
                    break;
                case R.id.btnPause:
                    videoView.pause();
                    break;
                case R.id.btnContinue:
                    videoView.start();
                    break;
            }
        }
    }
```

③ 与例 8-5 一样，在配置文件中加访问 SD 卡的权限和设置全屏显示模式。

Tips 代码说明：如果不想访问 SD 卡，本节所有程序的音频和视频文件都可以放在 raw 文件夹下。获取 raw 文件夹路径的代码如下。

```
    String path="android.resource://"+getPackageName()+"/raw/ex8_5";
```

8.3 Service

服务（Service）是一个可以在后台执行长时间运行操作的应用组件，一般由用户或者其他应用组件（如 Activity）启动。启动后，它的优先级比前台应用的优先级低，但是比其他后台应用的优先级高，而且一旦被启动将一直在后台运行，即使启动服务的组件（如 Activity）被销毁也不受影响，因此在需要长时间运行且不需要和用户频繁交互的任务中使用非常有效。此外，也可以将服务绑定到组件，以便与之进行交互，或执行进程间通信（IPC）。

Service 类的常用方法如表 8-3 所示。

表 8-3 Service 类的常用方法

方 法 名	说 明
onStartCommand()	int onStartCommand(Intent intent, int flags, int startId)，该方法在其他组件（如活动）调用 startService()方法的启动服务时调用，用户可以将需要在服务中完成的工作放在该方法中。需要注意的是，工作完成以后需要通过 stopSelf()或者 stopService()方法来停止服务。 参数 intent 表示启动服务的组件，参数 startId 表示启动服务的组件的 Id，参数 flags 表示启动服务的方式，有以下三种取值。 ● 0：表示没有数据 ● START_FLAG_REDELIVERY：让系统重新发送一个 Intent，这样服务被异常关闭时 Intent 也不会丢失 ● START_FLAG_RETRY：表示服务之前被设为 START_STICKY 返回值是一个整型值，有以下四种返回值。 ● START_STICKY：如果 Service 进程被关掉，保留 Service 的状态为开始状态，但不保留传递的 Intent 对象。随后，系统会尝试重新创建 Service，由于服务状态为开始状态，因此创建服务后一定会调用 onStartCommand(Intent,int,int)方法。如果在此期间没有任何启动命令被传递到 Service，那么参数 Intent 将为 null ● START_NOT_STICKY：“非黏性的”。使用这个返回值时，如果在执行完 onStartCommand()方法后，服务被异常关闭，系统不会自动重启该服务 ● START_REDELIVER_INTENT：重传 Intent。使用这个返回值时，如果在执行完 onStartCommand()方法后，服务被异常关掉，系统会自动重启该服务，并将 Intent 的值传入 ● START_STICKY_COMPATIBILITY：START_STICKY 的兼容版本，但不能保证服务被关闭后一定能重启
onBind()	IBinder onBind(Intent intent)，该方法在其他组件调用 bindService()方法绑定服务时调用，返回一个用于服务通信的 IBinder 接口对象，Service 类必须实现该方法，如果不允许绑定，则直接返回 null，参数 intent 是启动服务的组件
onUnbind()	void onUnbind(Intent intent)，该方法在客户中断所有服务发布的特殊接口时调用
onRebind()	void onRebind(Intent intent)，该方法在新的客户端与服务连接，且此前已经通过 onUnbind(Intent)通知断开连接时调用
onCreate()	void onCreate()，该方法在服务被第一次创建时调用，可以将需要一次性安装的代码放在该方法中
onDestroy()	void onDestroy()，该方法在服务不再有用或者被销毁时调用，可以在该方法中清理服务占用的资源，如线程、注册的监听器、接收器等

8.3.1 服务的两种状态

服务需要应用程序去启动，有两种启动方式，对应地也有两种服务状态。

1. 启动状态

应用组件通过调用 startService()方法启动服务后服务处于启动（Started）状态。一旦启动，调用者和服务之间就没有联系了，服务可以在后台无限期运行，即使启动它的组件已经被销毁，服务仍然可以运行（除非手动调用才能停止服务）。在这种情况下，服务通常执行单一操作，且不会将结果返回给调用方。

使用 startService()方法启动服务的代码如下。

```
Intent intent = new Intent(MainActivity.this, MyService.class);
startService (intent);
```

在这种启动方式下停止服务时，必须通过应用程序组件调用 Context.stopService()方法或服务自己调用 Service.stopSelf()方法停止。

2．绑定状态

应用程序组件通过调用 bindService()方法绑定启动服务后服务处于绑定（Bound）状态。这种启动方式下，调用者和绑定者绑在一起，调用者一旦退出服务也就终止了。绑定状态的服务提供了一个客户服务器接口（ServiceConnection），以允许组件与服务之间进行信息交互，如发送请求、获取结果，甚至通过 IPC 来进行跨进程通信等。多个组件可以同时绑定到一个服务，只有第一个组件绑定服务时才会调用 onBind()方法。

bindService()方法的原型为 bindService(Intent service, ServiceConnection conn, int flag)，其参数说明如下。

1）service：Intent 类型数据，指定待绑定的服务对象，可以显式或隐式指定。

2）flag：指定绑定服务的优先级，有两种取值。

- BIND_AUTO_CREATE：表示服务的优先级等同于宿主进程，也就是调用 bindService 的进程。
- 0：表示服务被当作后台任务对待。

3）conn：接收服务的消息，该参数必须提供 ServiceConnection 类的实现。该类有两个方法需要重写，onServiceConnected()方法用于实现访问服务端的公共方法，onServiceDisconnected()方法在与服务的连接意外中断时调用，用于处理服务意外中断的操作。

使用 bindService()方法启动服务的代码如下。

```
Intent intent = new Intent(MainActivity.this, MyService.class);
private ServiceConnection conn = new ServiceConnection() {
        @Override
        public void onServiceConnected(ComponentName className
            , IBinder service) {
            // 与服务通信的代码写在这里
        }
        @Override
        public void onServiceDisconnected(ComponentName name) {
            // 与服务断开通信的操作代码写在这里
        }
    };
bindService(intent, conn, Context.BIND_AUTO_CREATE);
```

这种启动方式下通过调用 unbindService(conn)方法可以解除组件与服务的绑定。

8.3.2　服务的生命周期

与 Activity 类似，服务拥有生命周期方法，可以实现监控服务状态的变化以及在合适的阶段执行工作。服务的生命周期如图 8-5 所示，左图是调用 startService()方法创建服务时的生命周期，右图是调用 bindService()方法创建服务时的生命周期。

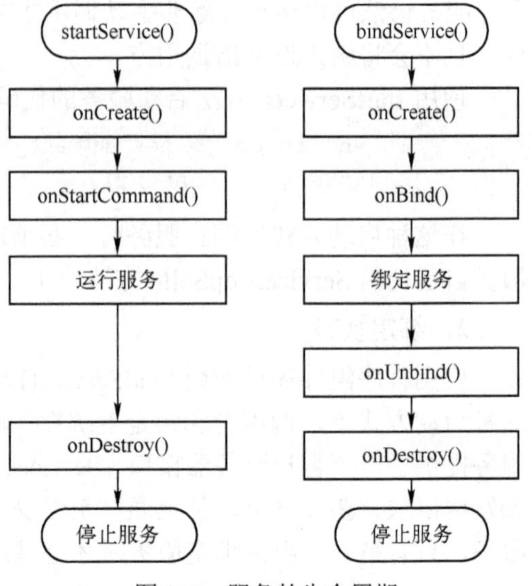

图 8-5 服务的生命周期

服务的整个生命周期从调用 onCreate()方法开始，到调用 onDestroy()方法返回时结束。无论是通过 startService()还是 bindService()创建服务，都会调用 onCreate() 和 onDestroy() 方法。与 Activity 类似，服务在 onCreate()方法中完成初始化设置，并在 onDestroy()方法中释放所有剩余资源。例如，音乐播放服务可以在 onCreate()方法中创建用于播放音乐的线程，然后在 onDestroy()方法中停止该线程。

服务的有效生命周期从调用 onStartCommand()方法或 onBind()方法开始，每种方法均有 Intent 对象，该对象分别被传递到 startService()方法或 bindService()方法。需要服务反复执行的操作放在这两个方法中。

对于启动服务，有效生命周期与整个生命周期同时结束（即便是在 onStartCommand()返回之后，服务仍然处于活动状态）。对于绑定的服务，有效生命周期在 onUnbind()返回时结束。

8.3.3 服务的注册

服务通过继承 Service 基类自定义而来，需要在 AndroidManifest.xml 配置文件中声明，声明语句放在 application 配置节里面。

```
<service android:name=".MyService" android:process="system" />
```

配置节属性说明如下。

1）“android:name”属性：Service 类名，即继承 Service 基类的自定义服务类名。

2）“android:process”属性：设置服务是否需要在单独的进程中运行。

【例 8-8】 设计一段程序，分别演示调用 StartService()方法启动服务和调用 stopService()方法停止服务时的效果。程序运行结果如图 8-6 所示。

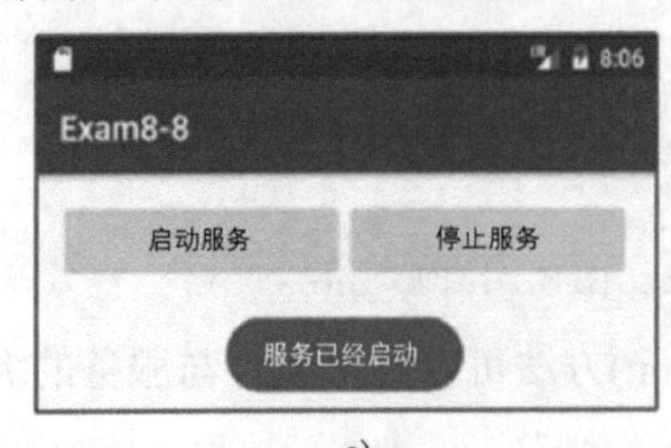

a)

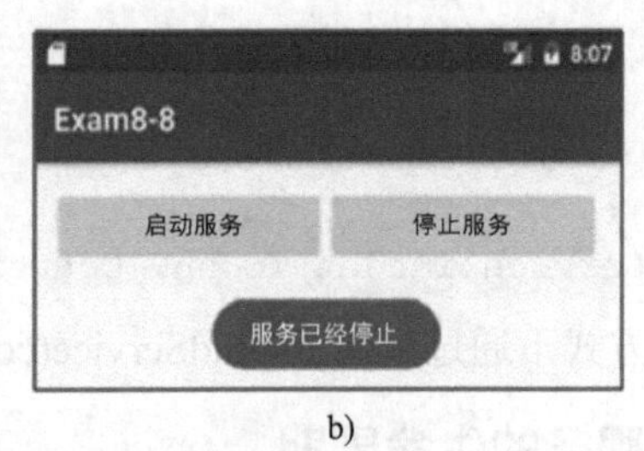

b)

图 8-6 启动服务生命周期示例

a) 单击“启动服务”按钮 b) 单击“停止服务”按钮

① 创建Activity应用程序，编写页面布局代码如下。

```
<LinearLayout
    android:layout_width="match_parent"
    android:layout_height="wrap_content">
    <Button
        android:layout_width="wrap_content"
        android:layout_height="wrap_content"
        android:id="@+id/btnStart"
        android:text="启动服务"
        android:layout_weight="1" />
    <Button
        android:layout_width="wrap_content"
        android:layout_height="wrap_content"
        android:id="@+id/btnStop"
        android:text="停止服务"
        android:layout_weight="1"/>
</LinearLayout>
```

② 在应用程序包下定义MyService服务类，代码如下。

```
public class MyService extends Service {
    @Override
    public IBinder onBind(Intent arg0) {
        return null;
    }
    @Override
    public int onStartCommand(Intent intent, int flags, int startId) {
        Toast.makeText(this, "服务已经启动", Toast.LENGTH_LONG).show();
        return START_STICKY;
    }
    @Override
    public void onDestroy() {
        super.onDestroy();
        Toast.makeText(this, "服务已经停止", Toast.LENGTH_LONG).show();
    }
}
```

③ 在MainActivity类中编写按钮单击事件的代码。

```
public class MainActivity extends AppCompatActivity {
    Button btnStart,btnStop;
    @Override
    protected void onCreate(Bundle savedInstanceState) {
        super.onCreate(savedInstanceState);
        setContentView(R.layout.activity_main);
        //为按钮添加单击事件的代码
        btnStart=(Button)this.findViewById(R.id.btnStart);
        btnStart.setOnClickListener(new View.OnClickListener() {
            @Override
            public void onClick(View v) {
                Intent it= new Intent(MainActivity.this, MyService.class) ;
                startService(it);
```

```
            }
        });
        btnStop=(Button)this.findViewById(R.id.btnStop);
        btnStop.setOnClickListener(new View.OnClickListener() {
            @Override
            public void onClick(View v) {
              Intent it= new Intent(MainActivity.this, MyService.class) ;
              stopService(it);
            }
        });
    }
}
```

④ 在配置文件中的 application 配置节中注册服务类，代码如下。

```
<service android:name=".MyService" />
```

【例 8-9】 设计一段程序，分别演示调用 bindService()方法启动服务和调用 unbind Service()方法停止服务时的生命周期方法。程序运行结果如图 8-7 所示。

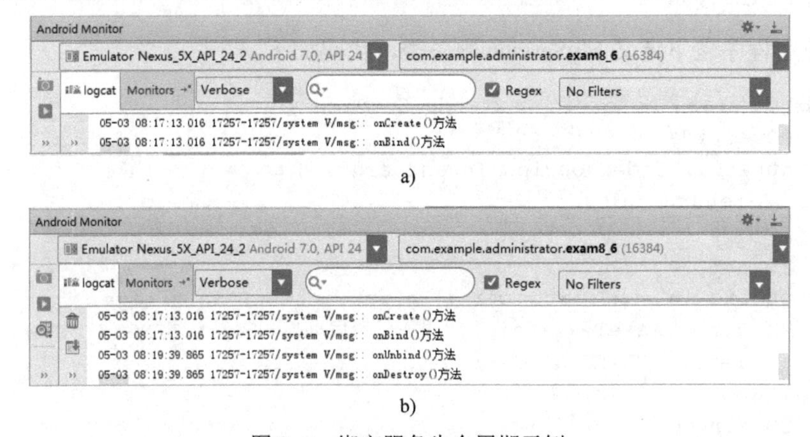

图 8-7 绑定服务生命周期示例

a) 单击“启动服务”按钮 b) 单击“停止服务”按钮

① 创建 Activity 应用程序，与例 8-8 一样编写页面布局代码。

② 在应用程序包下定义服务类，代码如下。

```
public class MyService extends Service {
    @Override
    public void onCreate() {
        super.onCreate();
        Log.v("msg:","onCreate()方法");
    }
    @Nullable
    @Override
    public IBinder onBind(Intent intent) {
        Log.v("msg:","onBind()方法");
        return null;
    }
    @Override
    public boolean onUnbind(Intent intent) {
```

```
        Log.v("msg:","onUnbind()方法");
        return super.onUnbind(intent);
    }
    @Override
    public void onDestroy() {
        super.onDestroy();
        Log.v("msg:","onDestroy()方法");
    }
}
```

③ 在 MainActivity 类中编写按钮单击事件的代码。

```
public class MainActivity extends AppCompatActivity {
    Button btnStart,btnStop;
    //实现 ServiceConnection
    ServiceConnection conn = new ServiceConnection() {
        @Override
        public void onServiceConnected(ComponentName className
                                        , IBinder service) {
            // 与服务通信的代码写在这里
        }
        @Override
        public void onServiceDisconnected(ComponentName name) {
            // 与服务断开通信的操作代码写在这里
        }
    };
    //为按钮添加单击事件的代码
    @Override
    protected void onCreate(Bundle savedInstanceState) {
        super.onCreate(savedInstanceState);
        setContentView(R.layout.activity_main);
        btnStart=(Button)this.findViewById(R.id.btnStart);
        btnStart.setOnClickListener(new View.OnClickListener() {
            @Override
            public void onClick(View v) {
                Intent it=new Intent(MainActivity.this, MyService.class);
                bindService(it, conn, Context.BIND_AUTO_CREATE);
            }
        });
        btnStop=(Button)this.findViewById(R.id.btnStop);
        btnStop.setOnClickListener(new View.OnClickListener() {
            @Override
            public void onClick(View v) {
                unbindService(conn);
            }
        });
    }
}
```

④ 与例 8-8 一样，在配置文件中注册服务类。

8.4 产品介绍播放项目实施

8.4.1 编码实现

1）创建应用程序，编写页面布局代码，整体采用水平线性布局，代码如下。

```
<LinearLayout
        android:layout_width="wrap_content"
        android:layout_height="wrap_content"
        android:layout_weight="1"
        android:orientation="vertical">
    <Button
        android:id="@+id/btnStart"
        android:layout_width="match_parent"
        android:layout_height="wrap_content"
        android:text="Start" />
    <TextView
        android:layout_width="match_parent"
        android:layout_height="wrap_content"
        android:text="产品列表"
        android:textAlignment="center"
        android:textAppearance="?android:textAppearanceMedium" />
    <ListView
        android:id="@+id/lstView"
        android:layout_width="match_parent"
        android:layout_height="wrap_content" />
</LinearLayout>
<LinearLayout
    android:layout_width="wrap_content"
    android:layout_height="wrap_content"
    android:layout_weight="1"
    android:orientation="vertical">
    <Button
        android:id="@+id/btnStop"
        android:layout_width="match_parent"
        android:layout_height="wrap_content"
        android:text="Stop" />
    <TextView
        android:layout_width="match_parent"
        android:layout_height="wrap_content"
        android:textAlignment="center"
        android:text="播放列表"
        android:textAppearance="?android:textAppearanceMedium" />
    <ListView
        android:id="@+id/lstViewSelect"
        android:layout_width="match_parent"
```

```
    android:layout_height="wrap_content" />
</LinearLayout>
```

2）在应用程序包下定义服务类，代码如下。

```
import android.app.Service;
import android.content.Intent;
import android.media.AudioManager;
import android.media.MediaPlayer;
import android.os.Bundle;
import android.os.IBinder;
import android.support.annotation.Nullable;
import java.util.ArrayList;

public class MyService extends Service
                    implements MediaPlayer.OnCompletionListener {
    //音乐播放列表
    ArrayList<String> musicPath = new ArrayList<String>();
    MediaPlayer player= new MediaPlayer();
    int i=0;
    @Nullable
    @Override
    public IBinder onBind(Intent intent) {
        return null;
    }
    @Override
    public int onStartCommand(Intent intent, int flags, int startId) {
        Bundle b = intent.getExtras();
        musicPath=b.getStringArrayList("musicPath");
        i=b.getInt("position");
        playing(musicPath.get(i));
        //保留 Service 的状态为开始状态
        return  START_STICKY;
    }
    @Override
    public void onDestroy() {
        // 服务销毁时，停止播放
        player.stop();
        player.release();
    }
    //播放音乐
    void playing(String path) {
        player.reset();
        try {
            //为音乐播放器设置结束文件监听事件
            player.setOnCompletionListener(this);
            player.setAudioStreamType(AudioManager.STREAM_MUSIC);
            player.setDataSource(path);
            player.prepare();
            player.start();
        } catch (Exception e) {
```

```
                e.printStackTrace();
            }
            player.start();
        }
        //实现音乐文件播放结束监听事件
        @Override
        public void onCompletion(MediaPlayer mediaPlayer) {
            i++;
            //如果已经到播放列表结尾，重新开始播放
            if(i>musicPath.size()-1)
                i=0;
            playing(musicPath.get(i));
        }
    }
```

3）在 MainActivity 类中编写代码实现程序功能。

```
import android.content.Intent;
import android.os.Environment;
import androidx.appcompat.app.AppCompatActivity;
import android.os.Bundle;
import android.view.View;
import android.view.ViewGroup;
import android.widget.AdapterView;
import android.widget.BaseAdapter;
import android.widget.Button;
import android.widget.ListView;
import android.widget.TextView;
import java.io.File;
import java.util.ArrayList;

public class MainActivity extends AppCompatActivity {
    //获取音乐文件夹
    String musicfilePath = Environment.getExternalStorageDirectory().
                                            getPath() + "/Music/";
    //产品列表
    ArrayList<String> musicPath = new ArrayList<String>();
    //播放列表
    ArrayList<String> selectedMusicPath = new ArrayList<String>();
    BaseAdapter selectedMusicadapter,musicAdapter;
    ListView listView,listViewSelect;
    @Override
    protected void onCreate(Bundle savedInstanceState) {
        super.onCreate(savedInstanceState);
        setContentView(R.layout.activity_main);
        //将 SD 卡中的音乐文件读取到产品列表数组
        getSdCardFile(musicfilePath, musicPath);
        initView();
        //设置产品列表 ListView 控件的长按事件
        listView.setOnItemLongClickListener(
```

```
                        new AdapterView.OnItemLongClickListener() {
    @Override
    public boolean onItemLongClick(AdapterView<?> adapterView,
                                   View view,
                                   int i,
                                   long l) {
        startPlay(musicPath,i);
        return false;
    }
});
//设置产品列表 ListView 控件的单击事件
listView.setOnItemClickListener(new AdapterView.OnItemClickListener() {
    @Override
    public void onItemClick(AdapterView<?> adapterView, View view,
                            int i, long l) {
            //添加音乐到播放列表
            selectedMusicPath.add(musicPath.get(i));
            selectedMusicadapter.notifyDataSetChanged();
        }
});
//设置播放列表 ListView 控件的单击事件
listViewSelect.setOnItemClickListener(
                            new AdapterView.OnItemClickListener() {
    @Override
    public void onItemClick(AdapterView<?> adapterView, View view,
                            int i, long l) {
            //将音乐文件从播放列表数组中清除
            selectedMusicPath.remove(i);
            selectedMusicadapter.notifyDataSetChanged();
        }
});
//播放按钮，单击该按钮后开始循环播放播放列表中的音乐
Button btnStart=(Button)this.findViewById(R.id.btnStart);
btnStart.setOnClickListener(new View.OnClickListener() {
    @Override
    public void onClick(View view) {
        if(selectedMusicPath.size()>0)
            startPlay(selectedMusicPath,0);
    }
});
//停止按钮，单击该按钮后停止音乐播放
Button btnStop=(Button)this.findViewById(R.id.btnStop);
btnStop.setOnClickListener(new View.OnClickListener() {
    @Override
    public void onClick(View view) {
        Intent intent = new Intent(MainActivity.this, MyService.class);
        stopService(intent);
    }
```

```
        });
    }

    //初始化 ListView
    private void initView(){
        listView = (ListView) this.findViewById(R.id.lstView);
        musicAdapter=createAdapter(musicPath);
         listView.setAdapter(musicAdapter);
        listViewSelect = (ListView) this.findViewById(
                                                R.id.lstViewSelect);
         selectedMusicadapter = createAdapter(selectedMusicPath);
        listViewSelect.setAdapter(selectedMusicadapter);
    }

    //启动服务开始播放音乐
    private void startPlay(ArrayList<String> path,int i){
        Intent intent = new Intent(MainActivity.this, MyService.class);
        Bundle bundle = new Bundle();
        //将待播放数组和数组起始位置传递到服务类
        bundle.putStringArrayList("musicPath", path);
        bundle.putInt("position", i);
        intent.putExtras(bundle);
        startService(intent);
    }
    //读取音乐文件夹文件到数组列表中
    private void getSdCardFile(String url, ArrayList<String> Path) {
        File file = new File(url);
        File[] files = file.listFiles();
        for (File f : files)
            Path.add(f.getAbsolutePath());
    }
    //生成适配器函数
    private BaseAdapter createAdapter(final ArrayList<String> path) {
        BaseAdapter adapter = new BaseAdapter() {
            @Override
            public int getCount() {
                return path.size();
            }
            @Override
            public Object getItem(int i) {
                return 0;
            }
            @Override
            public long getItemId(int i) {
                return 0;
            }
            @Override
            public View getView(int i, View view, ViewGroup viewGroup) {
```

```
                TextView textView;
                if (view == null) {
                    textView = new TextView(MainActivity.this);
                } else {
                    textView = (TextView) view;
                }
                //利用字符串子串获取函数使 ListView 控件仅显示音乐文件名

                textView.setText(path.get(i).substring(
                path.get(i).lastIndexOf("/") + 1,path.get(i).length()));
                return textView;
            }
        };
        return adapter;
    }
}
```

4）在配置文件中注册服务类和添加读取 SD 卡中数据的权限。

```
<uses-permission android:name="android.permission.READ_EXTERNAL_STORAGE" />
<application
    android:allowBackup="true"
    android:icon="@mipmap/ic_launcher"
    android:label="@string/app_name"
    android:supportsRtl="true"
    android:theme="@style/AppTheme">
    <activity android:name=".MainActivity">
        <intent-filter>
            <action android:name="android.intent.action.MAIN" />
            <category android:name="android.intent.category.LAUNCHER" />
        </intent-filter>
    </activity>
    <service android:name=".MyService" />
</application>
```

8.4.2　测试运行

1）测试长按音乐曲库中的某一首音乐进入曲库音乐循环播放模式。
2）测试单击音乐曲库中的某一首音乐将其添加到音乐播放列表中。
3）测试单击播放列表中的某一首音乐将其从播放列表中清除。
4）测试单击“Start”按钮从头开始循环播放播放列表中的音乐。
5）测试单击“Stop”按钮停止音乐播放。

8.4.3　项目总结

1）在 Service 类的 onStartCommand()方法中编写代码，能够实现后台播放媒体功能。
2）在媒体播放类的 OnCompletionListener 监听器中编写代码，可以实现媒体的循环播放。

3）利用字符串子串获取函数可以美化页面数据的显示。

4）执行 ListView 控件的长按事件会自动执行单击事件。

5）调用 Adapter 对象的 notifyDataSetChanged()方法能够刷新 ListView 控件的数据显示。

6）本项目建议在 API 19 及以下版本使用，以确保可以打开 File Explore 管理 SD 卡文件和使用配置文件添加 SD 卡操作权限。

Tips 项目完善建议：参照第 5 章知识拓展中修改音乐文件的获取方法，确保获取到的一定是音乐文件，从而提高音乐程序的可靠性，改善项目的用户体验。

8.5 实验 8

1．修改产品介绍播放项目，用绑定服务的方式重写项目。

2．参考搜狗或其他主流播放器设计项目页面，用复选框选择播放列表。

8.6 习题 8

1．写出用 MediaPlayer 类播放音频文件的关键代码。

2．简述服务的两种状态。

3．简述启动状态下服务的生命周期。

4．简述绑定状态下服务的生命周期。

8.7 随堂测试 8

1．在 Activity 中，如何获取 Service 对象？（　　）

A．直接实例化得到　　B．绑定得到

C．startService()方法　　D．getService()方法

2．在使用 MediaPlayer 类播放资源前，需要调用哪个方法完成准备工作？（　　）

A．setDataSource()　　B．prepare()　　C．reset()　　D．release()

3．下列选项中，不属于服务生命周期方法的是哪个？（　　）

A．onCreate ()　　B．onDestroy()　　C．onStop()　　D．onStart()

4．以下关于服务的描述正确的是哪个？（　　）

A．服务主要负责一些耗时比较长的操作，运行在独立的子线程中

B．每次调用 startService()方法后都会新建一个 Service 实例

C．每次启动服务都会先后调用 onCreate()和 onStart()方法

D．调用了 stopService()方法后，服务中的 onDestroy()方法会自动回调

5．在配置文件中注册服务，需要编写的配置节为________，该配置放在配置文件中的________节下。

第 9 章　侧滑导航与 Fragment

AS 开发环境提供了许多非常好用的开发模板，本章结合侧滑导航栏应用需求介绍 Navigation Drawer Activity 设计模板及其相关组件，以及 Fragment 类的用法与典型应用，最后综合应用本章知识设计一个产品手册项目（内容浏览）。

9.1 产品手册项目设计

9.1.1 项目需求

设计一个浏览产品使用说明手册的项目，如图 9-1 所示，该项目具有以下功能。

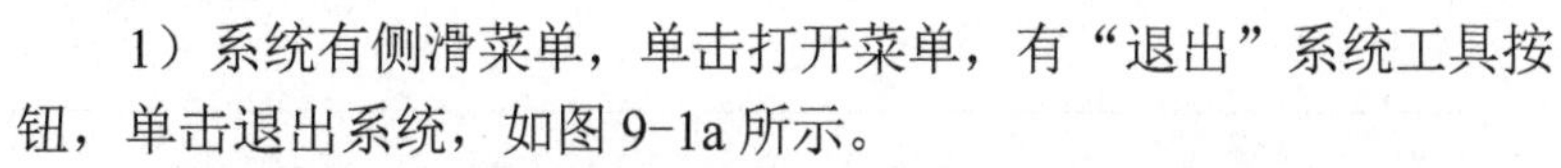

1）系统有侧滑菜单，单击打开菜单，有“退出”系统工具按钮，单击退出系统，如图 9-1a 所示。

2）用侧滑菜单列出产品列表，菜单上方显示主要产品和标志，如图 9-1b 所示。

3）在某一产品列表上单击就可以打开该产品的详细信息，包括产品名称、详细说明、产品图片，以及用来播放产品介绍音频文件的播放按钮，如图 9-1c 所示。

a)

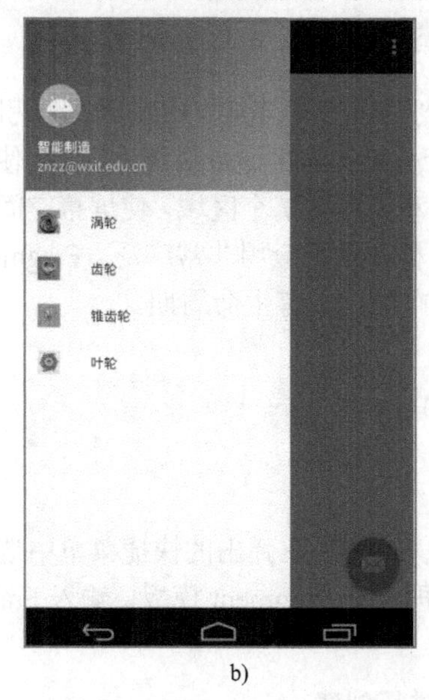

b)

c)

图 9-1　产品手册项目运行结果

a) 主界面　b) 打开侧滑菜单　c) 打开产品介绍

9.1.2 技术分析

1）系统整体基于本章知识点 Navigation Drawer Activity 模板的侧滑菜单设计，在侧滑菜单中给出产品列表。

2）用 Fragment 显示产品详细信息，创建 Fragment 并将其嵌入到内容模板中。

3）内容模板向 Fragment 传值以指明待显示的产品。

产品手册项目涉及知识点如图 9-2 所示。

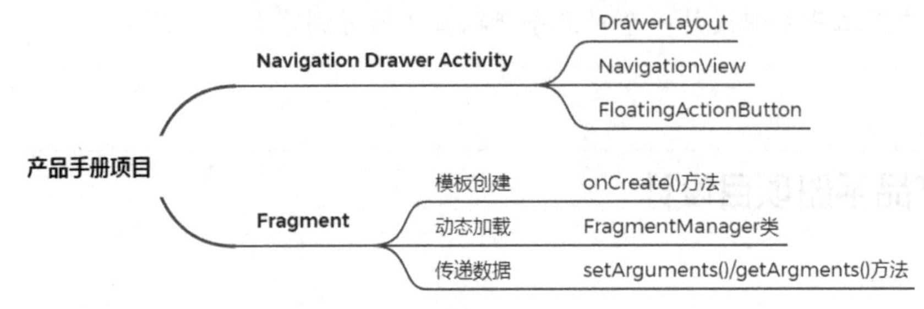

图 9-2 产品手册项目涉及知识点

【项目知识点】

9.2 Fragment

9.2.1 Fragment 概述

Fragment 是一种可以嵌入到 Activity 当中的 UI 片段，引入 Fragment 可以方便地将屏幕进行分割和布局。如图 9-3 所示，使用 Fragment 将屏幕分为导航、标题和内容共 7 个区域，使屏幕空间的使用更加合理和充分，因而在手机开发上应用非常广泛。Fragment 与 Activity 非常类似，可以包含布局，具有生命周期。

图 9-3 Fragment 布局示例

9.2.2 创建 Fragment

1. 使用模板创建

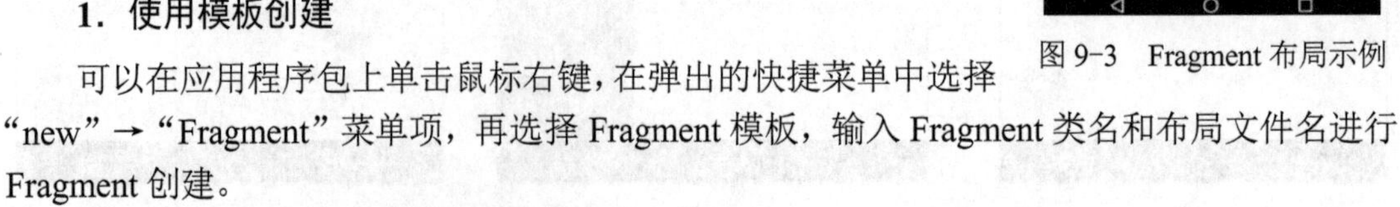

可以在应用程序包上单击鼠标右键，在弹出的快捷菜单中选择“new”→“Fragment”菜单项，再选择 Fragment 模板，输入 Fragment 类名和布局文件名进行 Fragment 创建。

2. 通过创建布局文件和类进行创建

按以下三个步骤进行创建。

1）创建布局文件。

2）创建继承自 Fragment 的类，Fragment 类在 androidx.fragment.app.Fragment 包中。

3）重写 onCreateView()方法，将布局文件与类进行关联，将默认的空 Fragment 与布局文件关联的代码如下。

```
@Override
public View onCreateView(LayoutInflater inflater, ViewGroup container,
                         Bundle savedInstanceState) {
    return inflater.inflate(R.layout.fragment_blank, container, false);
}
```

两种方法创建出来的 Fragment 是一样的，第一种方式的创建方法简单，第二种方式的创建思路清晰、代码简洁、容易理解，也可以用第一种方法创建再删除其余代码变成第二种简洁的代码方式。

9.2.3 加载 Fragment

创建好 Fragment 以后就可以将其加载到容器中使用，Android 最基本的容器组件是 Activity，将 Fragment 加载到 Activity 有两种方式。

1. 静态加载

使用 fragment 元素静态加载 Fragment，fragment 元素的常用属性如下。

1）name：含包名的完整 Fragment 类名，必须设置。

2）id：fragment 元素的 ID 属性，建议设置该属性，不设置的话容易出现闪退错误。

3）tag：为元素提供唯一字符串，可以不设置。

【例 9-1】 设计一个小程序，演示静态加载 Fragment 的方法。程序运行效果如图 9-4 所示。

图 9-4　静态加载 Fragment 应用示例

① 创建 Activity 应用程序。

② 创建 BlankFragment，设计 BlankFragment 页面布局，代码如下。

```
<FrameLayout xmlns:android="http://schemas.android.com/apk/res/android"
    xmlns:tools="http://schemas.android.com/tools"
    android:layout_width="match_parent"
    android:layout_height="match_parent"
    android:background="#00ff00"
    tools:context="com.example.liu.exam9_1.BlankFragment">
    <TextView
        android:layout_width="match_parent"
        android:layout_height="match_parent"
        android:layout_marginTop="100sp"
        android:text="我爱你中国"
        android:textSize="45sp" />
</FrameLayout>
```

③ 编写 BlankFragment 类代码如下。

```
package com.example.liu.exam11_1;
import android.os.Bundle;
import androidx.fragment.app.Fragment;
import android.view.LayoutInflater;
import android.view.View;
import android.view.ViewGroup;
public class BlankFragment extends Fragment {
  @Override
  public View onCreateView(LayoutInflater inflater, ViewGroup container,
                           Bundle savedInstanceState) {
    return inflater.inflate(R.layout.fragment_blank, container, false);
  }
}
```

④ 修改 Activity 类页面布局代码如下。

```
<fragment
    android:id="@+id/fragment1"
    android:name="com.example.liu.exam9_1.BlankFragment"
    android:layout_width="match_parent"
    android:layout_height="match_parent" />
```

2．动态加载

使用 FragmentManager 管理器动态加载 Fragment。首先，在 Activity 中添加一个布局控件以存放 Fragment，常用布局（如线性布局、相对布局等）都可以使用，也可以像静态加载一样添加一个 fragment 元素占位。然后，使用 FragmentManager 管理器将布局控件或 fragment 元素替换为 Fragment，替换步骤如下。

1）创建待添加 Fragment 的实例对象。

2）调用 Activity 类的 getSupportFragmentManager()方法获取 FragmentManager 类的实例。

3）调用 FragmentManager 类的 beginTransaction()方法开启事务，生成碎片交换器 FragmentTransaction 的实例对象。

4）调用 FragmentTransaction 类的 replace()方法将 Fragment 添加到容器中，该类能够保证 Fragment 操作的原子性。replace()方法的作用是用另一个 Fragment 替换当前的占位控件，函数原型如下。

```
void replace(int layout_id, Fragment fragment);
```

其中，参数 layout_id 为占位控件的 Id 值，参数 fragment 为 Fragment 的实例对象。

5）调用 FragmentTransaction 类的 commit()方法提交事务，完成加载。

【例 9-2】 用布局控件为 Fragment 占位，演示动态加载 Fragment 方法，程序运行效果如图 9-5 所示。图 9-5a 为程序打开时没有加载 Fragment 的空布局效果，图 9-5b 为单击“中文显示”按钮后加载 BlankFragment 的效果，图 9-5c 为单击“英文显示”按钮后加载 AnotherBlankFragment 的效果。

① 创建 Activity 应用程序。

② 参考例 9-1 创建和编写 BlankFragment 和 AnotherBlankFragment。

③ 使用垂直线性布局编写 MainActivity 类页面布局，代码如下。

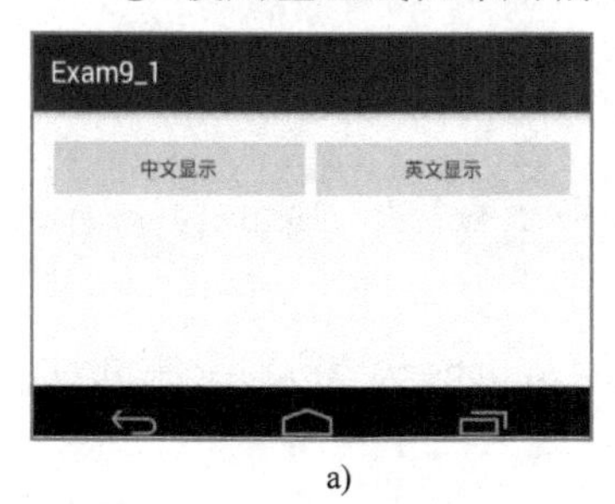

a)

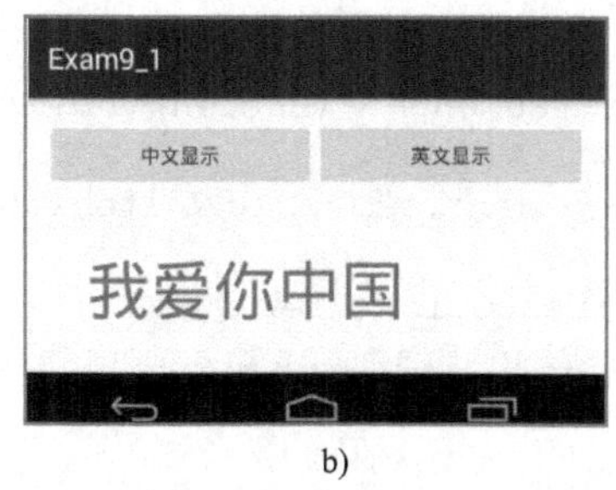

b)

c)

图 9-5　动态加载 Fragment 应用示例

a) 初始页面　b) 中文显示　c) 英文显示

```
<LinearLayout
    android:layout_width="match_parent"
    android:layout_height="wrap_content"
    android:gravity="center">
    <Button
        android:id="@+id/btnAddFragment"
        android:layout_width="wrap_content"
        android:layout_height="wrap_content"
        android:layout_marginTop="10sp"
        android:text="中文显示"
        android:textSize="30sp" />
    <Button
        android:id="@+id/btnAddAnotherFragment"
        android:layout_width="wrap_content"
        android:layout_height="wrap_content"
        android:layout_marginTop="10sp"
        android:text="英文显示"
        android:textSize="30sp" />
</LinearLayout>
<LinearLayout
    android:id="@+id/layout1"
    android:layout_width="match_parent"
    android:layout_height="wrap_content"
    android:orientation="horizontal" />
```

④ 修改 MainActivity 类代码如下。

```
public class MainActivity extends AppCompatActivity {
    Button btnAddFragment, btnAddAnotherFragment;
    @Override
    protected void onCreate(Bundle savedInstanceState) {
        super.onCreate(savedInstanceState);
        setContentView(R.layout.activity_main);
        btnAddFragment = (Button) findViewById(R.id.btnAddFragment);
        btnAddFragment.setOnClickListener(new View.OnClickListener() {
            @Override
            public void onClick(View view) {
                BlankFragment fragment = new BlankFragment();
```

```
                addFragment(fragment);
            }
        });
        btnAddAnotherFragment = (Button) findViewById(
                                    R.id.btnAddAnotherFragment);
        btnAddAnotherFragment.setOnClickListener(new View.OnClickListener() {
            @Override
            public void onClick(View view) {
                AnotherBlankFragment fragment = new AnotherBlankFragment();
                addFragment(fragment);
            }
        });
    }
    public void addFragment(Fragment fragment) {
        FragmentManager fragmentManager = getSupportFragmentManager();
        FragmentTransaction transaction = fragmentManager.beginTransaction();
        transaction.replace(R.id.layout1, fragment);
        transaction.commit();
    }
}
```

9.2.4 Fragment 的生命周期

与 Activity 一样，Fragment 也有生命周期，Fragment 的完整生命周期如图 9-6 所示。

Fragment 的生命周期包含以下典型生命周期片段。

1）创建 Fragment：执行从 onAttach()到 onResume()方法。

2）Fragment 由可见状态变为不可见状态（如应用锁屏、回到桌面、被 Activity 完全覆盖等）：执行从 onPause()到 onStop()方法。

3）Fragment 由不可见状态变为活动状态：执行从 onStart()到 onResume()方法。

4）Fragment 由部分可见状态变为活动状态：执行 onResume()方法。

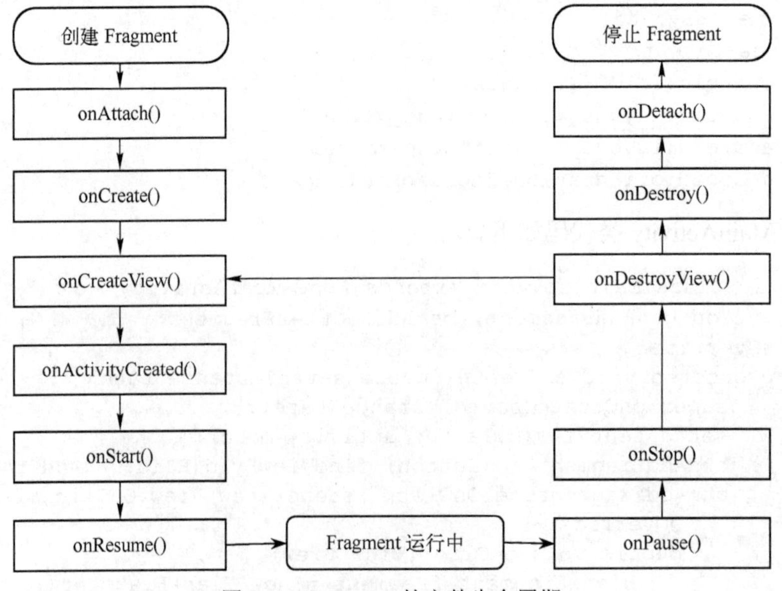

图 9-6 Fragment 的完整生命周期

5）退出 Fragment：执行从 onPause()到 onDetach()方法。

6）Fragment 被回收重新创建：执行从 onAttach()到 onResume()方法。

Fragment 生命周期的常用方法说明如表 9-1 所示。

表 9-1　Fragment 类生命周期的常用方法

方 法 名	说　明
onAttach()	void onAttach(Context context)，Fragment 与 Activity 完成绑定后调用该方法。 ● context：绑定 Fragment 的 Activity
onCreate()	void onCreate(Bundle savedInstanceState)，初始化 Fragment。 ● savedInstanceState：之前保存的 Fragment 状态
onCreateView()	View onCreateView(LayoutInflater inflater, ViewGroup container, Bundle savedInstanceState)，初始化 Fragment 布局，加载布局和 findViewById 方法的操作通常在此函数内完成，但是不建议执行耗时的操作，如读取数据库操作。 ● inflater：加载布局的 LayoutInflater 对象 ● container：容器组 ● savedInstanceState：保存的 Fragment 状态
onActivityCreated()	void onActivityCreated(@Nullable Bundle savedInstanceState)，功能与 onCreateView()方法类似，参数含义同 onCreateView()方法，也可以在该方法中操作布局控件
onStart()	void onStart()，Fragment 由不可见状态变为可见状态时调用该方法
onResume()	void onResume()，Fragment 进入活动状态前调用该方法，该方法中可以进行一些页面刷新操作
onPause()	void onPause()，Fragment 由活动状态进入暂停状态时调用该方法，该方法中可以进行一些页面保存操作
onStop()	void onStop()，Fragment 完全不可见时调用该方法
onDestroy()	void onDestroy()，销毁 Fragment 时调用该方法。通常按〈BackSpace〉键退出或者 Fragment 被回收时调用此方法
onDetach()	void onDetach()，在 onDestroy 方法之后调用该方法，解除与 Activity 的绑定

9.2.5　向 Fragment 传递数据

Fragment 作为 Activity 页面的一个组成模块，往往需要接收来自 Activity 的数据，但是 Fragment 不是一个普通类，它有自己的生命周期，用构造方法接收 Activity 传递过来的数据容易发生异常错误，因此，一般使用其方法接收数据。Fragment 接收 Activity 数据的相关方法如表 9-2 所示。

表 9-2　Fragment 接收 Activity 数据的相关方法

方 法 名	说　明
getActivity()	Activity getActivity()，返回 Activity 对象
setArguments()	void setArguments(Bundle bundle)，传递数据给 Fragment，bundle 为待传递的值
getArguments()	Bundle getArguments()，接收数据，返回接收到的数据

Activity 传递数据到 Fragment 的常用方法有两种。

1. 使用 Bundle 传递数据

1）将待发送的数据保存到 Bundle 对象中。

2）在发送方调用 setArguments()方法发送数据。

3）接收方 Fragment 在 onCreateView()或 onStart()方法中调用 getArgments()方法来获取 Bundle 对象，使用 Bundle 对象的相关方法获得传递过来的数据。

【例 9-3】 设计一个应用程序，利用 Bundle 由 MainActivity 向 Fragment 页面传值，修改 Fragment 页面中 TextView 控件的显示属性值为“我爱你中国!!!”。

① 创建项目，在 MainActivity 的页面中添加一个存放 Fragment 的布局控件。

```
<FrameLayout
    android:layout_width="match_parent"
    android:layout_height="match_parent"
    android:id="@+id/f1"/>
```

② 创建 BlankFragment，设置其页面中 TextView 控件的 id 属性为“@+id/txtTest”。

③ 在 MainActivity 的 onCreate()方法中编写代码如下。

```
protected void onCreate(Bundle savedInstanceState) {
    super.onCreate(savedInstanceState);
    setContentView(R.layout.activity_main);
    bundle.putString("strName","我爱你中国！！！");
    BlankFragment fragment=new BlankFragment();
    fragment.setArguments(bundle);
    FragmentManager fragmentManager = getSupportFragmentManager();
    FragmentTransaction transaction = fragmentManager.beginTransaction();
    transaction.replace(R.id.f1, fragment);
    transaction.commit();
}
```

④ 在 BlankFragment 的 onCreateView()方法中编写代码如下。

```
public View onCreateView(LayoutInflater inflater, ViewGroup container,
                        Bundle savedInstanceState) {
    View view= inflater.inflate(R.layout.fragment_blank, container, false);
    TextView txtTest=(TextView)view.findViewById(R.id.txtTest);
    String str=getArguments().getString("strName");
    txtTest.setText(str);
    return view;
}
```

2. 使用 onAttach()方法传递数据

1）在宿主 Activity（MainActivity）中定义获取数据的方法。

2）在 Fragment 中的 onAttach()方法中获取数据。

【例 9-4】 修改例 9-3，使用 onAttach()方法传递数据。

① 去掉例 9-3 在 MainActivity 的 onCreate()方法中添加的代码，在 MainActivity 类中编写获取数据的代码如下。

```
public String getstr(){
    return "我爱你中国！！！";
}
```

② 在 BlankFragment 中添加 onAttach()方法，代码如下。

```
@Override
public void onAttach(Context context) {
    super.onAttach(activity);
```

```
        String str= ((MainActivity) context).getstr();
    }
```

③ 修改 BlankFragment 类的 onCreateView()方法，代码如下。

```
    public View onCreateView(LayoutInflater inflater, ViewGroup container,
                        Bundle savedInstanceState) {
        View view= inflater.inflate(R.layout.fragment_blank, container, false);
        TextView txtTest=(TextView)view.findViewById(R.id.txtTest);
        txtTest.setText(str);
        return view;
    }
```

9.3 侧滑菜单

侧滑菜单是指手指在手机屏幕左侧从左向右（或在屏幕右侧从右向左）滑动时弹出的抽屉式菜单。该菜单“悬浮”于主界面之上，能够合理地利用手机屏幕的有限空间，因此在手机应用中使用非常普遍。通常使用 Navigation Drawer Activity 模板来设计侧滑菜单。

9.3.1 抽屉布局

DrawerLayout 是一个实现抽屉式导航的布局类，使用方式与其他布局类类似，其常用属性/方法如表 9-3 所示。直接将 DrawerLayout 作为根布局时，其内部包含 2 个或者 3 个视图，第一个为内容区域，第二个为左侧菜单，如果有第三个，则为右侧导航菜单。

表 9-3　DrawerLayout 布局常用属性/方法

属性/方法名	说明
android:layout_gravity	设置侧滑的方向，取值如下。 ● start/left：从左向右滑动显示菜单 ● end/right：从右向左滑动显示菜单
closeDrawers()	关闭所有抽屉视图
closeDrawer()	closeDrawer(gravity: Int)：由参数 Int 指定的方式来关闭抽屉视图。参数 Int 的取值为 Gravity 枚举值，表示从 Gravity 访问新功能的兼容填充，取值如下。 ● END：将对象推送到其容器末端的 x 轴位置，而不是更改其大小 ● RELATIVE_HORIZONTAL_GRAVITY_MASK：水平对齐方向和脚本的特定方向位的二进制掩码 ● RELATIVE_LAYOUT_DIRECTION：原始位控制布局方向是否相对布局（开始/结束，而不是绝对的左/右） ● START：将对象推送到其容器开始处的 x 轴位置，而不是更改其大小

抽屉布局的第一个视图往往是用 include 标记引入一个布局文件，include 标记通过 layout 属性来指定布局文件。

9.3.2 导航视图

NavigationView 控件是一种加载导航菜单的视图，一般放在抽屉布局中。NavigationView 类的常用方法如表 9-4 所示。

表 9-4　NavigationView 类的常用方法

属性/方法名	说明
setItemMaxLines()	void setItemMaxLines(int itemMaxLines)：设置最大菜单项数
setItemTextColor()	void setItemTextColor(ColorStateList textColor)：设置菜单项的颜色
setItemIconTintList	void setItemIconTintList(ColorStateList tint)：设置菜单图片颜色色调，取值为 null 表示设置菜单图标恢复本来的颜色
setNavigationItemSelectedListener()	void setNavigationItemSelectedListener(NavigationView.OnNavigationItemSelectedListener listener)：为 NavigationView 控件添加菜单项单击事件监听器。参数 listener 必须实现 onNavigationItemSelected ()方法，方法说明如下。 boolean onNavigationItemSelected (MenuItem item) ● item：选中的菜单项 ● 返回为 true，表示对选中的菜单项加底色
inflateMenu()	void inflateMenu(int resId)：动态加载菜单项到 NavigationView 控件

9.3.3　Navigation Drawer Activity 模板

选择“Navigation Drawer Activity”模板，新建项目或 Activity，创建后会自动生成 7 个布局文件（见图 9-7）、2 个菜单文件和 1 个导航文件（见图 9-8），以及 1 个 Activity 类文件和 3 个 Fragment。

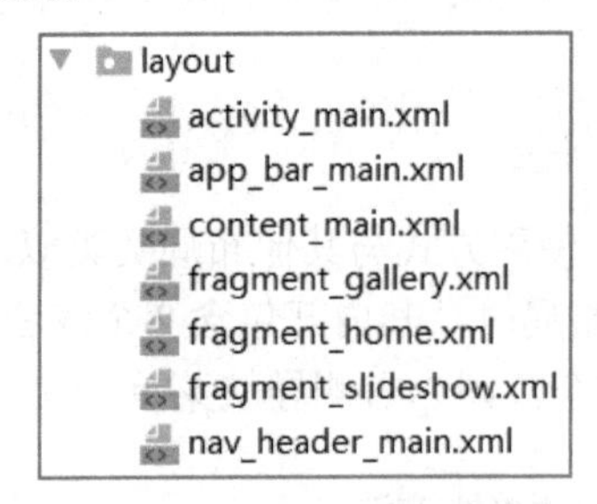

图 9-7　Activity 自动生成的布局文件

menu
activity_main_drawer.xml
main.xml
mipmap
navigation
mobile_navigation.xml

图 9-8　Activity 自动生成的菜单文件和导航文件

1．布局文件

1）activity_main.xml：导航图，包含导航所有相关信息的 XML 资源，是侧滑菜单的框架，不要修改。

2）app_bar_main.xml：主页面底部内容，可以根据应用需要进行修改。

3）content_main.xml：包含了 NavHost，是显示导航图中目标的空白容器，实现了 NavHostFragment，可用具体的显示内容进行替换。

4）fragment_**.xml：Fragment 的布局文件，对应 3 个 Fragment 的布局（gallery、slideshow、home）。

5）nav_header_main.xml：菜单头部，一般用于展示公司信息，可以根据应用需要修改。

2．菜单文件

1）main.xml：主菜单文件，同本书第 3 章中介绍的主菜单，这里不予展开。

2）activity_main_drawer.xml：侧滑菜单文件，自动生成 3 个菜单项，可以根据应用需要修改和添加菜单项。

3．导航文件 mobile_navigation.xml

导航文件 mobile_navigation.xml 与菜单文件 activity_main_drawer.xml 是一一对应的，可

以用来设置菜单打开的 Fragment 标题和设置应用启动菜单页面。

4．Activity 类文件

实现应用程序功能的 java 文件，自动生成的 onCreate()方法中包含了菜单项的加载和悬浮按钮的单击事件代码。

（1）NavController 对象

在 NavHost 中管理应用导航的对象，负责 NavHost 中目标内容的交换。通过 Navigation 的 Navigation.findNavController()方法生成对象，函数说明如下。

```
Navigation.findNavController(Context context,Int resId);
```

其中，参数 context 为上下文对象，参数 resId 为 NavHostFragment 控件的 Id。

（2）NavigationUI

NavigationUI 使用 AppBarConfiguration 对象来管理应用程序导航按钮的行为，通过 setupActionBarWithNavController()方法将 App bar 与 NavController 进行绑定，App bar 由 AppBarConfiguration 进行管理，AppBarConfiguration 通过其 Builder 子类创建对象。Builder 子类的构造方法说明如下。

```
AppBarConfiguration.Builder(int... topLevelDestinationIds);
```

其中，参数 topLevelDestinationIds 是导航目的的集合。

AppBarConfiguration.Builder 通过 setDrawerLayout()方法设置抽屉布局，方法说明如下。

```
setDrawerLayout(DrawerLayout drawerLayout)
```

其中，参数 drawerLayout 为 DrawerLayout 对象。

AppBarConfiguration 使用无参 build()方法生成实例对象。

【例 9-5】 使用 Navigation Drawer Activity 模板设计一个运行结果如图 9-9 所示的程序。程序运行后直接打开首页面，如图 9-9a 所示；单击抽屉按钮后，打开导航菜单，如图 9-9b 所示；单击 blankfragment 菜单项后，打开菜单项内容页面，如图 9-9c 所示；单击悬浮按钮后，在底部弹出提示信息，如图 9-9d 所示。

a)

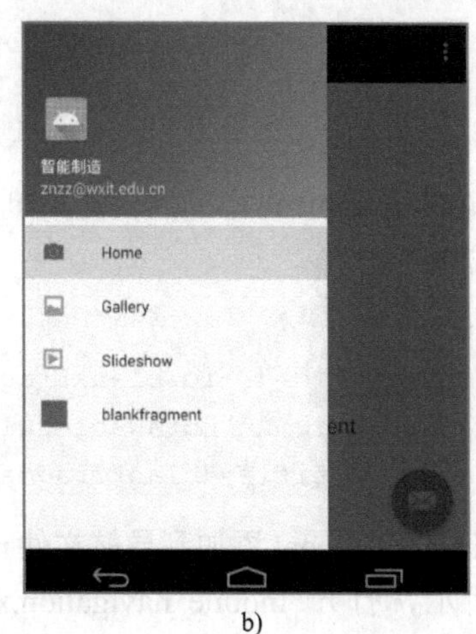

b)

图 9-9　程序运行结果

a) 首页面　b) 导航菜单

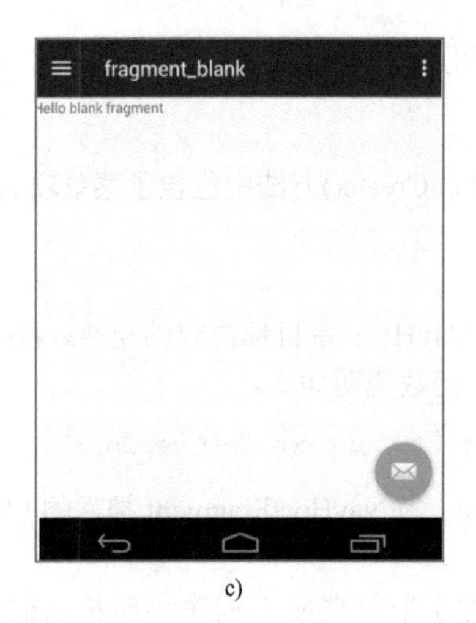

c)

d)

图 9-9　程序运行结果（续）

c) 内容页面　d) 单击悬浮按钮后弹出的提示信息

① 使用“Navigation Drawer Activity”模板创建项目。

② 右键单击应用程序 ui 包，添加一个新的 Fragment，使用 BlankFragment 模板，全部保持默认设置。

③ 修改菜单头部文件 nav_header_main.xml 中的两个标签的代码，使项目具有应用的特色。修改后的代码如下。

```
<TextView
        android:layout_width="match_parent"
        android:layout_height="wrap_content"
        android:paddingTop="@dimen/nav_header_vertical_spacing"
        android:text="智能制造"
        android:textAppearance="@style/TextAppearance.AppCompat.Body1" />
<TextView
        android:id="@+id/textView"
        android:layout_width="wrap_content"
        android:layout_height="wrap_content"
        android:text="znzz@wxit.edu.cn"/>
```

④ 将新建的 Fragment 添加到侧滑菜单文件 activity_main_drawer.xml 中，在菜单组的最后添加以下代码。

```
<item
    android:id="@+id/blankFragment"
    android:icon="@drawable/wlcd"
    android:title="blankfragment"/>
```

⑤ 将新建的 Fragment 添加到导航文件 mobile_navigation.xml 中，建议使用设计模式添加。如图 9-10 所示，打开 mobile_navigation.xml 文件，切换到设计模式，在工具栏中单击“New Destination”按钮，在下拉列表中选中 fragment_blank，自动将 Fragment 添加到导航菜单中。

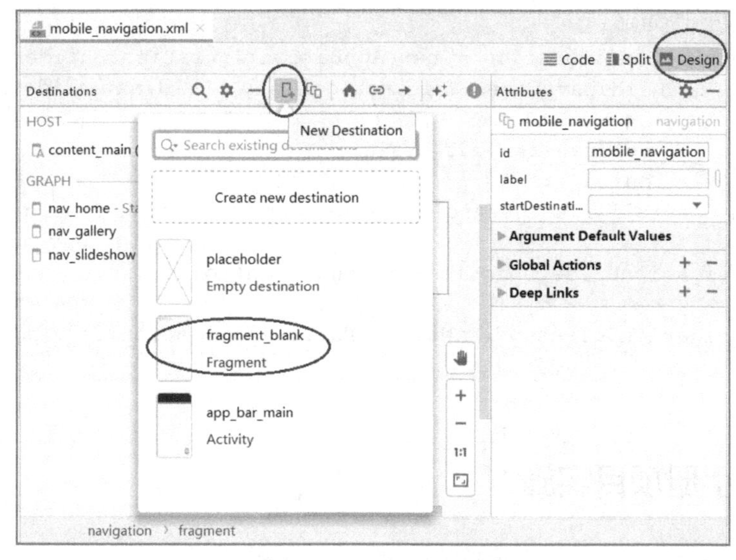

图9-10 添加导航文件

添加成功后，mobile_navigation.xml文件中会自动增加如下代码，保持默认即可。

```
<fragment
    android:id="@+id/blankFragment"
    android:name="com.example.exam9_5.ui.BlankFragment"
    android:label="fragment_blank"
    tools:layout="@layout/fragment_blank" />
```

Tips 注意：菜单文件activity_main_drawer.xml中的菜单项Id值要和导航文件mobile_navigation.xml中的fragment的Id值保持一致。

⑥ 修改MainActivity的onCreate()方法代码，将菜单项R.id.blankFragment添加进来。

⑦ 修改MainActivity的onCreate()方法代码，使悬浮按钮提示信息满足设计要求。修改后的完整代码如下。

```
@Override
protected void onCreate(Bundle savedInstanceState) {
    super.onCreate(savedInstanceState);
    setContentView(R.layout.activity_main);
    Toolbar toolbar = findViewById(R.id.toolbar);
    setSupportActionBar(toolbar);
    //悬浮按钮
    FloatingActionButton fab = findViewById(R.id.fab);
    fab.setOnClickListener(new View.OnClickListener() {
        @Override
        public void onClick(View view) {
            Snackbar.make(view, "悬浮按钮提示信息", Snackbar.LENGTH_LONG)
                    .setAction("Action", null).show();
        }
    });
    DrawerLayout drawer = findViewById(R.id.drawer_layout);
    NavigationView navigationView = findViewById(R.id.nav_view);
```

```
    //添加菜单项
    mAppBarConfiguration = new AppBarConfiguration.Builder(
            R.id.nav_home, R.id.nav_gallery, R.id.nav_slideshow
               ,R.id.blankFragment)
            .setDrawerLayout(drawer)
            .build();
    NavController navController = Navigation.findNavController(this
                                            , R.id. nav_host_fragment);
    NavigationUI.setupActionBarWithNavController(this, navController,
                                                  mAppBarConfiguration);
    NavigationUI.setupWithNavController(navigationView, navController);
}
```

9.4 产品手册项目实施

9.4.1 编码实现

（1）创建项目

创建基于 Navigation Drawer Activity 模板的 ProductManuals 项目。

（2）修改自动生成的模板

1）根据项目菜单要求，修改 menu 文件夹下 activity_main.drawer.xml 文件的代码如下。

```
<?xml version="1.0" encoding="utf-8"?>
<menu xmlns:android="http://schemas.android.com/apk/res/android"
   xmlns:tools="http://schemas.android.com/tools"
   tools:showIn="navigation_view">
   <group android:checkableBehavior="single">
         <item
             android:id="@+id/nav_wl1"
             android:icon="@drawable/wl1"
             android:title="涡轮" />
         <item
             android:id="@+id/nav_wl2"
             android:icon="@drawable/wl2"
             android:title="齿轮" />
         <item
             android:id="@+id/nav_wl3"
             android:icon="@drawable/wl3"
             android:title="锥齿轮" />
         <item
             android:id="@+id/nav_wl4"
             android:icon="@drawable/wl3"
             android:title="叶轮" />
   </group>
</menu>
```

2）修改 app_bar_main.xml 的布局文件，主要是修改按钮外观，按钮代码修改如下。

```
<android.support.design.widget.FloatingActionButton
    android:id="@+id/fab"
    android:layout_width="100sp"
    android:layout_height="100sp"
    android:layout_gravity="bottom|end"
    android:layout_margin="25sp"
    app:srcCompat="@mipmap/exit" />
```

这里需要预先将退出系统按钮的图片文件复制到 mipmap 文件夹下。

3）修改菜单头文件 nav_header_main.xml，使菜单头更有特色，代码如下。

```
<?xml version="1.0" encoding="utf-8"?>
<LinearLayout xmlns:android="http://schemas.android.com/apk/res/android"
    xmlns:app="http://schemas.android.com/apk/res-auto"
    android:layout_width="match_parent"
    android:layout_height="@dimen/nav_header_height"
    android:background="@drawable/side_nav_bar"
    android:gravity="bottom"
    android:orientation="vertical"
    android:paddingLeft="@dimen/activity_horizontal_margin"
    android:paddingTop="@dimen/activity_vertical_margin"
    android:paddingRight="@dimen/activity_horizontal_margin"
    android:paddingBottom="@dimen/activity_vertical_margin"
    android:theme="@style/ThemeOverlay.AppCompat.Dark">
    <ImageView
        android:id="@+id/imageView"
        android:layout_width="wrap_content"
        android:layout_height="wrap_content"
        android:contentDescription="@string/nav_header_desc"
        android:paddingTop="@dimen/nav_header_vertical_spacing"
        app:srcCompat="@mipmap/ic_launcher_round" />
    <TextView
        android:layout_width="match_parent"
        android:layout_height="wrap_content"
        android:paddingTop="@dimen/nav_header_vertical_spacing"
        android:text="智能制造"
        android:textAppearance="@style/TextAppearance.AppCompat.Body1" />
    <TextView
        android:id="@+id/textView"
        android:layout_width="wrap_content"
        android:layout_height="wrap_content"
        android:text="znzz@wxit.edu.cn"/>
</LinearLayout>
```

4）修改 navigation 文件夹下的 mobile_navigation.xml 文件，修改后的代码如下。

```
<?xml version="1.0" encoding="utf-8"?>
<navigation xmlns:android="http://schemas.android.com/apk/res/android"
    xmlns:app="http://schemas.android.com/apk/res-auto"
    xmlns:tools="http://schemas.android.com/tools"
    android:id="@+id/mobile_navigation"
```

```
    app:startDestination="@+id/nav_home">
    <fragment
        android:id="@+id/nav_home"
        android:name="com.example.exam9_7.ui.home.HomeFragment"
        android:label="智能制造"
        tools:layout="@layout/fragment_home" />
</navigation>
```

5）修改 ui.home 包下的 HomeViewModel 类文件，清空 mText 的值，代码如下。

```
mText.setValue("");
```

6）修改 HomeFragment 的 onCreateView()方法，增加欢迎信息，修改后的代码如下。

```
public class HomeFragment extends Fragment {
    private HomeViewModel homeViewModel;
    public View onCreateView(@NonNull LayoutInflater inflater,
                        ViewGroup container, Bundle savedInstanceState) {
        homeViewModel =
                ViewModelProviders.of(this).get(HomeViewModel.class);
        View root = inflater.inflate(R.layout.fragment_home, container, false);
        final TextView textView = root.findViewById(R.id.text_home);
        homeViewModel.getText().observe(getViewLifecycleOwner()
                            , new Observer<String>() {
            @Override
            public void onChanged(@Nullable String s) {
                textView.setText(s);
            }
        });
        Toast toast=Toast.makeText(getActivity()
                ,"欢迎来到智能制造中心！",Toast.LENGTH_SHORT);
        toast.setGravity(Gravity.CENTER, 0, 0);
        toast.show();
        return root;
    }
}
```

7）删除 ui.home 包下的其余 Fragment 及其布局文件。

（3）设计产品手册数据结构类 Product

在应用程序包下面创建 Product 类，编写代码如下。

```
public class Product {
    public Product(String name, String detail, Integer imgId
                , Integer soundId) {
        this.name = name;
        this.detail = detail;
        this.imgId = imgId;
        this.soundId = soundId;
    }
    //存放产品名称的字段
    private String name;
    public String getName() {
```

```
        return name;
    }
    public void setName(String name) {
        this.name = name;
    }
    //存放产品说明的字段
    private String detail;
    public String getDetail() {
        return detail;
    }
    public void setDetail(String detail) {
        this.detail = detail;
    }
    //存放产品图片文件名的字段
    private int imgId;
    public int getImgId() {
        return imgId;
    }
    public void setImgId(int imgId) {
        this.imgId = imgId;
    }
    //存放产品音频文件名的字段
    private int soundId;
    public int getSoundId() {
        return soundId;
    }
    public void setSoundId(int soundId) {
        this.soundId = soundId;
    }
}
```

（4）设计产品手册信息显示 Fragment

1）在应用程序包下面创建 BlankFragment。

2）设计 Fragment 的布局页面 fragment_blank.xml，代码如下。

```
<!--采用滚动布局方便滚动查看产品信息-->
<?xml version="1.0" encoding="utf-8"?>
<ScrollView xmlns:android="http://schemas.android.com/apk/res/android"
    xmlns:tools="http://schemas.android.com/tools"
    android:layout_width="match_parent"
    android:layout_height="match_parent"
    android:layout_margin="20sp"
    tools:context=".BlankFragment">
    <LinearLayout
        android:layout_width="match_parent"
        android:layout_height="match_parent"
        android:orientation="vertical">
        <TextView
            android:id="@+id/tvName"
            android:layout_width="match_parent"
```

```
            android:layout_height="80sp"
            android:gravity="center"
            android:text="产品名称"
            android:textSize="40sp" />
        <TextView
            android:id="@+id/tvDetail"
            android:layout_width="match_parent"
            android:layout_height="wrap_content"
            android:layout_marginLeft="15sp"
            android:gravity="left"
            android:text="详细内容"
            android:textSize="20sp"/>
        <!--产品图片-->
        <ImageView
            android:id="@+id/imgProduct"
            android:layout_width="320sp"
            android:layout_height="160sp"
            android:layout_gravity="center" />
        <!--产品说明播放键，用图片的单击功能-->
        <ImageView
            android:id="@+id/imgProductSound"
            android:layout_width="60sp"
            android:layout_height="60sp"
            android:layout_gravity="left"
            android:layout_marginLeft="40sp"
            android:src="@mipmap/play" />
    </LinearLayout>
</ScrollView>
```

3）编写产品手册信息显示 Fragment，代码如下。

```
import android.graphics.Bitmap;
import android.graphics.BitmapFactory;
import android.media.MediaPlayer;
import android.os.Bundle;
import androidx.fragment.app.Fragment;
import android.view.LayoutInflater;
import android.view.View;
import android.view.ViewGroup;
import android.widget.ImageView;
import android.widget.TextView;
import java.util.ArrayList;

public class BlankFragment extends Fragment {
    //接收待显示数据在数组中的位置索引
    int i;
    //产品数据数组
    ArrayList<Product> list = new ArrayList();
    MediaPlayer player;
    boolean onoff = true;   //播放键显示图标切换标志
    //初始化产品数据
```

```
    private void initList() {
        list.add(new Product("涡轮"
                , " 涡轮（Turbo）……"
                , R.mipmap.wl1
                , R.raw.m1));
        //添加另外三条数据
    ……
    }
    //Fragment 页面初始化函数
    @Override
    public View onCreateView(LayoutInflater inflater, ViewGroup container
            ,Bundle savedInstanceState) {
        // Inflate the layout for this fragment
        View view = inflater.inflate(R.layout.fragment_blank, container,
                                      false);
        initList();
        //接收 Activity 传递过来的数据
        i = getArguments().getInt("position");
        //小部件赋值
        TextView tvName, tvDetail;
        tvName = (TextView) view.findViewById(R.id.tvName);
        tvName.setText(list.get(i).getName());
        tvDetail = (TextView) view.findViewById(R.id.tvDetail);
        tvDetail.setText(list.get(i).getDetail());
        final ImageView imgProduct, imgProductSound;
        //加载图片
        imgProduct = (ImageView) view.findViewById(R.id.imgProduct);
        Bitmap bitmap = BitmapFactory.decodeResource(getResources()
                                        , list. get(i).getImgId());
        imgProduct.setImageBitmap(bitmap);
        //播放产品说明
        imgProductSound = (ImageView) view.findViewById(R.id.imgProductSound);
        imgProductSound.setOnClickListener(new View.OnClickListener() {
            @Override
            public void onClick(View v) {
                if (onoff) {
                    imgProductSound.setImageResource(R.mipmap.stop);
                    player = MediaPlayer.create(getActivity()
                                        , list.get(i). getSoundId());
                    player.start();
                    onoff = false;
                } else {
                    imgProductSound.setImageResource(R.mipmap.play);
                    player.stop();
                    onoff = true;
                }
            }
        });
        return view;
    }
}
```

（5）修改 MainActivity 类

1）在 MainActivity 类中编写菜单单击事件代码。

由于每种产品只是数据不同，使用的布局都是一样的，因此用同一个 Fragment 给 Fragment 传递参数，将打开 Fragment 的代码编写成 openFragment(int i)方法。

```
//加载产品 Fragment
private void openFragment(int i) {
    ProductFragment fragment = new ProductFragment();
    //加载待传递的数据
    Bundle bundle = new Bundle();
    bundle.putInt("position", i);
    fragment.setArguments(bundle);
    FragmentManager fragmentManager = getSupportFragmentManager();
    FragmentTransaction transaction = fragmentManager.beginTransaction();
    //替换布局
    transaction.replace(R.id.right_layout, fragment);
    transaction.commit();
}
```

侧滑菜单的单击事件代码如下。

```
//侧滑菜单单击事件
@Override
public boolean onNavigationItemSelected(@NonNull MenuItem menuItem) {
    switch (menuItem.getItemId()) {
        case R.id.nav_wl1:
            openFragment(0);
            break;
        case R.id.nav_wl2:
            openFragment(1);
            break;
        case R.id.nav_wl3:
            openFragment(2);
            break;
        case R.id.nav_wl4:
            openFragment(3);
            break;
    }
    drawer.closeDrawer(GravityCompat.START);
    return true;
}
```

2）修改 MainActivity 类中悬浮按钮的单击事件代码，实现单击退出程序功能。

3）在 MainActivity 类的 onCreate()方法中编写代码，添加菜单项并将菜单单击事件注册到 NavigationView 控件，修改后的完整代码如下。

```
public class MainActivity extends AppCompatActivity
        implements NavigationView.OnNavigationItemSelectedListener {
    //定义变量
    private AppBarConfiguration mAppBarConfiguration;
```

```
        DrawerLayout drawer;
        @Override
        protected void onCreate(Bundle savedInstanceState) {
            super.onCreate(savedInstanceState);
            setContentView(R.layout.activity_main);
            Toolbar toolbar = findViewById(R.id.toolbar);
            setSupportActionBar(toolbar);
            FloatingActionButton fab = findViewById(R.id.fab);
            //悬浮按钮，单击退出程序
            fab.setOnClickListener(new View.OnClickListener() {
                @Override
                public void onClick(View view) {
                    System.exit(0);
                }
            });
            drawer = findViewById(R.id.drawer_layout);
            NavigationView navigationView = findViewById(R.id.nav_view);
            //加载菜单
            mAppBarConfiguration = new AppBarConfiguration.Builder(
                    R.id.nav_home, R.id.nav_wl1, R.id.nav_wl2,R.id.nav_wl3
                            ,R. id.nav_wl4)
                    .setDrawerLayout(drawer)
                    .build();
            NavController navController = Navigation.findNavController(this,
                                            R.id.nav_host_fragment);
            NavigationUI.setupActionBarWithNavController(this, navController,
                                                        mAppBarConfiguration);
            NavigationUI.setupWithNavController(navigationView, navController);
            //设置 NavigationView 的监听器
            navigationView.setItemIconTintList(null);
            navigationView.setNavigationItemSelectedListener(this);
        }
        ......
    }
```

9.4.2 测试运行

1）菜单开关按钮是否能够流畅地开和关。

2）退出系统按钮是否能够正确结束重写运行。

3）单击产品菜单项后打开的产品信息是否正确。

4）产品说明文件声音播放是否正确，是否能够正确播放与停止。

9.4.3 项目总结

1）基于 Navigation Drawer Activity 模板进行侧滑菜单设计非常容易，但是必须熟悉自动生成的各部分内容的含义。

2）Fragment 能够很好地实现页面布局，读者应熟练掌握加载页面 inflate()方法的参数含义。由于 Fragment 与 Activity 非常类似，可以对比学习。

3）通过给 Fragment 传递参数能够实现用同一个 Fragment 呈现不同数据的目标，给 Fragment 传递参数是一个非常重要的知识点。

4）代码重用在编程中非常重要，如果多个 Fragment 只是呈现数据不同，应该利用函数重用的方法来编写 Fragment 的代码。

9.5 实验 9

1．修改产品手册项目中的参数传递方法，使用 onAttach()方法传递参数。

2．修改程序，用 map 代替产品基本信息结构类 Product。

9.6 习题 9

1．简述创建 Fragment 的两种方法的步骤与特点。

2．简述 Navigation Drawer Activity 模板设计自动生成布局文件的含义。

3．简述 Navigation Drawer Activity 模板设计自动生成菜单文件的含义。

4．简述 Activity 向 Fragment 传递数据的方法。

9.7 知识拓展——FrameLayout

FrameLayout（也称帧布局）是一种最为简单的页面布局，该布局没有定位方式，控件默认以叠加的方式放在布局的左上角，因此布局中只能显示最后一个控件，布局大小由控件中最大的子控件决定，一般用作引用 Fragment 的布局。

9.8 知识拓展——FloatingActionButton

FloatingActionButton（中文意思是悬浮按钮，以下简称 FAB）是继承自 ImageView 控件的一个具有时尚外观的新控件，用法与 ImageView 控件类似，具有丰富的外观设置属性，常用属性如表 9-5 所示。

表 9-5 FloatingActionButton 类的常用属性

属 性 名	说 明
android:src	FAB 中显示的图标
app:srcCompat	FAB 中显示的矢量图图标
app:backgroundTint	FAB 中的背景颜色

（续）

属 性 名	说　明
app:rippleColor	FAB 被单击时边缘阴影的颜色
app:elevation	边缘阴影的宽度
app:pressedTranslationZ	单击 FAB 时，FAB 边缘阴影的宽度，通常设置得比 elevation 的数值大
android:clickable	是否允许单击，取值为 true 表示允许单击

9.9 随堂测试 9

1．以下不属于 Android 布局的是哪个？（　　）

A．FrameLayout

B．LinearLayout

C．BorderLayout

D．RelativeLayout

2．以下哪个方法不是 Fragment 生命周期的方法？（　　）

A．onAttach()　　B．onCreate()　　C．onCreateView()　　D．onFinish()

3．侧滑菜单中默认生成的内容布局文件名为________。

4．创建侧滑抽屉布局项目使用的模板是________。

5．在 Fragment 中获取调用 Fragment 的 Activity 所使用的方法是________。

第 10 章 多线程技术

线程是网络通信与并发控制的基础，本章介绍线程类的作用与用法、基于 Handler 和 Message 类的 UI 更新机制，以及 AsyncTask 类异步通信机制，最后应用线程技术开发一个产品图册定时轮播项目。

10.1 产品图册定时轮播项目设计

10.1.1 项目需求

设计一个产品图册定时轮播程序，轮流播放 SD 卡中存放的产品图片，界面设计如图 10-1 所示，程序具有以下功能。

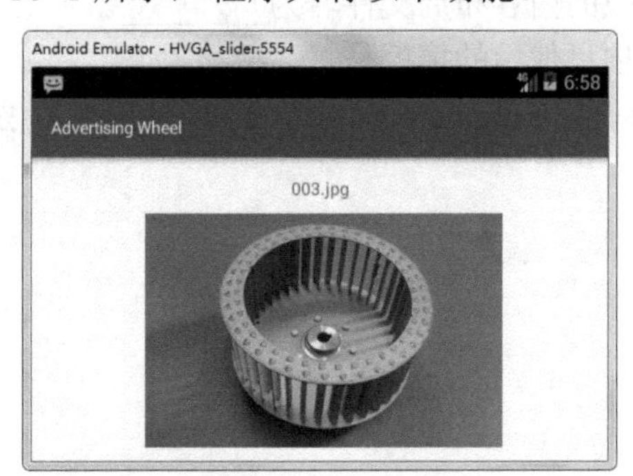

图 10-1 产品图册轮播项目运行效果图

1）打开程序后自动开始播放广告图片。

2）从第一张图片开始依次播放，每隔一秒钟切换一次图片，播放至结尾自动再从头开始播放。

3）在图片上方显示关于图片的说明，为简单起见，直接给出图片的文件名字。

10.1.2 技术分析

1）关于图片显示技术在第 5 章产品图册项目中已经进行了完整介绍，这里直接使用，以降低项目难度和实现知识点的积累递进。

2）为简单起见，产品介绍没有单独的介绍文字，仅给出了图片名称，即文件名，文件名的获取方法同产品介绍播放项目，仍然采用子字符串截取技术。

3）使用 Thread 类开辟一个线程，实现自动播放。

4）基于 Message 类的消息处理机制实现主线程与子线程之间的信息交互。

产品图册定时轮播项目涉及知识点如图 10-2 所示。

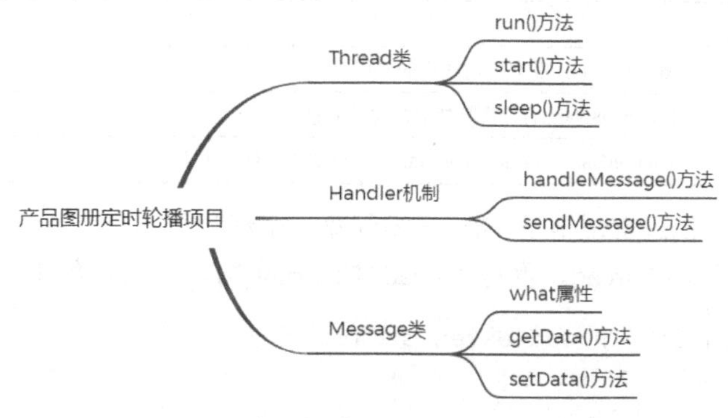

图 10-2　产品图册轮播项目涉及知识点

【项目知识点】

10.2 线程与 Thread 类

10.2.1　进程与线程

进程是指在内存中运行的一个独立应用程序，它具有自己独立的内存空间，不依赖于线程而独立存在。线程是指进程中的一个执行流程，它没有自己独立的内存空间，与进程中的其他线程一起共享进程资源。一个进程中可以运行多个线程，线程总是从属于某个进程。

针对一些耗时或大量占用处理器的任务，使用多线程能够改善用户体验，具体来说有以下优点。

1）可以让用户界面一直处于活动状态，加快应用程序的响应速度。

2）可以提高 CPU 的利用率。

3）可以通过设置线程的优先级优化程序性能。

10.2.2　Thread 类与线程实现

Android 中有两种实现线程的方法，一是继承线程类 Thread，二是实现接口 Runnable。线程类 Thread 的主要方法如表 10-1 所示。

表 10-1　Thread 类的主要方法

方法名	说明
run()	void run()，线程启动后自动调用的方法，编写线程要执行的代码
void sleep()	该方法有重载，其中一种重载为 static void sleep(long time)，其作用是阻塞线程，使线程进入休眠状态。参数 time 的单位为毫秒，表示线程休眠的时间
start()	void start()，启动线程
yield()	static void yield()，暂停线程，实现相同优先级线程的轮转运行

（续）

方 法 名	说　明
getId()	long getId()，获取当前线程的 ID 值
getName()	String getName()，获取当前线程的名称
setName()	void setName(String threadName)，设置当前线程的名称

【例 10-1】 编写代码实现基于 Thread 类创建一个线程类。

定义一个线程类 MyThread，重写 Thread 类的 run()方法，代码如下。

```
public class MyThread extends Thread {
    @Override
    public void run() {
        super.run();
        //线程中执行的代码
    }
}
```

【例 10-2】 编写代码实现基于 Runnable 接口创建一个线程类。

定义一个线程类 MyRunnable，重写 Runnable 接口的 run()方法，代码如下。

```
public class MyRunnable implements Runnable {
    @Override
    public void run() {
         //线程中执行的代码
    }
}
```

线程类创建完毕后就可以在需要的地方使用该类来实例化线程。基于线程的实际使用情况，线程类一般是作为 MainActivity 类的私有类来定义的。

【例 10-3】 利用线程编写简单计时器应用程序，实现按秒更新显示系统当前时间的功能，程序界面设计参考图 10-3。

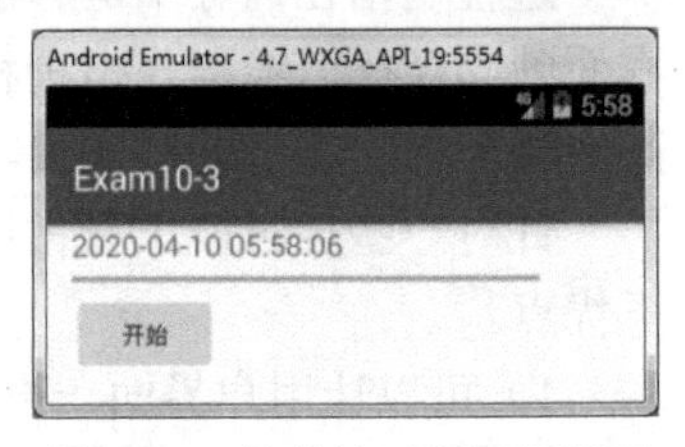

图 10-3　简单计时器运行界面

① 创建应用程序，编写程序界面代码如下。

```
<TextView
    android:id="@+id/tv_date"
    android:layout_width="wrap_content"
    android:layout_height="wrap_content"
    android:text="实时时间"
    android:textAppearance="?android:attr/textAppearanceMedium" />
<ProgressBar
    android:id="@+id/pro_bar"
    style="?android:attr/progressBarStyleHorizontal"
    android:layout_width="283dp"
    android:layout_height="wrap_content" />
<Button
    android:id="@+id/btn_start"
    android:layout_width="wrap_content"
    android:layout_height="wrap_content"
```

```
    android:text="开始" />
```

② 在应用程序 MainActivity 类中编写代码如下。

```
public class MainActivity extends AppCompatActivity {
    //按“年-月-日 时:分:秒” 格式格式化时间
    SimpleDateFormat df = new SimpleDateFormat("yyyy-MM-dd hh:mm:ss");
    TextView tvDate; //显示日期和时间的文本控件
    private ProgressBar progressBar; // 进度条，显示进度完成百分比

    @Override
    protected void onCreate(Bundle savedInstanceState) {
        super.onCreate(savedInstanceState);
        setContentView(R.layout.activity_main);
        tvDate = (TextView) findViewById(R.id.tv_date);
        progressBar = (ProgressBar) findViewById(R.id.pro_bar);
        //在 TextView 控件上显示系统时间
        String date = df.format(new Date());
        tvDate.setText(date);
        Button btnStart = (Button) findViewById(R.id.btn_start);
        btnStart.setOnClickListener(new View.OnClickListener() {
            @Override
            public void onClick(View view) {
                MyThread myThread = new MyThread();
                myThread.start();
            }
        });
    }

    private class MyThread extends Thread {
        @Override
        public void run() {
            super.run();
            showTime();
        }
    }

    //每秒钟更新一次日期和时间显示
    private void showTime() {
        for (int i = 1; i <= 10; i++) {
            String date = df.format(new Date());
            try {
                //线程暂停 1000 毫秒
                Thread.sleep(1000);
                //在 TextView 控件上显示系统当前时间
                tvDate.setText(date);
                //让进度条移动
                progressBar.setProgress((i * 100) / 10);
            } catch (InterruptedException e) {
                e.printStackTrace();
            }
```

扫一扫
10-2　例10-3
运行效果

```
            }
        }
    }
```

单击“开始”按钮后，程序运行出现闪退异常，原因在于界面控件在应用程序的主线程中，不能在用户自定义线程的 run()方法中操作。

10.3 Handler 机制

Android 应用程序运行时会启动一个线程，这个线程叫作主线程，主要负责处理与用户交互相关的 UI 事件，负责把事件分发到对应的组件进行处理，因此也叫作 UI 线程。

为了改善用户体验，往往会针对一些耗时的操作开一个子线程进行操作，如处理图片、下载网络资源等。但是，UI 线程不允许其他线程直接访问其成员，子线程操作的结果无法直接显示在主线程的 UI 控件中，这时候就需要使用 Handler 机制来实现子线程与主线程的通信。通过 Handler 消息处理机制（简称 Handler 机制），子线程可以通知主线程更新 UI。

Handler 机制由 Handler、Looper、MessageQueue 三个部分组成，这三个部分构成一个处理循环，如图 10-4 所示。MessageQueue 是消息队列；Looper 是一个死循环，不断调用 MessageQueue 的 next()方法查询消息队列，并将查询到的消息交给 Handler 进行处理；Handler 负责处理 Looper 传过来的消息，同时发送新的消息处理队列到 MessageQueue。

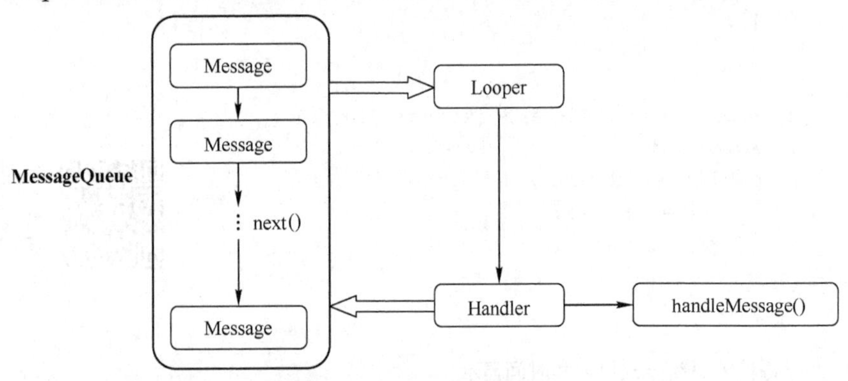

图 10-4　Handler 消息处理机制

10.3.1 Handler 类

Handler 类的常用方法如表 10-2 所示。

表 10-2　Handler 类的常用方法

方 法 名	说　明
handleMessage()	void handleMessage(Message msg)，该方法必须被实现，用于处理接收到的消息，存放处理消息的代码。参数 msg 是待处理的消息对象
sendMessage()	sendMessage(Message msg)，该方法发送消息到消息队列。参数 msg 是待处理的消息对象

10.3.2　Message 类

MessageQueue 队列中的每个消息都是 Message 类的一个实例，Message 类的常用属性和方法如表 10-3 所示。

表 10-3　Message 类的常用属性和方法

属性/方法名	说　明
what	int 类型的属性，Message 类用该属性标记子线程发送给主线程的消息类型
getData()	Bundle getData()，获取消息传递过来的数据
setData()	void setData(Bundle data)，为待发送消息的附加数据

【例 10-4】 利用 Handler 机制修改例 10-3，使程序正确运行。

① 添加 Handler 类，并重写其 handleMessage()方法，对接收的数据进行处理，利用 Handler 类实例化对象，由于是对象的定义，因此可以放在 MainActivity 类体中，所有方法之外，代码如下。

```
//实例化 Handler 类对象 showTimeHandler，并重写 handleMessage()方法
private Handler showTimeHandler = new Handler() {
    @Override
    public void handleMessage(Message msg) {
        //判断消息类型
        if (msg.what == 1) {
            //获取数据并显示
            Bundle bundle = msg.getData();
            String dateTime = bundle.getString("date");
            tvDate.setText(dateTime);
            int progress = bundle.getInt("progress");
            progressBar.setProgress((progress * 100) / 10);
        }
    }
};
```

② 用 Message 类重写 showTime()方法，每隔一秒钟向主线程发送一次进度条的位置，代码如下。

```
//每隔一秒钟更新一次日期和时间显示
private void showTime() {
    for (int i = 1; i <= 10; i++) {
        String date = df.format(new Date());
        Message msg = new Message();
        //标记消息类型
        msg.what = 1;
        //准备待发送数据
        Bundle bundle = new Bundle();
        bundle.putString("date", date);
        bundle.putInt("progress", i);
        //添加待发送数据
        msg.setData(bundle);
```

```
            //发送一个 Message 实例
            showTimeHandler.sendMessage(msg);
            try {
                //线程暂停 1000 毫秒
                Thread.sleep(1000);
            } catch (InterruptedException e) {
                e.printStackTrace();
            }
        }
    }
```

运行程序后会发现程序不再闪退，进度条位置和 TextView 控件的显示能够同步更新，符合要求。

10.4 AsyncTask 类

10.4.1 AsyncTask 类的定义

使用 Handler 机制虽然能够实现子线程与主线程的通信，但是代码比较复杂，线程不够安全，因此实际使用中也经常使用 AsyncTask 类实现子线程与主线程的通信。AsyncTask 类是一个封装好的轻量级异步类，属于抽象类，使用时需要实现其抽象方法。

```
public abstract class AsyncTask<Params, Progress, Result> {
 ...
}
```

AsyncTask 类定义了三种泛型类型 Params、Progress 和 Result，用来控制 AsyncTask 类执行线程任务时各个阶段的返回类型。

1）Params：启动任务执行的输入参数，是 doInBackground()方法接收的参数。

2）Progress：显示后台任务进度百分比的参数。

3）Result：后台执行任务最终返回的结果，是 doInBackground()方法返回和 onPostExecute()方法传入的参数。

10.4.2 AsyncTask 类的执行流程

AsyncTask 的执行分为 4 步，每一步都对应一个回调方法。这些方法是自动执行的，不需要调用，只需要实现这些方法，在其中编写代码实现程序功能即可。

1）onPreExecute()：该方法在执行实际的后台操作前被主线程调用。可以在该方法中做一些准备工作，如在界面上显示一个进度条等。该方法是前置运行体，运行在主线程中，因此该方法中可以访问 UI 小部件。

2）doInBackground(Params...)：该方法在 onPreExecute()方法执行后马上执行，运行在后台线程中，主要负责执行耗时的工作，相当于 Thread 的线程体，是后台运行的异步子线程，不允许访问 UI 组件。该方法是抽象方法，必须实现，在该方法中可以调用 publishProgress()方法来更新任务进度和触发 onProgressUpdate()方法执行对 UI 的操作。

其中，参数 Params 与 AsyncTask 类的第一个参数类型一致，返回值与 AsyncTask 的第三个参数类型一致，是 onPostExecute()方法的输入参数。

3）onProgressUpdate(Progress...)：该方法在 publishProgress()方法被调用后执行，用于在界面上展示任务的进展情况，例如通过进度条显示进度等。该方法是中间运行体，运行在主线程中，可以访问 UI 小部件，且可以多次运行。

其中，参数 Progress 与 AsyncTask 类的第二个参数类型一致，对应 publishProgress()方法传递过来的参数。

4）onPostExecute(Result)：该方法在 doInBackground()方法执行完成后调用，用于将后台的计算结果传递到主线程。它是后置运行体，运行在主线程中，也可以访问 UI 小部件。

其中，参数 Result 与 AsyncTask 类的第三个参数类型一致，接收 doInBackground()方法的返回值。

10.4.3 使用 AsyncTask 类

AsyncTask 类的主要方法包括构造方法和执行方法，执行方法的原型如下。

```
AsyncTask<Params,Progress,Result> execute(Params... params)
```

调用该方法启动 AsyncTask 类的执行。需要注意的是，AsyncTask 类的实例必须在主线程中创建，execute()方法必须在主线程中调用。

AsyncTask 类虽然简单，但是并不能完全取代线程，一些逻辑较为复杂或者需要在后台反复执行的任务仍然需要通过线程来实现。

【例 10-5】 使用 AsyncTask 类改写例 10-4。

修改后的 MainActivity 类代码如下。

```
import android.os.AsyncTask;
import androidx.appcompat.app.AppCompatActivity;
import android.os.Bundle;
import android.util.Log;
import android.view.View;
import android.widget.Button;
import android.widget.ProgressBar;
import android.widget.TextView;
import java.text.SimpleDateFormat;
import java.util.Date;

public class MainActivity extends AppCompatActivity
                        implements View.OnClickListener {
    // 定义时间格式为： 年-月-日 时:分:秒
    SimpleDateFormat df = new SimpleDateFormat("yyyy-MM-dd hh:mm:ss");
    TextView tvDate; // 用于显示日期和时间（格式： 年-月-日 时:分:秒）
    private ProgressBar progressBar; // 进度条，显示百分比

    @Override
    protected void onCreate(Bundle savedInstanceState) {
```

```
        super.onCreate(savedInstanceState);
        setContentView(R.layout.activity_main);
        tvDate = (TextView) findViewById(R.id.tv_date);
        progressBar = (ProgressBar) findViewById(R.id.pro_bar);
        //在 TextView 控件上显示系统当前时间
        String date = df.format(new Date());
        tvDate.setText(date);
        //开始按钮
        Button btnStart = (Button) findViewById(R.id.btn_start);
        btnStart.setOnClickListener(this);
    }

    @Override
    public void onClick(View view) {
        //实例化 AsyncTask 类的对象，并启动执行
        MyAsyncTask myAsyncTask = new MyAsyncTask();
        myAsyncTask.execute();
    }

    //定义 AsyncTask 类
    private class MyAsyncTask extends AsyncTask<Integer, Integer, String> {
        String tag = "TimeTask";//定义 Log 消息提示
        private String dateTime;//保存时间值

        @Override
        protected void onPreExecute() {
            Log.v(tag, "onPreExecute");
        }

        @Override
        protected String doInBackground(Integer... params) {
            Log.v(tag, "doInBackground");
            for (int i = 1; i <= 10; i++) {
                dateTime = df.format(new Date());
                publishProgress(i);
                try {
                    Thread.sleep(1000); // 暂停 1000 毫秒
                } catch (InterruptedException e) {
                    e.printStackTrace();
                }
            }
            return "ok";
        }

        @Override
        protected void onProgressUpdate(Integer... values) {
            tvDate.setText(dateTime);
            int progress = values[0];
            Log.v(tag, "onProgressUpdate  " + progress);
            progressBar.setProgress((progress * 100) / 10);
        }

        @Override
```

```
        protected void onPostExecute(String result) {
            Log.v(tag, "onPostExecute");
        }
    }
}
```

10.5 产品图册定时轮播项目实施

10.5.1 编码实施

1）创建 Activity 应用程序，使用水平线性布局设计主页面，代码如下。

```
<TextView
    android:layout_width="wrap_content"
    android:layout_height="wrap_content"
    android:layout_gravity="center"
    android:id="@+id/tvImageDescrib"/>
<ImageView
    android:id="@+id/image"
    android:layout_width="match_parent"
    android:layout_height="wrap_content" />
```

2）在 MainActivity 类编写代码实现程序功能。

```
import android.graphics.Bitmap;
import android.graphics.BitmapFactory;
import android.os.Environment;
import android.os.Handler;
import android.os.Message;
import androidx.appcompat.app.AppCompatActivity;
import android.os.Bundle;
import android.widget.ImageView;
import android.widget.TextView;
import java.io.File;
import java.util.ArrayList;

public class MainActivity extends AppCompatActivity {
    //获取 SD 卡图片路径
    String filePathPictures = Environment.getExternalStorageDirectory().
                                        getPath() + "/Pictures/";
    //定义图片路径存放数组
    ArrayList<String> imgPath = new ArrayList<String>();
    //记录图片数组中的数据个数，即图片的个数
    int imagenumber, i = 0;
    private ImageView imageView;
    private TextView tvImageDescrib;
    //实例化 Handler 类对象，并重写 handleMessage()方法
    private Handler showTimeHandler = new Handler() {
        @Override
```

```
        public void handleMessage(Message msg) {
            //判断消息类型
            if (msg.what == 1) {
                //获取数据并显示
                Bundle bundle = msg.getData();
                int i = bundle.getInt("position");
                Bitmap bm = BitmapFactory.decodeFile(imgPath.get(i));
                imageView.setImageBitmap(bm);
                tvImageDescrib.setText(imgPath.get(i).substring(imgPath.
                  get(i).lastIndexOf("/") + 1,imgPath.get(i).length())
                  );
            }
        }
    };

    @Override
    protected void onCreate(Bundle savedInstanceState) {
        super.onCreate(savedInstanceState);
        setContentView(R.layout.activity_main);
        imageView = (ImageView) findViewById(R.id.image);
        tvImageDescrib=(TextView) findViewById(R.id.tvImageDescrib);
        //初始化图片数组
        getSdCardImgFile(filePathPictures);
        //获取数组大小
        imagenumber = imgPath.size();
        //通过线程间隔 1 秒钟加载图片
        final MyThread myThread = new MyThread();
        myThread.start();
    }

    //初始化图片路径存放数组函数
    private void getSdCardImgFile(String url) {
        File file = new File(url);
        File[] files = file.listFiles();
        for (File f : files)
            imgPath.add(f.getAbsolutePath());
    }

    private class MyThread extends Thread {
        @Override
        public void run() {
            super.run();
            showImage();
        }
    }

    // 每隔一秒钟更新一次图片显示
    private void showImage() {
        while (true) {
            if (i > imagenumber - 1)
                i = 0;
            Message msg = new Message();
            //标记消息类型
            msg.what = 1;
            //准备待发送数据
```

```
                    Bundle bundle = new Bundle();
                    bundle.putInt("position", i);
                    //添加待发送数据
                    msg.setData(bundle);
                    //发送一个 Message 实例
                    showTimeHandler.sendMessage(msg);
                    try {
                        //线程暂停 1000 毫秒
                        Thread.sleep(1000);
                    } catch (InterruptedException e) {
                        e.printStackTrace();
                    }
                    i++;//下移文件指针
                }
            }
        }
```

3）为应用添加 SD 读取卡权限。

```
<uses-permission android:name="android.permission.READ_EXTERNAL_STORAGE" />
```

10.5.2　测试运行

1）测试打开应用后是否能够进入广告图片自动播放模式。

2）测试是否播放了所有广告图片。

3）测试广告图片上方的文字说明是否与图片匹配。

10.5.3　项目总结

1）使用 Handler 机制在子线程中修改页面控件时需要使用 Message 类和重写 handleMessage 方法。

2）利用 Message 类的 what 参数可以用不同方法处理数据。

3）Handler 类使用 sendMessage()方法发送消息队列。

4）定时操作需要使用 Thread 类休眠线程。

10.6　实验 10

1. 用 AsyncTask 类改写产品图册定时轮播项目。
2. 仿照本章例 10-3 编写一个秒表程序，实现按秒计时功能。

10.7　习题 10

1. 简述进程与线程的概念。

2．简述 Thread 类的创建与主要方法的用法。
3．简述 Handler 类处理消息的机制。
4．简述 AsyncTask 类的执行流程。

10.8 随堂测试 10

1．以下关于线程的说法不正确的是哪个？（　　）
A．可以在主线程中创建一个新的线程　　B．可以在创建的新线程中操作 UI 组件
C．新线程可以和 Handler 共同使用　　D．Handler 对象隶属于创建它的线程
2．以下哪个是进度条组件？（　　）
A．RatingBar　　B．ProgressBar　　C．SeekBar　　D．ScrollBar
3．以下关于 Handler 的作用描述正确的是哪个？（　　）
A．sendMessage()方法可以向创建 Handler 的线程发送消息
B．Message 对象的 what 属性可以用于区分消息的类型
C．putExtra()方法可以向创建 Handler 的线程传递数据
D．Handler 支持发送空消息
4．在 AsyncTask 类的________方法中可以更新主线程的页面控件。
5．实例化 Thread 类的对象必须重写________方法。

第 11 章　网络编程技术

Android 是移动端开发技术，网络通信是其获取数据的关键，本章介绍 Android 开发网络编程的概念、分类，以及 HTTP 编程的两种常用实现技术。最后基于 OkHttp 网络编程技术开发了一个生产环境远程监看项目。

11.1　生产环境远程监看项目设计

扫一扫
11-1　生产环境远程监看项目

11.1.1　项目需求

在智能制造中，基于移动端的生产环境远程监看是一个既能方便管理又能提升客户体验的功能，通过在生产场所安装合适数量的检测器可以实时检测环境状态，并将检测结果存储到服务器，以服务的方式分发给移动端，这样就可以实现生产环境的远程监看功能。考虑到本书的通用性和读者测试的方便性，本项目使用天气服务通用数据，设计了一个如图 11-1 所示的某生产场所（苏州某地）的天气信息查看服务程序（简称天气服务项目），该程序具有以下功能。

1）单击“今天”按钮，显示当天天气情况。

2）单击“一周天气”按钮，显示一周天气情况。

3）单击“当前实况天气”按钮，显示实时天气情况。

a)

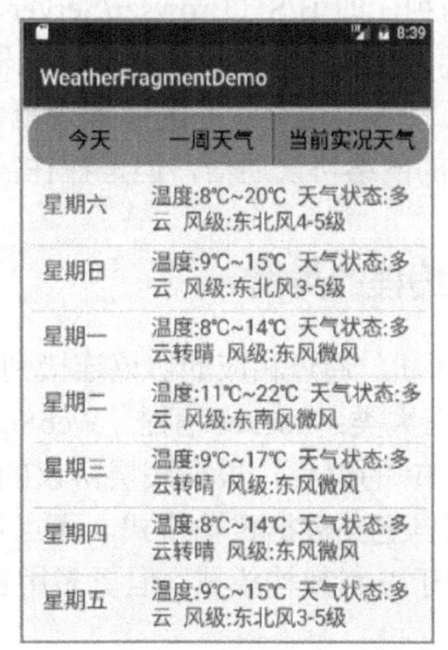

b)

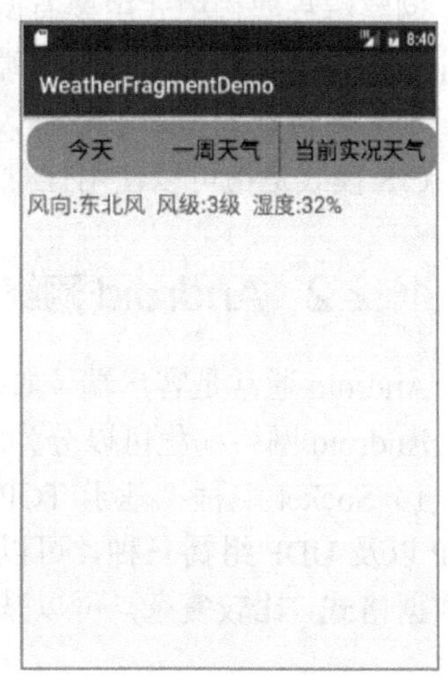

c)

图 11-1　天气服务项目运行效果

a) 当天天气页面　b) 一周天气页面　c) 天气实况页面

11.1.2 技术分析

1）使用 OkHttp 类访问天气服务数据，将获取的 Json 格式的数据解析后供显示使用。

2）网络访问需要使用多线程技术，使用 Thread 与 Handler 机制可以实现线程之间的数据交互。

3）使用 Fragment 实现页面内容显示。

4）采用分层开发模式。

天气服务项目涉及知识点如图 11-2 所示。

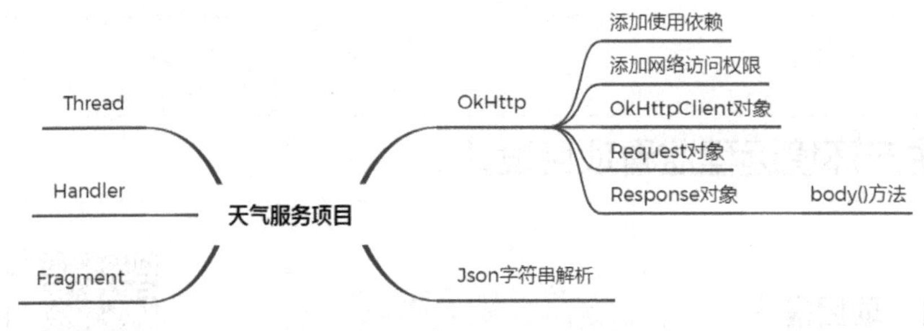

图 11-2 天气服务项目涉及知识点

【项目知识点】

11.2 网络编程概述

11.2.1 网络编程的架构模式

网络编程架构模式主要有两种，即 B/S（Browser/Server，浏览器/服务器端）模式和 C/S（Client/Server，客户端/服务器端）模式。B/S 模式是指浏览器和服务器端基于 HTTP 进行通信，不需要特定的客户端软件，只需要遵循统一的编程规范，客户端就可以访问服务器端数据。C/S 模式是指可以使用任意的网络协议通信，但是往往需要特定的客户端软件。

11.2.2 Android 网络编程的类型

Android 通常是客户端（如手机）通过相应的协议连接到服务器端。同一般的网络编程一样，Android 网络编程可以分为三大类：Socket 编程、WebService 编程和 HTTP 编程。

1）Socket 编程：基于 TCP/IP 的编程，根据底层协议的不同，又可以分为 TCP 传输、UDP 以及 UDP 组播三种，可以自定义数据传输格式。优点是安全性高，不足是需要自己定义数据格式，比较复杂。可以基于 B/S 架构模式，但更多用在专用场合且基于 C/S 架构模式编程。

2）WebService 编程：基于 HTTP 的编程，服务器端是一个具有 Web 服务的 Web 服务器，传输符合简单对象访问协议（Simple Object Access Protocol，SOAP）的 XML 数据，编程需要下载支持 Web Service 的 jar 包。优点是可以跨平台、基于 B/S 模式，不足是需要 jar 包支持。

3）HTTP 编程：基于 HTTP 的编程，传输符合 HTML 协议的超文本数据或自定义格式数据，服务器端是一个 Web 服务器。优点是基于 B/S 架构模式，通用性高。鉴于篇幅和通用性，本书只介绍 HTTP 编程。

Android HTTP 编程有多种实现方式，本书介绍使用方便的 OkHttp 和原生提供的 HttpURLConnection 编程。

11.3 OkHttp 网络编程

11.3.1 OkHttp 编程概述

OkHttp 支持 Android 2.3 及以上版本，支持 Java JDK 1.7 以上版本，是专注于提升网络连接效率的 HTTP 编程客户端。它具有以下优点。

1）实现了同一 IP 地址和端口的请求重用一个 Socket，缩短了网络连接时间，降低了服务器服务的压力。

2）对 HTTP 和 HTTPS 都有良好的支持，通用性好。

3）对 Android 的各种版本都支持良好，程序移植性好。

4）网络请求解决方案较为成熟，比 HttpURLConnection 编程简单好用。

但是 OkHttp 编程也有不足，OkHttp 编程网络请求的返回不在主线程，返回的数据不能直接刷新 UI，需要手动处理，封装稍显麻烦，但是这些不足可以通过 Handler 或者 AsyncTask 机制解决。

11.3.2 OkHttp 使用准备

OkHttp 是一个开源第三方类库，是用于 Android 网络请求的轻量级框架，由移动支付公司 Square 提供，读者可以在官网（https://square.github.io/okhttp/）上查看 OkHttp 的相关资料。

在 AS 开发环境中可以不用下载 jar 包，直接在 Gradle 中添加依赖即可使用 OkHttp 在 Gradle 中添加 okhttp3 依赖的代码如下。

```
implementation 'com.squareup.okhttp3:okhttp:3.4.1'
```

使用 OkHttp 访问网络需要添加权限，在配置文件中添加网络访问权限的代码如下。

```
<uses-permission android:name="android.permission.INTERNET"/>
```

也可以将下载的 jar 包导入项目以使用 OkHttp（参考网址为 http://repository.sonatype.org/service/local/artifact/maven/redirect?r=central-proxy&g=com.squareup.okhttp&a=okhttp&v=LATEST）。jar 包的导入步骤如下。

扫一扫
11-2 导入 jar 包步骤

更改项目视图为 project 视图，把要导入的 jar 包复制到“app”文件夹下的“libs”子文件夹中，然后选中导入的 jar 包并单击鼠标右键，在弹出的快捷菜单中选择“Add As Library”菜单项，单击“OK”按钮后等待系统编译完成。如果该 jar 包可以展开，就表示 jar 包导入完成。

11.3.3 使用 OkHttp 访问网络

OkHttp 支持两种网络请求方式，一种是同步请求，另一种是异步请求，同步请求需要把请求代码放在线程中。根据请求时参数传输方式的不同又可分为 GET 和 POST 两种请求，GET 同步请求包括以下几个步骤。

1）创建 OkHttpClient 对象，代码如下。

```
OkHttpClient client = new OkHttpClient();
```

2）创建 Request 对象，代码如下。

```
Request request = new Request.Builder()
        .url(String url)
        .build();
```

其中，参数 url 为请求的网址。

3）执行请求，生成 Response 对象，代码如下。

```
Response response = client.newCall(Request request).execute();
```

其中，参数 request 为上一步创建的 Request 对象。

4）调用 Response 对象的 body()方法得到请求的数据，代码如下。

```
String responseData = response.body().string();
```

请求返回的数据一般为一个 Json 串，类似于图 11-3。

```
run: {"resultcode":"200",
    "reason":"查询成功",
    "result":{"sk":{"temp":"4","wind_direction":"西北风",
                    "wind_strength":"3 级",
                    "humidity":"84%",
                    "time":"11:29"},
            "today":{"temperature":"0℃~7℃",
                    "weather":"阴转多云",
                    "weather_id":{"fa":"02","fb":"01"},
                    "wind":"西北风微风",
                    "week":"星期五",
                    "city":"苏州",
                    "date_y":"2020 年 01 月 17 日",
                    "dressing_index":"冷",
.........//天气数据
    "error_code":0}
```

图 11-3　Json 串的一般格式

Response 对象的属性和方法说明如表 11-1 所示。

表 11-1　Response 对象的属性和方法

方法/属性名	说　明
isSuccessful()	该方法返回请求的结果，请求成功则返回 true，不成功则返回 false
body()	该方法是网络请求的一部分，必须放在子线程中执行，以完成客户端读操作，并读取服务器输出流所写的数据。由于一次网络请求中服务器的写操作只执行一次，该方法第一次调用返回请求的数据，第二次调用返回 null
code	int code，它是 http 响应行中的 code，若访问成功，则返回 200

【例 11-1】 设计一个天气实况程序，根据输入的城市名称输出该城市的天气实况，程序运行效果如图 11-4 所示。

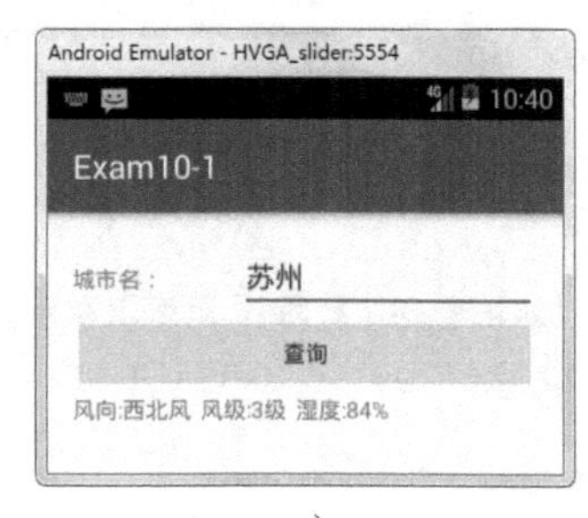

a)

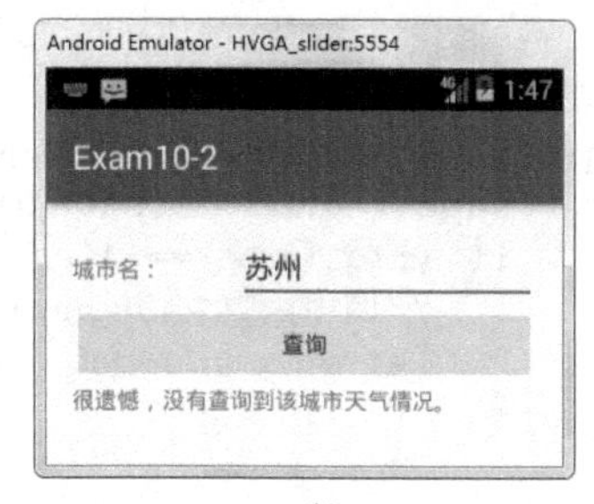

b)

图 11-4　天气实况程序

a) 正确查询到结果　b) 没有获得服务

① 创建 Activity 应用程序，使用垂直线性布局设计页面，代码如下。

```
<LinearLayout
    android:layout_width="match_parent"
    android:layout_height="wrap_content">
    <TextView
        android:layout_width="wrap_content"
        android:layout_height="wrap_content"
        android:layout_weight="1"
        android:text="城市名：" />
    <EditText
        android:id="@+id/etCity"
        android:layout_width="wrap_content"
        android:layout_height="wrap_content"
        android:text="苏州"
        android:layout_weight="3" />
</LinearLayout>
<Button
    android:id="@+id/btnSearch"
    android:layout_width="match_parent"
    android:layout_height="wrap_content"
    android:text="查询" />
<TextView
    android:id="@+id/tvResult"
    android:layout_width="wrap_content"
    android:layout_height="wrap_content"
    android:text="很遗憾，没有查询到该城市天气情况。" />
```

② 在 MainActivity 类中编写代码实现程序功能。

```
public class MainActivity extends AppCompatActivity {
    //定义提供服务的网址，免费服务往往只能访问有限次数
    private final static String url =
         "http://v.juhe.cn/weather/index?format=2&cityname="
         +"%E8%8B%8F%E5%B7%9E&key=";
    private final static String key = "afa0be45e9059efced70a5a464b6edd3";
    private TextView tvResult;
    private EditText etCity;
```

```
private Handler myHandler = new Handler() {
    @Override
    public void handleMessage(Message msg) {
        super.handleMessage(msg);
        if (msg.what == 1) {
            //调用函数 ParsingData 解析 Json 数据，并显示在 TextView 控件中
            ParsingData(msg.getData().getString("result"));
        }
    }
};

@Override
protected void onCreate(Bundle savedInstanceState) {
    super.onCreate(savedInstanceState);
    setContentView(R.layout.activity_main);
    tvResult=(TextView)findViewById(R.id.tvResult);
    etCity=(EditText) findViewById(R.id.etCity);

    Button btnSearch=(Button) this.findViewById(R.id.btnSearch);
    btnSearch.setOnClickListener(new View.OnClickListener() {
        @Override
        public void onClick(View view) {
            //调用网络请求函数，请求天气数据
            //使用付费服务可以通过修改 key 值获取不同城市的天气情况
            //key=etCity.getText().toString();
            sendRequestWithOkHttp(url + key);
        }
    });
}

private void sendRequestWithOkHttp(final String url) {
    new Thread(new Runnable() {
        @Override
        public void run() {
            try {
                //定义 OkHttpClient
                OkHttpClient client = new OkHttpClient();
                //得到 Request 对象
                Request request = new Request.Builder()
                        .url(url)
                        .build();
                //执行网络请求，得到 Response 对象
                Response response = client.newCall(request).execute();
                //判断请求是否成功
                if(response.isSuccessful())
                {
                    //获取请求数据
                    String responseData = response.body().string();
                    Log.d("Weather information:","run:"+responseData);
                    //基于 Handler 机制用 Message 对象处理数据
                    Message msg = new Message();
                    msg.what = 1;
                    Bundle bundle = new Bundle();
                    bundle.putString("result", responseData);
```

```
                    msg.setData(bundle);
                    myHandler.sendMessage(msg);
                }
            } catch (IOException e) {
                e.printStackTrace();
            }

        }
    }).start();
}

private void ParsingData(String result) {
    try {
        //解析 Json 串，筛选数据并显示
        JSONObject firstObject = new JSONObject(result);
        JSONObject secondObject = new JSONObject(firstObject.
                                optString("result"));
        JSONObject jsonObject = new JSONObject(secondObject.
                                optString("sk"));
        tvResult.setText("风向:"
                + jsonObject.optString("wind_direction")
                + "  " + "风级:" + jsonObject.optString("wind_strength")
                + "  " + "湿度:" + jsonObject.optString("humidity"));
    } catch (JSONException e) {
        e.printStackTrace();
    }
}
}
```

③ 在配置文件中添加网络访问权限。

```
<uses-permission android:name="android.permission.INTERNET"/>
```

④ 在 build.gradle 文件中添加依赖。

```
implementation 'com.squareup.okhttp3:okhttp:3.4.1'
```

添加完依赖之后需要在 build.gradle 文件窗口右上角单击“Sync Now”按钮进行同步，以便下载需要的资源。

GET 请求可以获取静态页面，也可以把参数放在 URL 地址后面，较为简单。POST 请求的参数放在 HTTP 请求的正文内，不用放在 URL 地址中，因而参数更为安全。其代码与 GET 请求较为类似，鉴于篇幅这里省略。

11.4 HttpURLConnection 网络编程

11.4.1 HttpURLConnection 编程概述

HttpURLConnection 是一个多用途、轻量级的 HTTP 客户端，虽然它所提供的 API 较为简单，对网络请求的封装不如 HttpClient 彻底，使用不够方便，但是更容易扩展和优化。与 OkHttp 不同的是，HttpURLConnection 是 Android 自带的网络编程类，因此使用也较为广泛。

HttpURLConnection 类的常用方法如表 11-2 所示。

表 11-2 HttpURLConnection 类的常用方法

方 法 名	说 明
setRequestMethod()	void setRequestMethod(String method)，设置请求的方式。参数 method 有两种取值，GET 或 POST，对应两种网络请求方式
connect()	void connect()，请求网络连接
setDoOutput()	void setDoOutput(boolean newValue)，设置是否允许写出
setDoInput()	void setDoInput(boolean newValue)，设置是否允许读入
setUseCaches()	void setUseCaches(boolean newValue)，设置是否使用缓存
getInputStream()	InputStream getInputStream()，请求返回的输入流对象，同 OkHttp 类的 body()方法一样，只能执行一次，第二次调用将返回 null。使用 BufferedReader 类可以读取该对象的内容
getResponseCode()	int getResponseCode()，返回请求响应码，请求成功则返回 HTTP_OK

HttpURLConnection 对象不能通过构造方法创建，需要使用 URL 对象的 openConnection()方法进行创建，代码如下。

```
//定义需要访问网址的 URL 对象
URL url = new URL(myurl);
//创建 HttpURLConnection 对象
HttpURLConnection connection = (HttpURLConnection) url.openConnection();
```

11.4.2 使用 HttpURLConnection 访问网络

使用 HttpURLConnection 访问网络包含以下几个步骤。

1）创建 HttpURLConnection 对象。

2）设置 HttpURLConnection 网络请求的方式。

3）调用 HttpURLConnection 对象的 connect()方法打开网络连接。

4）根据请求响应码判断请求结果，调用 HttpURLConnection 对象的 getInputStream()方法返回请求的数据，完成网络访问。

【例 11-2】 修改例 11-1，用 HttpURLConnection 访问天气服务。

① 修改网络请求函数代码如下。

```
private void sendRequestWithHttpURLConnection(final String myurl) {
    new Thread(new Runnable() {
        @Override
        public void run() {
            try {
                //定义需要访问的地址
                URL url = new URL(myurl);
                //得到 connection 对象。
                HttpURLConnection connection = (HttpURLConnection) url.
                                                    openConnection();
                //设置请求方式
                connection.setRequestMethod("GET");
```

```
                //连接天气服务网络
                connection.connect();
                //得到响应码
                int responseCode = connection.getResponseCode();
                if(responseCode == HttpURLConnection.HTTP_OK){
                    //得到响应流
                    InputStream inputStream = connection.getInputStream();
                    //将响应流转换成字符串
                    BufferedReader rd=new BufferedReader(
                                    new InputStreamReader(inputStream));
                    String result="",line="";
                    while((line=rd.readLine())!=null)
                        result+=line;
                    Log.d("Weather information:", "run: " + result);
                    //基于 Handler 机制用 Message 对象处理数据
                    Message msg = new Message();
                    msg.what = 1;
                    Bundle bundle = new Bundle();
                    bundle.putString("result", result);
                    msg.setData(bundle);
                    myHandler.sendMessage(msg);
                }
            } catch (IOException e) {
                e.printStackTrace();
            }
        }
    }).start();
}
```

② 修改按钮单击事件代码如下。

```
public void onClick(View view) {
    //调用网络请求函数，请求天气数据，使用付费服务可以通过修改 key 值获取不同城市的天气情况
    //key=etCity.getText().toString();
    sendRequestWithHttpURLConnection(url + key);
}
```

③ 在配置文件中添加网络访问权限。

```
<uses-permission android:name="android.permission.INTERNET"/>
```

本例也可以用 POST 方式请求网络，只需要将请求方式修改为 POST 就可以，其余代码不需要修改。

11.5 生产环境远程监看项目实施

11.5.1 编码实现

1）创建 Activity 应用程序，使用垂直线性布局设计主页面，代码如下。

```
<LinearLayout
    android:layout_width="match_parent"
    android:layout_height="wrap_content"
    android:layout_margin="5dp"
    android:background="@drawable/shape"
    android:orientation="horizontal">
    <Button
        android:id="@+id/btn_today"
        android:layout_width="wrap_content"
        android:layout_height="wrap_content"
        android:layout_weight="1"
        android:background="@android:color/transparent"
        android:text="今天"
        android:textSize="20dp" />
    <Button
        android:id="@+id/btn_weekWeather"
        android:layout_width="wrap_content"
        android:layout_height="wrap_content"
        android:layout_weight="1"
        android:background="@android:color/transparent"
        android:text="一周天气"
        android:textSize="20dp" />
    <View
        android:layout_width="1dp"
        android:layout_height="match_parent"
        android:background="@android:color/black" />
    <Button
        android:id="@+id/btn_realStatus"
        android:layout_width="wrap_content"
        android:layout_height="wrap_content"
        android:layout_weight="1"
        android:background="@android:color/transparent"
        android:text="当前实况天气"
        android:textSize="20dp" />
</LinearLayout>
<LinearLayout
        android:id="@+id/ly_realContent"
        android:layout_width="match_parent"
        android:layout_height="match_parent"
        android:orientation="vertical"/>
```

2）编写按钮背景图片文件 shape.xml，代码如下。

```
<?xml version="1.0" encoding="utf-8"?>
<selector xmlns:android="http://schemas.android.com/apk/res/android">
    <item>
        <shape>
            <corners android:radius="20dip" />
            <solid android:color="@android:color/darker_gray" />
        </shape>
    </item>
```

```
</selector>
```

3）添加 Fragment 包，在包下面添加 3 个 Fragment，分别用于显示当天天气（Today-Fragment）、一周天气（WeekWeatherFragment）和天气实况（RealStatusFragment）。当天天气页面上，TextView 控件的 id 值为 tv_today_info；一周天气页面上只有一个 ListView 控件，id 属性值为 list_weather；天气实况页面上，TextView 控件的 id 值为 tv_realStatus_info。

4）添加 beam 包，在包下面定义天气服务网址常量类 Constant，代码如下。

```
public class Constant {
   public final static String url = "http://v.juhe.cn/weather/index?format=" +
         "2&cityname=%E8%8B%8F%E5%B7%9E&key=";
   public final static String key = "afa0be45e9059efced70a5a464b6edd3";
}
```

5）在 beam 包下编写天气服务访问类 RequestIntenetWithOkHttp 代码如下。

```
import android.content.Context;
import android.os.Bundle;
import android.os.Handler;
import android.os.Message;
import android.widget.ListView;
import android.widget.TextView;
import com.example.administrator.weatherfragmentdemo.adapter.MyListAdapter;
import org.json.JSONArray;
import org.json.JSONException;
import org.json.JSONObject;
import java.io.IOException;
import java.util.ArrayList;
import java.util.HashMap;
import java.util.List;
import java.util.Map;
import okhttp3.OkHttpClient;
import okhttp3.Request;
import okhttp3.Response;

public class RequestIntenetWithOkHttp {
   private TextView mTextView;
   private ListView mListView;
   private static List<Map<String, Object>> mList = new ArrayList<>();
   private SimpleAdapter mMyListAdapter;
   private Context context;
   String responseData = "";

   public RequestIntenetWithOkHttp(TextView mTextView) {
      this.mTextView = mTextView;
   }

   public RequestIntenetWithOkHttp(ListView mListView, Context context) {
      this.context = context;
      this.mListView = mListView;
   }

   private Handler mHandler = new Handler() {
```

```
        @Override
        public void handleMessage(Message msg) {
            super.handleMessage(msg);
            if (msg.what == 1) {   //今天天气
                ParsingDataToday(msg.getData().getString("result"));
            }
            if (msg.what == 2) {    //一周天气
                ParsingDataWeekWeather(msg.getData().getString("result"));
            }
            if (msg.what == 3) {    //天气实况
                ParsingDataRealStatus(msg.getData().getString("result"));
            }
        }
    };

    public void sendRequestWithOkHttp(final String url, final int what) {
        new Thread(new Runnable() {
            @Override
            public void run() {
                try {
                    if (responseData.equals("")) { //减少网络访问次数
                        OkHttpClient client = new OkHttpClient();
                        Request request = new Request.Builder()
                                .url(url)
                                .build();
                        Response response = client.newCall(request).execute();
                        responseData = response.body().string();
                    }
                    Message msg = new Message();
                    msg.what = what;
                    Bundle bundle = new Bundle();
                    bundle.putString("result", responseData);
                    msg.setData(bundle);
                    mHandler.sendMessage(msg);
                } catch (IOException e) {
                    e.printStackTrace();
                }
            }
        }).start();
    }

    //处理当天天气数据
    private void ParsingDataToday(String result) {
        try {
            JSONObject firstObject = new JSONObject(result);
            JSONObject secondObject = new JSONObject(firstObject.optString
                                        ("result"));//去头
            JSONObject jsonObject = new JSONObject(secondObject.optString
                                        ("today"));
            mTextView.setText("城市:" + jsonObject.optString("city")
                    + "  " + "时间:" + jsonObject.optString("date_y")
                    + "  " + "建议:" + jsonObject.optString("dressing_advice"));
        } catch (JSONException e) {
```

```
            e.printStackTrace();
        }
    }

    //处理一周天气数据
    public void ParsingDataWeekWeather(String result) {
        try {
            mList.clear();
            JSONObject firstObject = new JSONObject(result);
            JSONObject secondObject = new JSONObject(firstObject.optString
                                                    ("result"));//去头
            JSONArray jsonArray = new JSONArray(secondObject.optString
                                                    ("future"));
            for (int i = 0; i < jsonArray.length(); i++) {
                Map<String, Object> map = new HashMap<>();
                JSONObject object = (JSONObject) jsonArray.get(i);
                map.put("week", object.optString("week"));
                map.put("weekvalue", "温度:"+object.optString("temperature")
                        + "  " + "天气状态:" + object.optString("weather") + "  "
                        + "风级:" + object.optString("wind"));
                mList.add(map);
            }
            //键名和显示控件名对应数组
            String[] from = {"week", "weekvalue"};
            int[] to = {R.id.tv_list_title, R.id.tv_list_value};
            //创建适配器对象
            mMyListAdapter = new SimpleAdapter(context, mList
                                    , R.layout. list_item, from, to);
           mListView.setAdapter(mMyListAdapter);
        } catch (JSONException e) {
            e.printStackTrace();
        }
    }

    //处理天气实况数据
    public void ParsingDataRealStatus(String result) {
        try {
            JSONObject firstObject = new JSONObject(result);
            JSONObject secondObject = new JSONObject(firstObject.optString
                                                  ("result"));//去头
            JSONObject jsonObject = new JSONObject(secondObject.optString
                                                  ("sk"));
            mTextView.setText("风向:"+jsonObject.optString("wind_direction")
                    + "  " + "风级:" + jsonObject.optString("wind_strength")
                    + "  " + "湿度:" + jsonObject.optString("humidity"));
        } catch (JSONException e) {
            e.printStackTrace();
        }
    }
}
```

6）编写当天天气 TodayFragment 代码如下。

```
public class TodayFragment extends Fragment {
```

```
    @Override
    public View onCreateView(LayoutInflater inflater, ViewGroup container,
                             Bundle savedInstanceState) {
        return inflater.inflate(R.layout.fragment_today, container, false);
    }

    @Override
    public void onActivityCreated(@Nullable Bundle savedInstanceState) {
        super.onActivityCreated(savedInstanceState);
        TextView mTextView = (TextView) getView().findViewById(
                                               R.id.tv_today_info);
        new RequestIntenetWithOkHttp(mTextView).sendRequestWithOkHttp
                                         (Constant.url + Constant.key,1);
    }
}
```

7）编写天气实况 RealStatusFragment 代码如下。

```
public class RealStatusFragment extends Fragment {
    @Override
    public View onCreateView(LayoutInflater inflater, ViewGroup container,
                             Bundle savedInstanceState) {
        return inflater.inflate(R.layout.fragment_real_status, container, false);
    }

    @Override
    public void onActivityCreated(@Nullable Bundle savedInstanceState) {
        super.onActivityCreated(savedInstanceState);
        TextView  mTextView = (TextView) getView().findViewById(
                                           R.id.tv_realStatus_info);
        new RequestIntenetWithOkHttp(mTextView).sendRequestWithOkHttp
                                         (Constant.url + Constant.key,3);
    }
}
```

8）一周天气信息用 ListView 控件列表显示，ListView 控件的布局文件为 list_item，用两个 TextView 控件分别显示星期提示和对应天气信息，控件 id 值分别为 tv_list_title 和 tv_list_value。

9）编写一周天气 WeekWeatherFragment 代码如下。

```
public class WeekWeatherFragment extends Fragment {
    @Override
    public View onCreateView(LayoutInflater inflater, ViewGroup container,
                             Bundle savedInstanceState) {
        return inflater.inflate(R.layout.fragment_week_weather, container, false);
    }

    @Override
    public void onActivityCreated(@Nullable Bundle savedInstanceState) {
        super.onActivityCreated(savedInstanceState);
        ListView mListView = (ListView) getView().findViewById(
                                               R.id.list_weather);
        new RequestIntenetWithOkHttp(mListView,getContext())
```

```
                    .sendRequestWithOkHttp(Constant.url+ Constant.key,2);
        }
    }
```

10）编写 MainActivity 类代码如下。

```
public class MainActivity extends AppCompatActivity {
    private Fragment mFragment;
    private Button mBtnToday, mBtnWeekWeather, mBtnRealStatus;
    @Override
    protected void onCreate(Bundle savedInstanceState) {
        super.onCreate(savedInstanceState);
        setContentView(R.layout.activity_main);
        mBtnToday = (Button) findViewById(R.id.btn_today);
        mBtnWeekWeather = (Button) findViewById(R.id.btn_weekWeather);
        mBtnRealStatus = (Button) findViewById(R.id.btn_realStatus);
        setListener();
    }

    private void setListener() {
        mBtnToday.setOnClickListener(new View.OnClickListener() {
            @Override
            public void onClick(View v) {
                mFragment = new TodayFragment();
                setFragment(mFragment);
            }
        });
        mBtnWeekWeather.setOnClickListener(new View.OnClickListener() {
            @Override
            public void onClick(View v) {
                mFragment = new WeekWeatherFragment();
                setFragment(mFragment);
            }
        });
        mBtnRealStatus.setOnClickListener(new View.OnClickListener() {
            @Override
            public void onClick(View v) {
                mFragment =new RealStatusFragment();
                setFragment(mFragment);
            }
        });
    }

    private void setFragment(Fragment fragment) {
        FragmentTransaction transaction = getSupportFragmentManager().
                                    beginTransaction();
        transaction.replace(R.id.ly_realContent, fragment);
        transaction.commit();
    }
}
```

11）在配置文件中添加网络访问权限的代码如下。

```
<uses-permission android:name="android.permission.INTERNET"/>
```

12）在 build.gradle 文件中添加依赖。

```
implementation 'com.squareup.okhttp3:okhttp:3.4.1'
```

11.5.2 测试运行

1）测试一周天气列表显示是否正确。

2）测试当天天气和天气实况显示是否正确。

11.5.3 项目总结

1）OkHttp 访问网络的几个步骤。

2）使用 Fragment 能够很好地实现页面布局，替换 Fragment 的代码可以写成一个函数以便重用。

3）访问天气服务是程序共享内容，写成函数以便重用。天气服务返回的数据信息非常完善，可以一次访问多次使用，减少网络访问次数。

11.6 实验 11

1. 用 HttpURLConnection 类改写生产环境远程监看项目。
2. 仿照例 11-1 为生产环境远程监看项目增加城市选择功能。

11.7 习题 11

1. 简述网络编程的架构模式。
2. 简述 Android 网络编程的类型。
3. 写出 OkHttp 访问网络的步骤。
4. 写出 HttpURLConnection 访问网络的步骤。

11.8 随堂测试 11

1. Android 中的常见网络通信方式有哪几种？（　　）

   A．Socket　　B．URLConnection　　C．HttpClient　　D．WebService

2. HttpURLConnection 编程基于________通信协议。

3. OkHttp 编程需要在________中添加 okhttp 依赖。

4. ________请求把参数放在 URL 地址后面，较为简单，________请求的参数不放在 URL 地址中，更为安全。

5. 使用________对象创建 HttpURLConnection 对象。

第 12 章　电子商务综合实训

电子商务是移动开发的一个典型应用场景，本章综合应用 Android 开发技术实现了一个功能较为完善的化妆品售卖项目移动端应用程序，融会贯通了全书知识点，给出了项目设计文档的一种书写格式。

12.1 项目概述

12.1.1 背景概述

随着互联网技术的发展，人们在移动端购物已经成为一种常态，本项目开发一款售卖化妆品的小程序，满足用户在移动端购买商品的需求。

12.1.2 开发工具

项目使用 Android Studio 4.0.1 开发环境，使用 SQLite 数据库管理数据。

12.2 项目分析

12.2.1 需求分析

系统总体需求为播放广告、展示商品信息和用户购买商品，功能详细描述如下。

1）系统开始滚动播放一组广告图片。

2）用户不需要注册，每次通过短信验证的方式来登录系统。

3）商品分类列表显示，能够模糊查找商品和查看商品详细信息。

4）能够将选中的商品加入购物车，在购物车中能够修改商品数量和删除商品。

5）用户能够管理收货地址和添加默认收货地址。

6）用户能够下单、取消订单、付款、确认收货和查看订单。

12.2.2 业务分析

本项目是电子商务系统的移动端应用程序，是基于 Android 手机的，只有一类用户，即短信验证登录用户，因此业务分析同需求分析。

12.2.3 系统功能模块设计

基于需求分析和业务分析，将本系统设计为 5 个模块。

1）基础模块：广告播放、用户登录信息验证和页面导航。

2）收货地址管理模块：收货地址录入、修改、删除和默认收货地址设置。

3）商品模块：商品类别显示、商品列表显示、商品查找、商品详情显示。

4）购物车模块：添加商品到购物车、修改购物车商品数量、单个选择和删除购物车商品、批量选择和取消选择购物车商品。

5）订单结算模块：按订单状态分类查看订单列表、查看指定订单详情、取消订单、删除订单和订单付款、收货确认。

系统功能模块设计如图 12-1 所示。

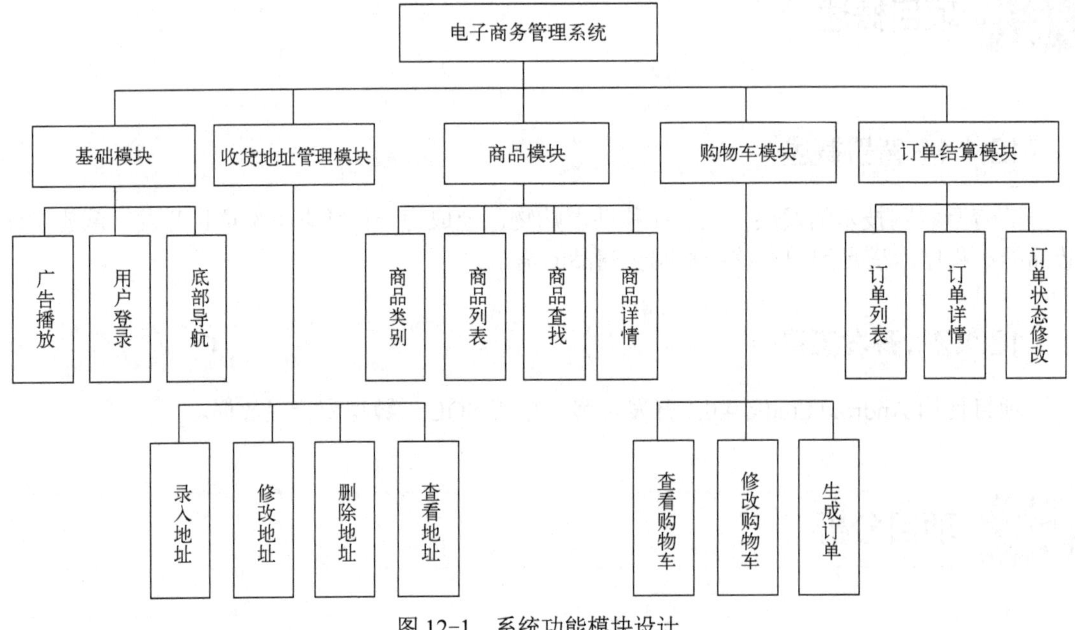

图 12-1　系统功能模块设计

12.3 数据设计

12.3.1 概念设计

根据前面的分析可知，用户使用系统的基本流程为登录系统→分类浏览商品→将商品放入购物车→从购物车选择商品→输入收货地址→下单生成订单→查看订单→付款→收货完成订单。对在这个过程中涉及的实体和形成的联系分析如下。

1）用户通过手机号码进行登录，每次以发送短信验证码的方式动态验证用户，手机号码具有唯一性，用户实体只有手机号码一个属性，因此可以直接用变量，不需要专门设计为一个实体。

2）商品类别实体：描述商品的类别，具有类别编号和类别名称两个属性。

3）商品实体：描述商品的基本信息，具有类别、编号、名称、单价、说明和图片的属性。

4）收货地址实体：描述收货人信息，具有地址编号、收货人手机号码、收货人姓名和收货人地址的属性。

5）库存实体：描述商品库存情况，具有商品编号和库存数量的属性。

6）购物车联系：描述用户将商品放入购物车生成购物车联系的过程，该联系具有登录用户、商品编号、商品数量、选中状态的属性。

7）订单联系：描述用户下单的过程，生成的订单联系具有登录用户、订单编号、收货地址编号、下单时间、订单支付状态和订单完成状态的属性。

8）订单详情实体：描述订单情况，具有订单编号、商品编号、商品数量的属性。

因此，系统一共有 5 个实体，2 个联系，绘制其实体-联系图（E-R 图）如图 12-2 所示。

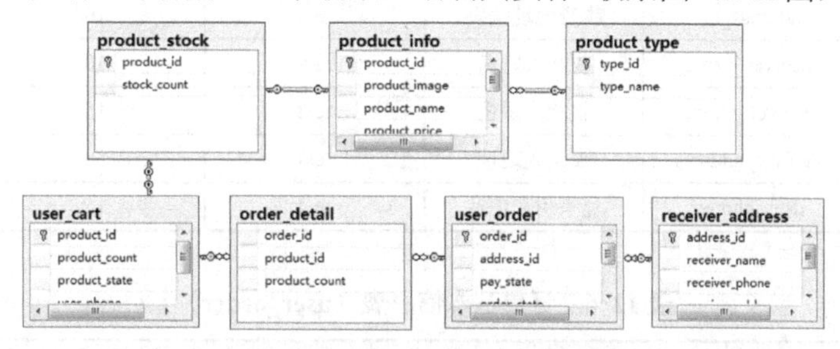

图 12-2　数据的实体-联系图

12.3.2　数据字典设计

根据数据概念设计并生成数据字典如表 12-1～表 12-7 所示。

表 12-1　商品类别表（product_type）

序　号	字 段 名	含　义	数 据 类 型	宽　度	备　注
1	type_id	商品类别编号	text	10	主键
2	type_name	商品类别名称	text	20	

表 12-2　商品信息表（product_info）

序　号	字 段 名	含　义	数 据 类 型	宽　度	备　注
1	product_id	商品编号	text	10	主键
2	product_image	商品图片	int		
3	product_name	商品名称	text	20	
4	product_price	商品单价	int		
5	product_content	商品介绍	text	100	
6	product_type	商品类别编号	text	10	外键（product_type/type_id）

表 12-3　商品库存表（product_stock）

序　号	字 段 名	含　义	数 据 类 型	宽　度	备　注
1	product_id	商品编号	text	10	主键、外键（product_info / product_id）
2	stock_count	库存数量	int		默认值为 10

表 12-4 购物车表（user_cart）

序 号	字 段 名	含 义	数 据 类 型	宽 度	备 注
1	product_id	商品编号	text	10	主键、外键（product_stock /product_id）
2	product_count	商品数量	int		
3	product_state	是否选中	text	2	
4	user_phone	登录用户电话	text	15	

表 12-5 收货地址表（receiver_address）

序 号	字 段 名	含 义	数 据 类 型	宽 度	备 注
1	address_id	收货地址编码	text	10	主键
2	receiver_name	收货人姓名	text	10	
3	receiver_phone	收货人手机	text	15	
4	receiver_address	收货人地址	text	50	
5	user_phone	登录用户电话	text	15	

表 12-6 订单基本信息表（user_order）

序 号	字 段 名	含 义	数 据 类 型	宽 度	备 注
1	order_id	订单编号	text	10	主键
2	address_id	收货地址编码	text	10	外键（receiver_address /address_id）
3	pay_state	支付状态	text	2	0，待付款/1，已付款
4	order_state	订单状态	text	2	0，待完成/1，已完成
5	user_phone	登录用户电话	text	15	
6	order_date	下单时间	text	10	

表 12-7 订单详情表（order_detail）

序 号	字 段 名	含 义	数 据 类 型	宽 度	备 注
1	order_id	订单编号	text	10	外键（user_order/order_id）
2	product_id	商品编号	text	10	外键（user_cart/product_id）
3	product_count	商品数量	int		

12.3.3 数据实现

本项目开发的是电子商务系统移动端应用程序，因此上述数据字典应根据实际情况用多种方式实现。

1）商品类别有限，直接用菜单项实现。

2）商品信息真实地从服务器端接口获取，用泛型数据实现。

3）购物车、收货地址、订单、订单详情用本地 SQLite 数据表实现。

4）为了程序简单起见，不考虑商品库存，因此没有实现库存信息表。

12.4 项目实施

扫一扫
12-1　电子商务系统综合实训

12.4.1 项目实施总体介绍

系统一共有 9 个运行页面，分别如图 12-3～图 12-11 所示，依次展示了系统从登录到商品购买的完整过程。系统运行后首先打开如图 12-3 所示的首页（即广告播放页面）。在广告图片上单击后进入如图 12-4 所示的登录页面。登录时需要发送和验证短信验证码，验证通过后才能打开如图 12-5 所示的商品类别页面。单击抽屉按钮后打开商品类别页面，单击商品分类后进入指定类别的商品列表页面，如图 12-6 所示，可以滚动查看商品的基本信息，单击购物车图标将商品添加到购物车。可以通过输入商品名称关键字来模糊查找商品，也可以通过在商品上单击进入商品详情页面，如图 12-7 所示。商品详情页面展示了商品的详细信息，包括商品内容和规格的介绍。在页面底部有页面导航，通过导航可以进一步进入其他页面。如单击底部导航的购物车图标可以打开如图 12-8 所示的购物车页面。购物车页面中列出了商品图片、商品名称和选择的商品数量，在这里可以修改商品数量和选中状态，可以勾选“全选”和“全不选”复选框批量操作商品的选中状态，也可以勾选商品列表左边的复选框，修改单个商品的选中状态。选择完毕后单击“选好了”按钮，自动生成已选商品订单，并清除购物车中已下单商品，跳转到订单列表页面，如图 12-9 所示。订单列表页面默认显示全部订单，通过订单状态单选按钮筛选指定状态的订单列表。在订单列表项上单击进入如图 12-10 所示的订单详情页面。该页面显示了订单编号、订单商品及商品数量、商品单价，以及订单总价和收货信息，系统会根据订单的状态提示用户付款或收货，用户也可以取消订单或取消付款。对于已经确认收货的订单，只能查看，不能做其他操作。图 12-10 所示是一个新订单，尚未付款，因此下面的按钮提示用户“确认付款”或“取消”订单。图 12-11 所示为收货地址管理页面，首次登录的用户在购物车页面单击“选好了”按钮下单时会自动打开该页面，并要求用户输入收货地址和设置默认收货地址，已经登录过的用户可以在该页面新增或维护收货地址信息，修改默认收货地址并同步到购物车页面。

图 12-3　首页

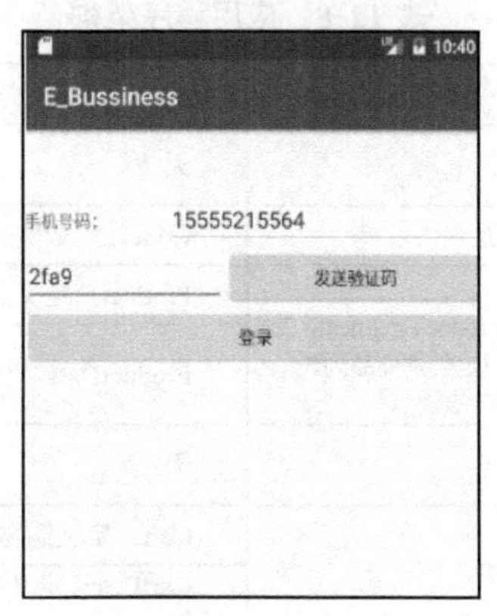

图 12-4　登录页面

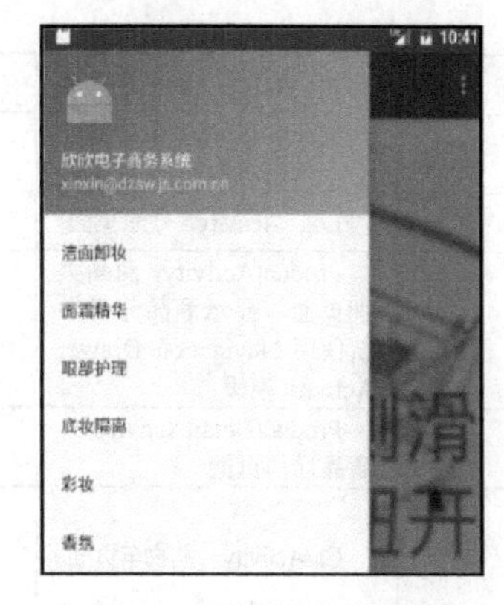

图 12-5　商品类别页面

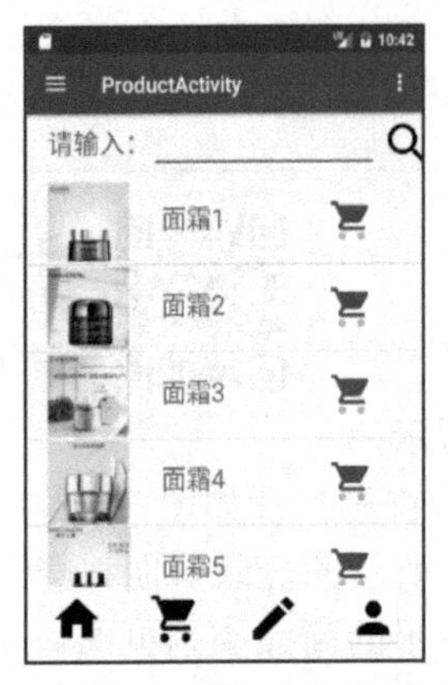

图 12-6 商品列表页面

图 12-7 商品详情页面

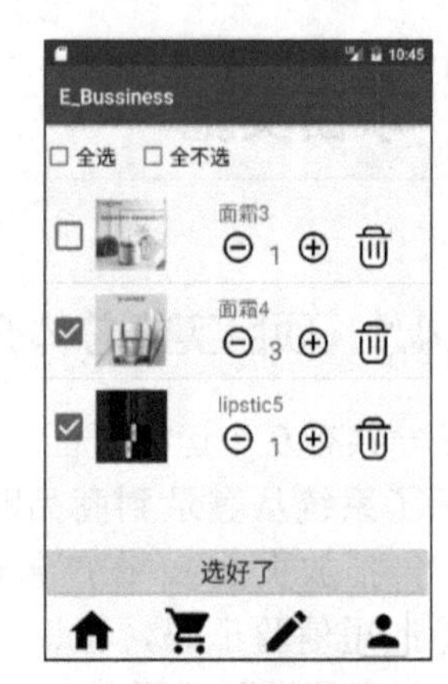

图 12-8 购物车页面

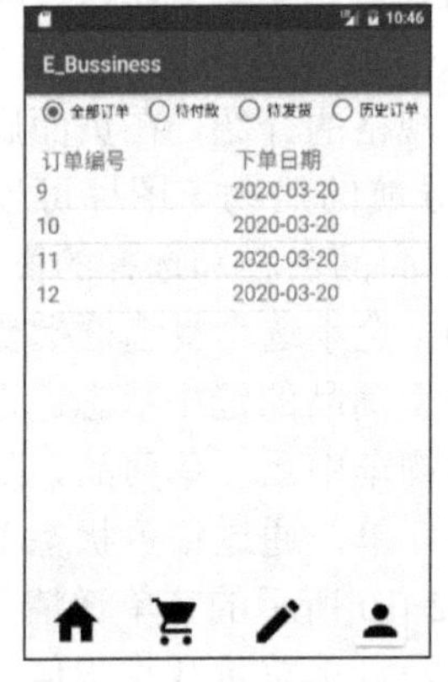

图 12-9 订单列表页面

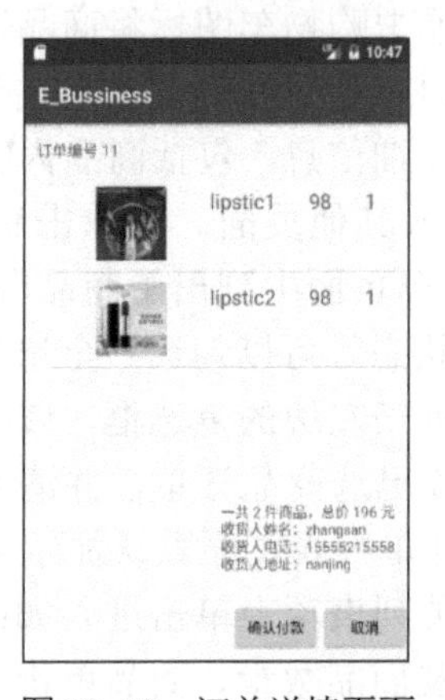

图 12-10 订单详情页面

图 12-11 收货地址管理页面

12.4.2 应用程序架构

本项目采用分层模式开发，分为 Activity、Fragment、实体类和适配器类（一共有 23 个类），类的作用与类之间的关系说明如表 12-8 所示。

表 12-8 应用程序架构

序　号	Activity 类名	关联 Fragment	关联实体类	关联自定义适配器类
1	MainActivity，系统首页面，轮播广告	无	无	无
2	LoginActivity，登录页面	无	Code，生成随机验证码	无
3	ProductActivity，商品类别页面，显示商品分类导航使用 Navigation Drawer Activity 模板	ProductFragment，显示指定类别商品列表	Product，定义商品表数据结构 ProductData，初始化商品数据	ProductAdapter，商品列表显示适配器
4	ProductDetailActivity，商品详情页面	无	无	无
5	CarActivity，购物车页面	无	Cart，定义购物车表数据结构 CartBean，定义购物车显示数据结构	CarAdapter，购物车商品列表适配器
6	OrderActivity，订单列表页面	无	Order，定义订单表数据结构	无

（续）

序　号	Activity 类名	关联 Fragment	关联实体类	关联自定义适配器类
7	OrderInfoActivity，订单详情页面	无	OrderDetail，定义订单详情表数据结构 OrderDetailBean，定义订单详情显示数据结构	OrderDetailAdapter，订单详情商品列表适配器
8	AddressActivity，收货地址管理页面	无	Address，定义地址表数据结构	无
9		BottomNavigateFragment，页面底部导航	无	无
10			MySqlHelper，数据库访问类	无

12.4.3　数据管理

除库存和商品类别外，系统还需要管理 5 张数据表，本小节对 5 张数据表分别设计其实体类，最后给出数据库访问类的实现。

1．商品表管理

商品表数据结构的定义如下。

```
public class Product {
    //变量定义
    private String product_id, product_name, product_content, product_type;
    private int product_price, product_image;
    //构造方法
    public Product(String product_id, String product_name, int product_image,
            String product_content, String product_type, int product_price) {
        this.product_id = product_id;
        this.product_name = product_name;
        this.product_content = product_content;
        this.product_type = product_type;
        this.product_price = product_price;
        this.product_image = product_image;
    }
    //为了节省篇幅，略去全部 get、set 方法，请读者自行补齐
}
```

商品数据通过泛型数据管理，数据初始化函数定义如下。

```
import java.io.Serializable;
public class ProductData implements Serializable {
    private ArrayList<Product> list = new ArrayList();
    //初始化商品数据函数
    public ArrayList<Product> getData() {
        list.add(new Product("0201",
                "面霜 1",
                R.drawable.cream1,
                "【南昌直发】清滢柔肤水(干性) 大粉水 400ml",
                "02",
                199));
        …
```

```
        return list;
    }
}
```

2．购物车表管理

购物车表数据结构的定义如下。

```
public class Cart implements Serializable {
    //变量定义
    private String product_id,user_phone;
    private int product_count,product_state;
    //数据表字段名常量定义
    static String Fieldproduct_id="product_id";
    static String Fielduser_phone="user_phone";
    static String Fieldproduct_count="product_count";
    static String Fieldproduct_state="product_state";
    static String TableName="tblcart";
    //构造方法
    public Cart(String product_id, int product_count, int product_state,
            String user_phone) {
    …}//为了节省篇幅起见，略去其余代码，请自行补齐
}
```

购物车数据表里存放的是商品编号，显示的是商品名称和图片，因此还需要根据商品编号获取对应的商品名称和图片，这里定义了其显示内容的数据结构，代码如下。

```
public class CartBean {
    //变量定义
    private String product_id, product_name;
    private int product_image, product_count, product_state, product_price;
    // 构造方法
    public CartBean(String product_id, String product_name, int product_image,
            int product_count, int product_price, int product_state) {
     …}//为了节省篇幅，略去其余代码，请读者自行补齐
}
```

3．地址表管理

地址表数据结构的定义如下。

```
public class Address implements Serializable {
    //字段名常量定义
    public static String Fieldaddress_id="_id";
    public static String Fieldreceiver_name="receiver_name";
    public static String Fieldreceiver_phone="receiver_phone";
    public static String Fieldreceiver_address="receiver_address";
    public static String Fielduser_phone="user_phone";
    public static String TableName="tbladdress";
    //变量定义
    private int address_id;
    private String receiver_name,receiver_phone,receiver_address,user_phone;
```

```
        ///构造方法
        public Address(int address_id, String receiver_name, String receiver_phone,
                String receiver_address, String user_phone) {
        …}//为了节省篇幅，略去其余代码，请读者自行补齐

    }
```

4. 订单表管理

订单表数据结构的定义如下。

```
    public class Order implements Serializable {
        //数据表字段名常量定义
        public static String Fieldorder_id = "_id";
        public static String Fieldaddress_id = "address_id";
        public static String Fielduser_phone = "user_phone";
        public static String Fieldorder_date = "order_date";
        public static String Fieldpay_state = "pay_state";
        public static String Fieldorder_state = "order_state";
        public static String TableName = "tblorder";
        //变量定义
        private String user_phone, order_date;
        private int address_id, order_id, pay_state, order_state;
        //构造方法
        public Order(int order_id, int address_id, String user_phone,
                String order_date, int pay_state, int order_state) {
        …}//为了节省篇幅，略去其余代码，请读者自行补齐
    }
```

5. 订单详情表管理

订单详情表数据结构的定义如下。

```
    public class OrderDetail implements Serializable {
        //数据表字段常量定义
        public static String Fieldorder_id="_id";
        public static String Fieldproduct_id="product_id";
        public static String Fieldproduct_count="product_count";
        public static String TableName="tblorderdetail";
        //变量定义
        private String product_id;
        private int order_id,product_count;
        //构造方法
        public OrderDetail(int order_id, String product_id, int product_count) {
         …}//为了节省篇幅，略去其余代码，请读者自行补齐
    }
```

订单详情数据表里存放的是商品编号，需要根据商品编号获取商品的详细信息，因此还需要定义其显示内容的数据结构，代码如下。

```
    public class OrderDetailBean {
        //变量定义
```

```
    private String product_name;
    private int product_image, product_count, product_price;
    //构造方法
    public OrderDetailBean(int product_image, String product_name,
          int product_count, int product_price) {
    …}//为了节省篇幅，略去其余代码，请读者自行补齐
}
```

6. 数据库访问类

数据库访问类实现了对购物车表、订单表、订单详情表、地址表这 4 张表中数据的增、删、改、查的操作，根据页面需要分别定义了相关函数，具体代码如下。

```
public class MySqlHelper extends SQLiteOpenHelper {
    //构造方法，根据需要创建数据库
    public MySqlHelper(Context context, String name) {
        super(context, name, null, 1);
    }

    @Override
    public void onCreate(SQLiteDatabase sqLiteDatabase) {
        //创建购物车表
        String str = String.format("CREATE TABLE %s(%s text NOT NULL"
                    + ",%s integer"
                    + ",%s integer"
                    + ",%s text NOT NULL)",
              Cart.TableName,
              Cart.Fieldproduct_id,
              Cart.Fieldproduct_count,
              Cart.Fieldproduct_state,
              Cart.Fielduser_phone);
        sqLiteatabase.execSQL(str);

        //创建地址表
        str = String.format("CREATE TABLE %s(%s integer primary " +
                    "key autoincrement"
                    + ",%s text NOT NULL"
                    + ",%s text NOT NULL"
                    + ",%s text NOT NULL"
                    + ",%s text NOT NULL)",
              Address.TableName,
              Address.Fieldaddress_id,
              Address.Fieldreceiver_name,
              Address.Fieldreceiver_phone,
              Address.Fieldreceiver_address,
              Address.Fielduser_phone);
        sqLiteDatabase.execSQL(str);

        //创建订单表
        str = String.format("CREATE TABLE %s(%s integer primary key"
                    + ",%s integer"
                    + ",%s text"
```

```
                    + ",%s text"
                    + ",%s integer"
                    + ",%s integer)",
            Order.TableName,
            Order.Fieldorder_id,
            Order.Fieldaddress_id,
            Order.Fieldorder_date,
            Order.Fielduser_phone,
            Order.Fieldorder_state,
            Order.Fieldpay_state);
    sqLiteDatabase.execSQL(str);

    //创建订单详情表
    str = String.format("CREATE TABLE %s(%s integer"
                    + ",%s text"
                    + ",%s integer)",
            OrderDetail.TableName,
            OrderDetail.Fieldorder_id,
            OrderDetail.Fieldproduct_id,
            OrderDetail.Fieldproduct_count);
    sqLiteDatabase.execSQL(str);
}

//必须实现的方法，用于更新数据库设计
@Override
public void onUpgrade(SQLiteDatabase sqLiteDatabase, int i, int i1) {
}

//录入收货地址
public void insertAddress(Address address) {
    SQLiteDatabase sqlDB = this.getWritableDatabase();
    ContentValues values = new ContentValues();
    values.put(Address.Fieldreceiver_name, address.getReceiver_name());
    values.put(Address.Fieldreceiver_phone, address.getReceiver_phone());
    values.put(Address.Fieldreceiver_address, address.getReceiver_address());
    values.put(Address.Fielduser_phone, address.getUser_phone());
    sqlDB.insert(Address.TableName, Address.Fieldaddress_id, values);
}

//录入购物车
public void insertCart(Cart cart) {
    …}//为了节省篇幅，略去其余代码，请读者自行补齐
}

//录入订单
public void insertOrder(Order order) {
    …}//为了节省篇幅，略去其余代码，请读者自行补齐
}

//录入订单详情
public void insertOrderDetail(OrderDetail orderdetail) {
    …}//为了节省篇幅，略去其余代码，请读者自行补齐
```

```
    }

    //删除指定编号地址，用于地址页面删除地址
    public void deleteAddress(int address_id) {
        SQLiteDatabase sqlDB = this.getWritableDatabase();
        String whereClause = String.format("%s=?", Address.Fieldaddress_id);
        String[] whereArgs = {String.valueOf(address_id)};
        sqlDB.delete(Address.TableName, whereClause, whereArgs);
    }

    //删除购物车中某用户指定的商品，用于删除购物车商品
    public void deleteCartByProductId(Cart cart) {
        SQLiteDatabase sqlDB = this.getWritableDatabase();
        String whereClause = String.format("%s=? and %s=?", Cart.Fieldproduct_id,
                Cart.Fielduser_phone);
        String[] whereArgs = {cart.getProduct_id(), cart.getUser_phone()};
        sqlDB.delete(Cart.TableName, whereClause, whereArgs);
    }

    //清空指定用户的购物车
    public void deleteCart(Cart cart) {
        SQLiteDatabase sqlDB = this.getWritableDatabase();
        String whereClause = String.format("%s=?", Cart.Fielduser_phone);
        String[] whereArgs = {cart.getUser_phone()};
        sqlDB.delete(Cart.TableName, whereClause, whereArgs);
    }

    //删除指定编号订单
    public void deleteOrder(int order_id) {
        SQLiteDatabase sqlDB = this.getWritableDatabase();
        String whereClause = String.format("%s=?", Order.Fieldorder_id);
        String[] whereArgs = new String[]{String.valueOf(order_id)};
        sqlDB.delete(Order.TableName, whereClause, whereArgs);
    }

    //删除指定编号订单详情
    public void deleteOrderDetail(int order_id) {
        SQLiteDatabase sqlDB = this.getWritableDatabase();
        String whereClause = String.format("%s=?", OrderDetail.Fieldorder_id);
        String[] whereArgs = new String[]{String.valueOf(order_id)};
        sqlDB.delete(OrderDetail.TableName, whereClause, whereArgs);
    }

    //更新地址信息
    public void updateAddress(Address address) {
        SQLiteDatabase sqlDB = this.getWritableDatabase();
        ContentValues values = new ContentValues();
        values.put(Address.Fieldreceiver_phone, address.getReceiver_phone());
        values.put(Address.Fieldreceiver_name, address.getReceiver_name());
        values.put(Address.Fieldreceiver_address, address.getReceiver_address());
        String whereClause = String.format("%s=?", Address.Fieldaddress_id);
        String[] whereArgs = {String.valueOf(address.getAddress_id())};
```

```
        sqlDB.update(Address.TableName, values, whereClause, whereArgs);
    }

    //更新购物车的商品数量和状态，用于购物车修改
    public void updateCart(Cart cart) {
        SQLiteDatabase sqlDB = this.getWritableDatabase();
        ContentValues values = new ContentValues();
        values.put(Cart.Fieldproduct_count, cart.getProduct_count());
        values.put(Cart.Fieldproduct_state, cart.getProduct_state());
        String whereClause=String.format("%s=? and %s=?", Cart.Fielduser_phone,
                Cart.Fieldproduct_id);
        String[] whereArgs = new String[]{cart.getUser_phone()
                                        , cart.getProduct_id()};
        sqlDB.update(Cart.TableName, values, whereClause, whereArgs);
    }

    //更新订单状态，用于订单付款、收货操作
    public void updateOrderState(int order_id, int pay_state, int order_state) {
        SQLiteDatabase sqlDB = this.getWritableDatabase();
        ContentValues values = new ContentValues();
        values.put(Order.Fieldpay_state, pay_state);
        values.put(Order.Fieldorder_state, order_state);
        String whereClause = String.format("%s=?", Order.Fieldorder_id);
        String[] whereArgs = {String.valueOf(order_id)};
        sqlDB.update(Order.TableName, values, whereClause, whereArgs);
    }

    //查询指定用户购物车，用于初始化购物车
    public Cursor queryCart(String user_phone) {
        SQLiteDatabase sqlDB = this.getReadableDatabase();
        String whereClause = String.format("%s=?", Cart.Fielduser_phone);
        String[] whereArgs = {user_phone};
        Cursor cursor=sqlDB.query(Cart.TableName, null, whereClause, whereArgs,
                null, null, null);
        return cursor;
    }

    //查询购物车指定用户的指定商品，用于确认购物车是否已有该商品
    public Cursor queryCartByProductId(Cart cart) {
        SQLiteDatabase sqlDB = this.getReadableDatabase();
        String whereClause = String.format("%s=? and %s=?"
                    , Cart.Fielduser_phone, Cart.Fieldproduct_id);
        String[] whereArgs = new String[]{cart.getUser_phone()
                        , cart.getProduct_id()};
        Cursor cursor = sqlDB.query(Cart.TableName, null, whereClause
                        ,whereArgs, null, null, null);
        return cursor;
    }

    //查询订单编号，用于查找最大订单号，根据最大订单号生成新的订单号
    public Cursor queryOrderId() {
```

```
        SQLiteDatabase sqlDB = this.getReadableDatabase();
        String[] columns = {Order.Fieldorder_id};
        Cursor cursor = sqlDB.query(Order.TableName, columns, null, null
                                 , null, null, null);
        return cursor;
    }

    //查询用户订单，显示用户全部订单
    public Cursor queryOrderByUser(String user_phone) {
        SQLiteDatabase sqlDB = this.getReadableDatabase();
        String whereClause = String.format("%s=?", Order.Fielduser_phone);
        String[] whereArgs = {user_phone};
        Cursor cursor = sqlDB.query(Order.TableName, null, whereClause,
                            whereArgs, null, null, null);
        return cursor;
    }

    //查询指定状态用户订单，用于分类显示订单
    public Cursor queryOrderByState(Order order) {
        SQLiteDatabase sqlDB = this.getReadableDatabase();
        String whereClause = String.format("%s=? and %s=? and %s=?"
                    , Order.Fielduser_phone, Order.Fieldorder_state, Order.
                    Fieldpay_state);
        String[] whereArgs = new String[]{order.getUser_phone()
                  ,String.valueOf(order.getOrder_state())
                  ,String.valueOf(order.getPay_state())};
        Cursor cursor = sqlDB.query(Order.TableName, null, whereClause,
                  whereArgs, null, null, null);
        return cursor;
    }

    //查询订单详情信息，用于详情页面显示订单信息
    public Cursor queryOrderDetail(int order_id) {
        SQLiteDatabase sqlDB = this.getReadableDatabase();
        String whereClause = String.format("%s=?", OrderDetail.Fieldorder_id);
        String[] whereArgs = new String[]{String.valueOf(order_id)};
        Cursor cursor = sqlDB.query(OrderDetail.TableName, null, whereClause,
                                whereArgs, null, null, null);
        return cursor;
    }

    //查询用户全部收货地址，用于初始化地址页面
    public Cursor queryAddress(String user_phone) {
        SQLiteDatabase sqlDB = this.getReadableDatabase();
        String whereClause = String.format("%s=?", Order.Fielduser_phone);
        String[] whereArgs = {user_phone};
        Cursor cursor = sqlDB.query(Address.TableName, null, whereClause,
                                 whereArgs, null, null, null);
        return cursor;
    }
```

```
        //查询指定编号的收货地址，用于订单详情页面显示
        public Cursor queryAddressById(int address_id) {
            SQLiteDatabase sqlDB = this.getReadableDatabase();
            String whereClause = String.format("%s=?", Address.Fieldaddress_id);
            String[] whereArgs = {String.valueOf(address_id)};
            Cursor cursor = sqlDB.query(Address.TableName, null, whereClause,
                                    whereArgs, null, null, null);
            return cursor;
        }
    }
```

12.4.4 基础模块

1. 广告播放

广告播放参考图册轮播项目（项目 10）来实现，鉴于篇幅，这里略去实现细节。

2. 用户登录

系统通过发送随机短信验证码的方式对用户进行登录验证，因此设计了 Code 类来生成 4 位随机验证码。

登录页面（LoginActivity）设计参见图 12-4，使用 EmptyActivity 模板。登录页面中控件的属性设置如表 12-9 所示。

表 12-9　登录页面控件属性

序　号	控 件 类 型	控件 Id	默 认 值	控 件 说 明
1	EditText	etPhone		输入手机登录时的手机号码
2	EditText	etValidCode		输入短信验证码
3	Button	btnSendCode	text="发送验证码"	发送短信验证码
4	Button	btnLogin	text="登录"	登录系统

LoginActivity 类代码如下。

```
    public class LoginActivity extends AppCompatActivity {
        EditText etPhone, etValidCode;
        Button btnSendCode, btnLogin;
        String validCode, old_user_phone;  //验证码

        @Override
        protected void onCreate(Bundle savedInstanceState) {
            super.onCreate(savedInstanceState);
            setContentView(R.layout.activity_login);
            etPhone = (EditText) findViewById(R.id.etPhone);
            etValidCode = (EditText) findViewById(R.id.etValidCode);
            SharedPreferences share = getSharedPreferences("userinfo"
                                    , Activity.MODE_PRIVATE);
            if (share.getString("phone", null) != null) {
                etPhone.setText(share.getString("phone", null));
```

```
            old_user_phone = share.getString("phone", null);
        }
        //获取发送短信权限
        getPrivilege(Manifest.permission.SEND_SMS);
        btnSendCode = (Button) findViewById(R.id.btnSendCode);
        btnSendCode.setOnClickListener(new View.OnClickListener() {
            @Override
            public void onClick(View view) {
                //发送短信
                SmsManager smsManager = SmsManager.getDefault();
                validCode = new Code().createCode();
                smsManager.sendTextMessage(etPhone.getText().toString(), null,
                        validCode,null, null);
                Toast.makeText(LoginActivity.this, "短消息已发送！",
                        Toast.LENGTH_SHORT).show();

            }
        });
        btnLogin = (Button) findViewById(R.id.btnLogin);
        btnLogin.setOnClickListener(new View.OnClickListener() {
            @Override
            public void onClick(View view) {
                //全部转换为小写字母进行比较，验证通过跳转到商品显示页面
                if (etValidCode.getText().toString().toLowerCase().
                                    equals(validCode.toLowerCase())) {
                    SharedPreferences myPreferences = getSharedPreferences
                                                    ("userinfo", 0);
                    SharedPreferences.Editor editor = myPreferences.edit();
                    //存储用户手机号码
                    editor.putString("phone", etPhone.getText().toString());
                    editor.commit();
                    //判断是否是上次登录的用户，如果不是，将默认地址置空
                    if (!(old_user_phone.equals(etPhone.getText().
                                            toString()))) {
                        editor.putInt("address_id", -1);
                        editor.commit();
                    }
                    Intent it = new Intent(LoginActivity.this
                                    , ProductActivity.class);
                    startActivity(it);
                } else
                    Toast.makeText(LoginActivity.this, "验证码错误！",
                            Toast.LENGTH_SHORT).show();
            }
        });
    }

    //请求发送短信权限函数
    private void getPrivilege(String permission) {
        if (ContextCompat.checkSelfPermission(getApplicationContext(),
                    permission)!= PackageManager.PERMISSION_GRANTED) {
            ActivityCompat.requestPermissions(LoginActivity.this
                        , new String[]{permission}, 1);
```

```
            }
        }
    }
```

登录页面向手机发送短信验证码，因此需要在 Android 的 Manifest.xml 配置文件中添加发送短信的权限，代码如下。

```
<uses-permission android:name="android.permission.SEND_SMS" />
```

3．底部导航

底部导航（BottomNavigateFragment）实现页面之间的导航，用 Blank Fragment 实现，代码较为简单，鉴于篇幅省略。

12.4.5　收货地址管理模块

收货地址管理页面（AddressActivity）设计参见图 12-11，使用 EmptyActivity 模板。收货地址管理页面中控件的属性设置如表 12-10 所示。

表 12-10　收货地址管理页面控件属性

序　号	控 件 类 型	控件 Id	默 认 值	控 件 说 明
1	EditText	etReceiverName		输入收货人姓名
2	EditText	etReceiverPhone		输入收货人电话号码
3	EditText	etReceiverAddress		输入收货人地址
4	Button	btnAddAddress	text="新增"	新增地址按钮
5	Button	btnModiAddress	text="修改"	修改地址按钮
6	Button	btnDelAddress	text="删除"	删除地址按钮
7	ListView	lstAddress		地址列表控件

底部导航用 FrameLayout 布局加载，代码如下。

```
<FrameLayout
        android:layout_width="match_parent"
        android:layout_height="wrap_content"
        android:layout_marginTop="10dp"
        android:layout_weight="1"
        tools:layout_editor_absoluteX="0dp"
        tools:layout_editor_absoluteY="400dp">
        <!--以下 tools 属性必须设置，否则会闪退，建议使用 FrameLayout 布局 -->
        <fragment
            android:id="@+id/right_fragment"
            android:name="com.example.liu.e_bussiness.fragment.
                        BottomNavigateFragment"
            android:layout_width="match_parent"
            android:layout_height="match_parent"
            tools:layout="@layout/fragment_bottom_navigate" />
</FrameLayout>
```

地址列表页面中 ListView 控件的布局文件名为 address_list_item.xml，控件属性设置如

表 12-11 所示。

表 12-11 address_list_item.xml 页面控件属性

序　　号	控 件 类 型	控件 Id	默 认 值	控 件 说 明
1	TextView	tvitem_ReceiverName		输入收货人姓名
2	TextView	tvitem_ReceiverPhone		输入收货人电话号码
3	TextView	tvitem_ReceiverAddress		输入收货人地址

AddressActivity 类的代码如下。

```
public class AddressActivity extends AppCompatActivity
        implements View.OnClickListener {
    String user_Phone;
    int address_id;
    EditText etReceiverAddress, etReceiverName, etReceiverPhone;
    Button btnAddAddress, btnModiAddress, btnDelAddress;
    ListView listView;
    MySqlHelper mySqlHelper;
    Cursor cursor;
    Address address;
    SimpleCursorAdapter adapter;

    @Override
    protected void onCreate(Bundle savedInstanceState) {
        super.onCreate(savedInstanceState);
        setContentView(R.layout.activity_address);
        //获取登录手机号码
        SharedPreferences share = getSharedPreferences("userinfo"
                                            , Activity.MODE_PRIVATE);
        if (share.getString("phone", null) != null) {
            user_Phone = share.getString("phone", null);
        }
        //初始化数据库访问对象
        mySqlHelper = new MySqlHelper(this, "dzsw.db");
        //初始化控件变量
        etReceiverAddress = (EditText) findViewById(R.id.etReceiverAddress);
        etReceiverName = (EditText) findViewById(R.id.etReceiverName);
        etReceiverPhone = (EditText) findViewById(R.id.etReceiverPhone);
        btnAddAddress = (Button) findViewById(R.id.btnAddAddress);
        btnDelAddress= (Button) findViewById(R.id.btnDelAddress);
        btnModiAddress= (Button) findViewById(R.id.btnModiAddress);
        btnAddAddress.setOnClickListener(this);
        btnDelAddress.setOnClickListener(this);
        btnModiAddress.setOnClickListener(this);
        //初始化 ListView
        listView = (ListView) findViewById(R.id.lstAddress);
        initListView();
        listView.setOnItemClickListener(new AdapterView.OnItemClickListener() {
            @Override
            public void onItemClick(AdapterView<?> adapterView, View view
                                    , int i, long l) {
```

```
                cursor.moveToPosition(i);
                address_id = cursor.getInt(0);
                etReceiverName.setText(cursor.getString(1));
                etReceiverPhone.setText(cursor.getString(2));
                etReceiverAddress.setText(cursor.getString(3));
                //保存默认收货地址
                SharedPreferences myPreferences = getSharedPreferences
                                                  ("userinfo", 0);
                SharedPreferences.Editor editor = myPreferences.edit();
                editor.putInt("address_id", address_id);
                editor.commit();
            }
        });
    }

    @Override
    public void onClick(View view) {
        switch (view.getId()) {
            case R.id.btnAddAdress:   //添加地址
                address = new Address(address_id,
                        etReceiverName.getText().toString(),
                        etReceiverPhone.getText().toString(),
                        etReceiverAddress.getText().toString(),
                        user_Phone);
                mySqlHelper.insertAddress(address);
                refreshListView();
                clearData();
                break;
            case R.id.btnDelAddress:    //删除地址
                mySqlHelper.deleteAddress(address_id);
                clearData();
                refreshListView();
                break;
            case R.id.btnModiAddress:    //修改地址
                address = new Address(address_id,
                        etReceiverName.getText(),toString(),
                        etReceiverPhone.getText().toString(),
                        etReceiverAddress.getText().toString(),
                        user_Phone);
                mySqlHelper.updateAddress(address);
                refreshListView();
                clearData();
                break;
        }
    }

    private void initListView() {
        //查询所有地址
        cursor = mySqlHelper.queryAddress(user_Phone);
        adapter = new SimpleCursorAdapter(this,
                R.layout.address_list_item,
```

```
                cursor,
                new String[]{Address.Fieldreceiver_address,
                Address.Fieldreceiver_phone, Address.Fieldreceiver_name},
                new int[]{R.id.tvitem_ReceiverAddress,
                           R.id.tvitem_ReceiverPhone,
                           R.id.tvitem_ReceiverName},
                CursorAdapter.FLAG_REGISTER_CONTENT_OBSERVER);
        listView.setAdapter(adapter);
    }

    //刷新 ListView
    private void refreshListView() {
        //刷新 cursor
        cursor = mySqlHelper.queryAddress(user_Phone);
        adapter.changeCursor(cursor);
        adapter.notifyDataSetChanged();
    }

    //清空文本框信息
    private void clearData() {
        etReceiverPhone.setText("");
        etReceiverName.setText("");
        etReceiverAddress.setText("");
    }
}
```

12.4.6 商品模块

1. 商品类别（商品首页）

商品类别页面（ProductActivity）的设计参见图 12-5，使用 Navigation Drawer Activity 模板设计，实现过程与第 9 章中的产品手册项目类似。activity_main_drawer.xml 菜单文件可以实现商品分类功能，代码如下。

```
<?xml version="1.0" encoding="utf-8"?>
<menu xmlns:android="http://schemas.android.com/apk/res/android">
    <group android:checkableBehavior="single">
        ...
        <item
            android:id="@+id/nav_cream"
            android:title="面霜精华" />
        ...
        <item
            android:id="@+id/nav_makeup"
            android:title="彩妆" />
        ...
    </group>
</menu>
```

修改 ProductActivity 类代码如下。

```
public class ProductActivity extends AppCompatActivity
        implements NavigationView.OnNavigationItemSelectedListener{
    private AppBarConfiguration mAppBarConfiguration;
    DrawerLayout drawer;
    @Override
    protected void onCreate(Bundle savedInstanceState) {
        super.onCreate(savedInstanceState);
        setContentView(R.layout.activity_product);
        Toolbar toolbar = findViewById(R.id.toolbar);
        setSupportActionBar(toolbar);
        drawer = findViewById(R.id.drawer_layout);
        NavigationView navigationView = findViewById(R.id.nav_view);
        //添加菜单项
        mAppBarConfiguration = new AppBarConfiguration.Builder(
                R.id.nav_base,R.id.nav_clean,R.id.nav_cream,
                R.id.nav_eye,R.id.nav_makeup,R.id.nav_perfumed)
                .setDrawerLayout(drawer)
                .build();
        NavController navController = Navigation.findNavController(this,
                                                R.id.nav_host_fragment);
        NavigationUI.setupActionBarWithNavController(this,navController,
                                            mAppBarConfiguration);
        NavigationUI.setupWithNavController(navigationView, navController);
        navigationView.setItemIconTintList(null);
        //注册菜单选择监听器
        navigationView.setNavigationItemSelectedListener(this);
    }
    @Override
    public boolean onSupportNavigateUp() {
        NavController navController = Navigation.findNavController(this,
                                        R.id.nav_host_fragment);
        return NavigationUI.navigateUp(navController, mAppBarConfiguration)
                || super.onSupportNavigateUp();
    }
    //菜单单击事件
    @Override
    public boolean onNavigationItemSelected(@NonNull MenuItem menuItem) {
        int id = menuItem.getItemId();
        switch (id)
        {
            case R.id.nav_cream:
                openFragment("02");
                break;
            case R.id.nav_makeup:
                openFragment("05");
                break;
        }
        DrawerLayout drawer = (DrawerLayout) findViewById(R.id.drawer_layout);
        drawer.closeDrawer(GravityCompat.START);
        return true;
    }
    //加载商品 Fragment
    private void openFragment(String type) {
```

```
            ProductFragment fragment = new ProductFragment();
            //加载待传递的数据
            Bundle bundle = new Bundle();
            bundle.putString("type", type);
            fragment.setArguments(bundle);
            FragmentManager fragmentManager = getSupportFragmentManager();
            FragmentTransaction transaction = fragmentManager.beginTransaction();
            //替换布局
            transaction.replace(R.id.nav_host_fragment, fragment);
            transaction.commit();
        }
    }
```

这里仅实现了两类商品的显示，其他类别的商品可以参照实现。

2．商品列表

商品列表页面（ProductFragment）用 Blank Fragment 实现，嵌套在商品类别页面中，该页面的设计参见图 12-6，页面控件属性设置如表 12-12 所示。

表 12-12　商品列表页面控件属性

序　号	控 件 类 型	控件 Id	默 认 值	控 件 说 明
1	EditText	etSearch		搜索关键字输入文本框
2	ImageView	imgSearch	src="@drawable/search"	搜索图片按钮
3	ListView	listview		商品列表控件

商品列表页面中 ListView 控件的布局页面文件名为 product_list_item.xml，控件属性设置如表 12-13 所示。

表 12-13　product_list_item.xml 文件控件属性

序　号	控 件 类 型	控件 Id	默 认 值	控 件 说 明
1	ImageView	product_list_imgProduct		商品图片
2	TextView	product_list_tvProductName		
3	ImageView	product_list_imgCart	src="@drawable/cart_list"	添加商品到购物车图片按钮
4	底部导航 Fragment，引入底部导航与收货管理地址程序一样，可以参照添加			

商品列表页面中 ListView 控件的适配器（ProductAdapter）代码如下。

```
public class ProductAdapter extends BaseAdapter {
    private List<Product> objects = new ArrayList<Product>();
    private Context context;
    //定义购物车按钮接口
    private View.OnClickListener onCartClick;

    //加商品数量接口方法
    public void setOnCartClick(View.OnClickListener onCartClick) {
        this.onCartClick = onCartClick;
    }

    public ProductAdapter(Context context, List<Product> objects) {
```

```
        this.context = context;
        this.objects = objects;
    }

    //返回 item 的个数
    @Override
    public int getCount() {
        return objects.size();
    }

    //返回每一个 item 对象
    @Override
    public Object getItem(int i) {
        return null;
    }

    //返回每一个 item 的 id
    @Override
    public long getItemId(int i) {
        return 0;
    }

    //根据传入 item 的下标，获取到 View 对象，建立数据与显示的对应关系
    @Override
    public View getView(final int i, View view, ViewGroup viewGroup) {
        //第一次加载布局
        if (view == null) {
            view = LayoutInflater.from(context).inflate(
                    R.layout.product_list_item, viewGroup, false);
        }
        ViewHolder holder = (ViewHolder) view.getTag();
        if (holder == null) {
            holder = new ViewHolder();
            holder.item_product_name = (TextView) view.findViewById
                                 (R.id.product_list_tvProductName);
            holder.item_img_product = (ImageView) view.findViewById
                                        (R.id.product_list_imgProduct);
//设置接口回调，用于 ListView 所在的 Fragment 处理接口回调方法
            holder.item_btn_cart = (ImageView) view.findViewById
                                 (R.id.product_list_imgCart);
            holder.item_btn_cart.setClickable(true);
            holder.item_btn_cart.setOnClickListener(onCartClick);
        }
        holder.item_product_name.setText(objects.get(i).getProduct_name());
        holder.item_img_product.setImageResource
                                (objects.get(i).getProduct_image());
        //设置 Tag，用于判断用户当前单击的是哪一个列表项的按钮
        holder.item_btn_cart.setTag(i);
        view.setTag(holder);
        return view;
```

```
    }

    private static class ViewHolder {
        //商品名称，购物车图标，商品图标
        private TextView item_product_name;
        private ImageView item_btn_cart, item_img_product;
    }
}
```

商品列表页面 ProductFragment 的代码如下。

```
import androidx.fragment.app.Fragment;  //建议使用

public class ProductFragment extends Fragment implements View.OnClickListener {
    String type;//待显示商品类别
    ArrayList<Product> list = new ArrayList();//所有商品
    ArrayList<Product> datas = new ArrayList<>();//待显示商品
    View view;
    EditText etSearch;
    ProductAdapter adapter;
    String user_Phone;
    ListView listView;
    MySqlHelper mySqlHelper;

    @Override
    public View onCreateView(LayoutInflater inflater, ViewGroup container,
                             Bundle savedInstanceState) {
        //获取登录手机号码
        SharedPreferences share=getActivity().getSharedPreferences("userinfo",
                Activity.MODE_PRIVATE);
        if (share.getString("phone", null) != null) {
            user_Phone = share.getString("phone", null);
        }
        mySqlHelper = new MySqlHelper(getActivity(), "dzsw.db");
        view = inflater.inflate(R.layout.fragment_product, container, false);
        //初始化数据
        list = new ProductData().getData();
        //接收Activity传递过来的商品类别
        type = getArguments().getString("type");
        //准备待显示商品数据
        for (int i = 0; i < list.size(); i++) {
            if (list.get(i).getProduct_type().equals(type))
                datas.add(list.get(i));
        }
        initlistView();
        adapter.setOnCartClick(this);
        //搜索数据
        etSearch = (EditText) view.findViewById(R.id.etSearch);
        ImageView imgSearch = (ImageView) view.findViewById(R.id.imgSearch);
        imgSearch.setClickable(true);
        imgSearch.setOnClickListener(new View.OnClickListener() {
            @Override
            public void onClick(View view) {
```

```
                String edit = etSearch.getText().toString().trim();
                if (TextUtils.isEmpty(edit)) {
                    Toast.makeText(getActivity(), "搜索内容不能为空",
                            Toast.LENGTH_SHORT).show();
                    return;
                }
                else {
                    datas.clear();//清除数据
                    //查找数据
                    for (int i = 0; i < list.size(); i++) {
                        //包含关键词的模糊查找
                        if (list.get(i).getProduct_name().contains(edit))
                            datas.add(list.get(i));
                    }
                    //更新 ListView 数据
                    adapter.notifyDataSetChanged();
                    if (datas.size() == 0)
                        Toast.makeText(getActivity(), "没有找到商品",
                                Toast.LENGTH_SHORT).show();
                }
            }
        });
        //清除默认内容显示
        LinearLayout rightLinearlayout = (LinearLayout) getActivity().
                                findViewById(R.id.rightLinearlayout);
        rightLinearlayout.setVisibility(View.GONE);
        return view;
    }

    private void initlistView() {
        //基于准备好的数据创建 BaseAdapter 适配器对象
        adapter = new ProductAdapter(getActivity(), datas);
        //把适配器加载到 ListView 中
        listView = (ListView) view.findViewById(R.id.listview);
        listView.setAdapter(adapter);
        listView.setOnItemClickListener(new AdapterView.OnItemClickListener() {
            @Override
            public void onItemClick(AdapterView<?> adapterView, View view,
                                int i, long l) {
                //ListView 单击跳转到商品详情页面
                Intent it = new Intent(getActivity(), ProductDetailActivity.
                                class);
                it.putExtra("product_id", datas.get(i).getProduct_id());
                startActivity(it);
            }
        });
    }

    //加入购物车单击事件
    @Override
    public void onClick(View view) {
        Object tag = view.getTag();
        //获取 Adapter 中设置的 Tag，并通过 Tag 的位置获取单击的按钮所在的列表项
        if (tag != null && tag instanceof Integer) {
```

```
                int i = (Integer) tag;
                //商品 id,数量（默认数量 1）,选中状态（默认未选中）,登录用户电话
                Cart cart = new Cart(datas.get(i).getProduct_id(), 1, 0, user_Phone);
                //查询确认商品是否在购物车
                Cursor cursor = mySqlHelper.queryCartByProductId(cart);
                if (cursor.moveToNext())
                    Toast.makeText(getActivity(), "该商品已经选过，再看看别的吧",
                            Toast.LENGTH_LONG).show();
                else {
                    mySqlHelper.insertCart(cart);
                    Toast.makeText(getActivity(),
                            datas.get(i).getProduct_id()+ "商品已加入到购物车！",
                            Toast.LENGTH_LONG).show();
                }
            }
        }
    }
```

3．商品详情

商品详情页面（ProductDetailActivity）的设计参见图 12-7，根据接收到的商品编号显示商品的详细信息，实现较为简单，请在本书资源中查看详细实现。

12.4.7 购物车模块

购物车页面（CarActivity）的设计参见图 12-8，使用 EmptyActivity 模板，页面控件属性设置如表 12-14 所示。

表 12-14　购物车页面控件属性

序　号	控件类型	控件 Id	默认值	控件说明
1	CheckBox	cbSelectAll	text="全选"	全选复选框
2	CheckBox	cbNoSelect	text="全不选"	全不选复选框格
3	ListView	listview		购物车列表显示
4	Button	btnSubmit	text="选好了"	完成选择，生成订单按钮

底部导航用 Fragment 加载，引入底部导航与收货管理地址程序一样，可以参照添加。

购物车列表页面 ListView 控件布局页面的文件名为 car_list_item.xml，控件属性设置如表 12-15 所示。

表 12-15　car_list_item.xml 文件控件属性

序　号	控件类型	控件 Id	默认值	控件说明
1	CheckBox	ckSelectState		商品选择状态
2	ImageView	imgCartItemProduct		商品图片
3	TextView	text1		商品名称
4	ImageView	imgSub	src="@drawable/minus"	减少商品按钮
5	TextView	pCount		商品数量
6	ImageView	imgAdd	src="@drawable/add"	增加商品按钮
7	ImageView	imgDel	src="@drawable/del"	删除商品按钮

购物车列表页面 ListView 控件适配器 CarAdapter 的代码如下。

```
public class CarAdapter extends BaseAdapter {

    private ArrayList<CartBean> objects = new ArrayList<CartBean>();
    private Context context;
    //修复 ListView 的缺陷，定义保存复选框状态的数组
    public static boolean[] checks;
    //定义接口
    private View.OnClickListener onAddNum;   //增加商品数量接口
    private View.OnClickListener onSubNum;   //减少商品数量接口
    private View.OnClickListener onDelItem;  //删除商品
    private Check check;                     //复选框状态接口

    public interface Check {
        void mycheck(int position, boolean isChecked);
    }

    public CarAdapter(Context context, ArrayList<CartBean> objects) {
        this.context = context;
        this.objects = objects;
        //初始化复选框状态
        checks = new boolean[objects.size()];
        for (int i = 0; i < objects.size(); i++) {
            if (objects.get(i).getProduct_state() != 0)
                checks[i] = true;
            else
                checks[i] = false;
        }
    }

    //增加商品数量接口方法
    public void setOnAddNum(View.OnClickListener onAddNum) {
        this.onAddNum = onAddNum;
    }

    //减少商品数量接口方法
    public void setOnSubNum(View.OnClickListener onSubNum) {
        this.onSubNum = onSubNum;
    }

    //删除商品接口方法
    public void setOnDelItem(View.OnClickListener onDelItem) {
        this.onDelItem = onDelItem;
    }

    //修改复选框状态接口方法
    public void setCheck(Check check) {
        this.check = check;
    }

    /* getCount()、getItem(int i)、getItemId(int i) 方法实现参考商品列表适配
    器，鉴于篇幅略去*/
```

```
@Override
public View getView(final int i, View view, ViewGroup viewGroup) {
    if (view == null) {
        view = LayoutInflater.from(context).inflate(R.layout.car_list_item,
                                    viewGroup, false);
    }
    ViewHolder holder = (ViewHolder) view.getTag();
    if (holder == null) {
        holder = new ViewHolder();
        holder.item_product_name = (TextView) view.findViewById
                                            (R.id.text1);
        holder.item_product_num = (TextView) view.findViewById
                                            (R.id.pCount);
        holder.item_img_product = (ImageView) view.findViewById
                                    (R.id.imgCartItemProduct);
        //设置接口回调，注意参数不是上下文，需要 ListView 所在的 Activity 处理
        //接口回调方法
        holder.item_btn_add = (ImageView) view.findViewById
                                    (R.id.imgAdd); //加按钮
        holder.item_btn_add.setClickable(true);
        holder.item_btn_add.setOnClickListener(onAddNum);
        holder.item_btn_sub = (ImageView) view.findViewById
                                    (R.id.imgSub); //减按钮
        holder.item_btn_sub.setClickable(true);
        holder.item_btn_sub.setOnClickListener(onSubNum);
        holder.item_btn_del = (ImageView) view.findViewById
                                    (R.id.imgDel); //删除按钮
        holder.item_btn_del.setClickable(true);
        holder.item_btn_del.setOnClickListener(onDelItem);
        holder.ckSelectState = (CheckBox) view.findViewById(
                                R.id.ckSelectState); //复选框
    }
    final int pos = i;//定义一个 final 的 int 类型 pos,记录单击的位置
    holder.item_product_name.setText(objects.get(i).getProduct_name());
    holder.item_product_num.setText(objects.get(i).getProduct_count() + "");
    holder.item_img_product.setImageResource
                        (objects.get(i).getProduct_image());
    //设置 Tag，用于判断用户当前单击的是哪一个列表项的按钮
    holder.item_btn_add.setTag(i);
    holder.item_btn_sub.setTag(i);
    holder.item_btn_del.setTag(i);
    //复选框事件
    holder.ckSelectState.setOnCheckedChangeListener
                (new CompoundButton. OnCheckedChangeListener() {
        @Override
        public void onCheckedChanged(CompoundButton buttonView,
                                boolean isChecked) {
            //保存该位置的选择状态
            checks[pos] = isChecked;
            if (check != null) {
                check.mycheck(i, isChecked);
            }
```

```
            }
        });
        //每次加载这个 item 时，使用保存的复选框状态赋值
        holder.ckSelectState.setChecked(checks[pos]);
        view.setTag(holder);
        return view;
    }

    private static class ViewHolder {
        //商品名称、商品数量，选中状态，增加商品数量图标、减少商品数量图标、删除商品图标
        private TextView item_product_name, item_product_num;
        private CheckBox ckSelectState;
        private ImageView item_btn_add, item_btn_sub, item_img_product,
                          item_btn_del;
    }
}
```

购物车页面 CarActivity 的代码如下。

```
public class CarActivity extends AppCompatActivity
                         implements View. OnClickListener,
                         AdapterView.OnItemClickListener {

    ArrayList<Product> productlist = new ArrayList();//商品基本信息
    ArrayList<CartBean> list = new ArrayList();//购物车数据
    CarAdapter adapter;
    ListView listView;
    CheckBox cbSelectAll, cbNoSelect;
    Button btnSubmit;
    String user_Phone;
    int address_id;
    int sIsCheckState;
    MySqlHelper mySqlHelper;
    Cursor cursor;
    CartBean cartBean;
    SimpleDateFormat df = new SimpleDateFormat("yyyy-MM-dd"); //定义日期格式

    //初始化购物车数据
    private void initCart() {
        //获取登录手机号码和收货地址
        SharedPreferences share = getSharedPreferences("userinfo",
                                       Activity.MODE_PRIVATE);
        if (share.getString("phone", null) != null) {
            user_Phone = share.getString("phone", null);
        }
        //判断有没有地址 Id，因为不可能是-1，所以用-1 测试
        if (share.getInt("address_id", -1) != -1) {
            address_id = share.getInt("address_id", -1);
        } else {
            Toast.makeText(this, "请先选择收货地址",
                           Toast.LENGTH_SHORT).show();
            Intent it=new Intent(CarActivity.this,AddressActivity.class);
            startActivity(it);
```

```
        }
        mySqlHelper = new MySqlHelper(CarActivity.this, "dzsw.db");
        cursor = mySqlHelper.queryCart(user_Phone);
        while (cursor.moveToNext()) {
            String product_id = cursor.getString(0);
            int product_count = cursor.getInt(1);
            int product_state = cursor.getInt(2);
            String product_name = "";
            int product_image = 0, product_price = 0;
            //根据商品 Id 获取商品详细信息
            for (int i = 0; i < productlist.size(); i++) {
                if (product_id.equals(productlist.get(i).getProduct_id())) {
                    product_name = productlist.get(i).getProduct_name();
                    product_image = productlist.get(i).getProduct_image();
                    product_price = productlist.get(i).getProduct_price();
                    break;
                }
            }
            //生成商品数据
            cartBean = new CartBean(product_id, product_name, product_image,
                    product_count, product_price, product_state);
            list.add(cartBean);
        }
    }

    @Override
    protected void onCreate(Bundle savedInstanceState) {
        super.onCreate(savedInstanceState);
        setContentView(R.layout.activity_car);
        //初始化数据
        productlist = new ProductData().getData();
        initCart();
        listView = (ListView) findViewById(R.id.listview);
        initListView(list);
        btnSubmit = (Button) findViewById(R.id.btnSubmit);
        //“全选”复选框和“全不选”复选框
        cbSelectAll = (CheckBox) findViewById(R.id.cbSelectAll);
        cbNoSelect = (CheckBox) findViewById(R.id.cbNoSelect);
        //ListView 复选框事件
        adapter.setCheck(new CarAdapter.Check() {
            @Override
            public void mycheck(int position, boolean isChecked) {
                //数字和选择状态转换
                if (isChecked)
                    sIsCheckState = 1;
                else
                    sIsCheckState = 0;
                list.get(position).setProduct_state(sIsCheckState);
                int i;
                for (i = 0; i < list.size(); i++) {
                    if (list.get(i).getProduct_state() == 0) {
                        //只要存在没有选中的，“全选”复选框就处于取消状态
                        cbSelectAll.setChecked(false);
```

```
                    break;
                }
            }
            //如果全部选中，“全选”复选框选中
            if (i == list.size())
                cbSelectAll.setChecked(true);
        }
    });

    //提交购物车按钮（"选好了"按钮）单击事件
    btnSubmit.setOnClickListener(new View.OnClickListener() {
        @Override
        public void onClick(View v) {
            //根据订单现有编号生成新的订单编号，新的订单编号为当前最大编号加 1
            int order_id = 0;
            Cursor ordercursor = mySqlHelper.queryOrderId();
            while (ordercursor.moveToNext()) {
                if (ordercursor.getInt(0) > order_id)
                    order_id = ordercursor.getInt(0);
            }
            order_id = order_id + 1;
            //录入订单基本信息
            for (int i = 0; i < list.size(); i++) {
                if (list.get(i).getProduct_state() != 0) {
                    Order order = new Order(order_id, address_id,
                            user_Phone, df.format(new Date()), 0, 0);
                    mySqlHelper.insertOrder(order);//订单记录只录入一条
                    break;
                }
            }

            //录入订单详细信息
            for (int i = list.size() - 1; i > -1; i--) {
                if (list.get(i).getProduct_state() != 0) {
                    OrderDetail orderdetail = new OrderDetail(order_id,
                            list.get(i).getProduct_id(),
                            list.get(i).getProduct_count());
                    //录入订单
                    mySqlHelper.insertOrderDetail(orderdetail);
                    //删除购物车中已购买的商品
                    mySqlHelper. deleteCartByProductId
                                (new Cart(list.get(i).getProduct_id(),
                                 0, 0, user_Phone));
                    list.remove(i);
                    adapter.notifyDataSetChanged();
                }
            }

            //操作完成跳转到订单页面
            Intent it = new Intent(CarActivity.this,
                                  OrderActivity.class);
            startActivity(it);
        }
```

```
    });

    //“全选”复选框事件
    cbSelectAll.setOnCheckedChangeListener
                (new CompoundButton.OnCheckedChangeListener() {
       @Override
       public void onCheckedChanged(CompoundButton buttonView,
                                    boolean isChecked) {
          //“全选”复选框是选中状态
          if (isChecked) {
             cbNoSelect.setChecked(false);
             for (int i = 0; i < list.size(); i++) {
                list.get(i).setProduct_state(1);
                CarAdapter.checks[i] = true;
             }
             adapter.notifyDataSetChanged();
          }
       }
    });

    //“全不选”复选框事件
    cbNoSelect.setOnCheckedChangeListener
                (new CompoundButton.OnCheckedChangeListener() {
       @Override
       public void onCheckedChanged(CompoundButton buttonView,
                                    boolean isChecked) {
          //“全不选”复选框是选中状态
          if (isChecked) {
             for (int i = 0; i < list.size(); i++) {
                list.get(i).setProduct_state(0);
                CarAdapter.checks[i] = false;
             }
             adapter.notifyDataSetChanged();
          }
       }
    });
}

//初始化 ListView
private void initListView(ArrayList<CartBean> list) {
    adapter = new CarAdapter(CarActivity.this, list);
    listView.setAdapter(adapter);
    listView.setOnItemClickListener(this);
    adapter.setOnAddNum(this);
    adapter.setOnSubNum(this);
    adapter.setOnDelItem(this);
}

//购物车 ListView 控件商品数量增、减、删除按钮单击事件
@Override
public void onClick(View view) {
    Object tag = view.getTag();
    switch (view.getId()) {
```

```
            case R.id.imgAdd: //单击添加数量按钮，执行相应的处理
            //获取Adapter中设置的Tag，通过Tag的position获取单击的按钮所在的列表项
                if (tag != null && tag instanceof Integer) {
                    int position = (Integer) tag;
                    //获取集合中的商品数量
                    int num = list.get(position).getProduct_count();
                    num++;
                    //修改集合中的商品数量
                    list.get(position).setProduct_count(num);
                    //根据集合数据更新UI
                    adapter.notifyDataSetChanged();
                }
                break;
            case R.id.imgSub: //单击减少数量按钮，执行相应的处理
                // 获取 Adapter 中设置的 tag
                if (tag != null && tag instanceof Integer) {
                    int position = (Integer) tag;
                    //获取集合中的商品数量
                    int num = list.get(position).getProduct_count();
                    if (num > 1) { //至少要有一件商品
                        num--;
                        //修改集合中商品数量
                        list.get(position).setProduct_count(num);
                        //根据集合数据更新UI
                        adapter.notifyDataSetChanged();
                    }
                }
                break;
            case R.id.imgDel://定义删除商品按钮，执行相应的处理
                // 获取 Adapter 中设置的 tag
                if (tag != null && tag instanceof Integer) {
                    final int position = (Integer) tag;
                    //查找当前商品
                    final Cart cart = new Cart(list.get(position)
                                .getProduct_id(), 0, 0, user_Phone);
                    //定义对话框对象
                    AlertDialog.Builder builder = new AlertDialog.Builder
                                        (CarActivity.this);
                    //定制对话框标题和提示信息属性
                    builder.setTitle("删除商品").setMessage("确认删除吗？")
                            .setPositiveButton("确定",
                                new DialogInterface.OnClickListener() {
                              public void onClick(DialogInterface dialog,
                                                  int id) {
                                  //删除当前商品
                                  mySqlHelper.deleteCart(cart);
                                  list.remove(position);
                                  adapter.notifyDataSetChanged();
                              }
                            })
                            .setNegativeButton("取消",
                             new DialogInterface.OnClickListener() {
                              public void onClick(DialogInterface dialog,
```

```
                                                    int id) {
                                    }
                                });
                        builder.create().show();
                    }
                    break;
            }
        }

        //购物车 ListView 单击事件，单击后进入商品详情页面
        @Override
        public void onItemClick(AdapterView<?> adapterView, View view, int i,
                                long l) {
            Intent it = new Intent(CarActivity.this,
                                  ProductDetailActivity.class);
            it.putExtra("product_id", list.get(i).getProduct_id());
            startActivity(it);
        }

        @Override
        protected void onPause() {
            super.onPause();
            //离开购物车页面自动保存购物车状态
            for (int i = 0; i < list.size(); i++) {
                //购物车 product_id, product_count, product_state, user_phone
                mySqlHelper.updateCart(new Cart(list.get(i).getProduct_id(),
                        list.get(i).getProduct_count(),
                         list.get(i).getProduct_state(), user_Phone));
            }
        }
    }
```

12.4.8 订单结算模块

1. 订单列表

订单列表页面（OrderActivity）的设计参见图 12-9，使用 EmptyActivity 模板，页面控件属性设置如表 12-16 所示。

表 12-16 订单列表页面控件属性

序　号	控件类型	控件 Id	默认值	控件说明
1	RadioGroup	rpOrder		单选按钮组
2	RadioButton	btnAllorder	text="全部订单"	显示全部订单单选按钮
3	RadioButton	btnWaitPayOrder	text="待付款"	显示待付款订单单选按钮
4	RadioButton	btnWaitDeliveryOrder	text="待发货"	显示待收货订单单选按钮
5	RadioButton	btnFinishedOrder	text="历史订单"	显示已完成订单单选按钮
6	ListView	lstOrder		订单列表控件

底部导航用 Fragment 加载，引入底部导航与收货管理地址程序一样，可以参照添加。

订单列表页面 ListView 控件布局页面的文件名为 order_list_item.xml，控件属性设置如表 12-17 所示。

表 12-17　order_list_item.xml 文件控件属性

序　号	控件类型	控件 Id	默认值	控件说明
1	TextView	tvitem_OrderId		订单编号
2	TextView	tvitem_OrderDate		下单日期

订单列表页面类 OrderActivity 的代码如下。

```
public class OrderActivity extends AppCompatActivity
                              implements AdapterView. OnItemClickListener {
    ListView listView;
    RadioGroup rpOrder;
    String user_Phone;
    MySqlHelper mySqlHelper;
    Cursor cursor;
    Order order;
    SimpleCursorAdapter adapter;

    @Override
    protected void onCreate(Bundle savedInstanceState) {
        super.onCreate(savedInstanceState);
        setContentView(R.layout.activity_order);
        //获取登录用户的手机号码
        SharedPreferences share = getSharedPreferences("userinfo",
                                          Activity.MODE_PRIVATE);
        if (share.getString("phone", null) != null) {
            user_Phone = share.getString("phone", null);
        }
        //初始化订单 ListView
        listView = (ListView) findViewById(R.id.lstOrder);
        mySqlHelper = new MySqlHelper(this, "dzsw.db");
        initListView();
        rpOrder = (RadioGroup) findViewById(R.id.rpOrder);
        rpOrder.setOnCheckedChangeListener(new
        RadioGroup.OnCheckedChangeListener() {
            @Override
            public void onCheckedChanged(RadioGroup radioGroup, @IdRes int i) {
                switch (radioGroup.getCheckedRadioButtonId()) {
                    case R.id.btnAllorder:  //全部订单
                        cursor = mySqlHelper.queryOrderByUser(user_Phone);
                        refreshDate();
                        break;
                    case R.id.btnWaitPayOrder:  //待支付订单
                        //int, int,String user_phone, String order_date,
                        int pay_state, int order_state
                        order = new Order(0, 0, user_Phone, "", 0, 0);
                        cursor = mySqlHelper.queryOrderByState(order);
                        refreshDate();
                        break;
```

```
                case R.id.btnWaitDeliveryOrder:  //待发货订单
                    order = new Order(0, 0, user_Phone, "", 1, 0);
                    cursor = mySqlHelper.queryOrderByState(order);
                    refreshDate();
                    break;
                case R.id.btnFinishedOrder:  //已完成订单
                    order = new Order(0, 0, user_Phone, "", 1, 1);
                    cursor = mySqlHelper.queryOrderByState(order);
                    refreshDate();
                    break;
            }
        }
    });
}

private void refreshDate() {
    adapter.changeCursor(cursor);
    adapter.notifyDataSetChanged();
}

private void initListView() {
    cursor = mySqlHelper.queryOrderByUser(user_Phone);
    adapter = new SimpleCursorAdapter(this,
            R.layout.order_list_item,
            cursor,
            new String[]{Order.Fieldorder_id, Order.Fieldorder_date},
            new int[]{R.id.tvitem_OrderId, R.id.tvitem_OrderDate},
            CursorAdapter.FLAG_REGISTER_CONTENT_OBSERVER);
    listView.setAdapter(adapter);
    listView.setOnItemClickListener(this);
}


//ListView 单击事件，单击查看商品详情
@Override
public void onItemClick(AdapterView<?> adapterView, View view, int i,
                        long l) {
    //获取订单数据
    cursor.moveToPosition(i);
    Bundle bundle = new Bundle();
    bundle.putInt("order_id", cursor.getInt(0));
    bundle.putInt("address_id", cursor.getInt(1));
    bundle.putInt("order_state", cursor.getInt(4));
    bundle.putInt("pay_state", cursor.getInt(5));
    //跳转到订单详情页面
    Intent it = new Intent(OrderActivity.this,
                           OrderInfoActivity.class);
    it.putExtras(bundle);
    startActivity(it);
}
}
```

2. 订单详情

订单详情页面（OrderInfoActivity）的设计参见图 12-10，使用 EmptyActivity 模板，页面控件属性设置如表 12-18 所示。

表 12-18　订单详情页面控件属性

序　号	控件类型	控件 Id	默认值	控件说明
1	TextView	tvOrderInfoId		订单编号
2	ListView	lstOrderProductInfo		订单包含商品列表显示控件
3	TextView	tvOrderSum		订单汇总信息显示，包括订单总价和收货地址信息
4	Button	btnOrderQuery	text="确认"	确认按钮，确认付款或确认收货
5	Button	btnOrderCancel	text="取消"	取消按钮，取消收货或删除订单

订单详情页面 ListView 控件的布局文件名为 order_detail_ list_item.xml，对应适配器类为 BaseAdapter 类，类名 OrderDetailAdapter，实现代码较为简单，请通过本书资源查看。

订单详情页面类 OrderInfoActivity 的代码如下。

```
public class OrderInfoActivity extends AppCompatActivity {
    Button btnOrderQuery, btnOrderCancel;
    ListView listView;
    ArrayList<Product> productlist = new ArrayList();//商品基本信息
    ArrayList<OrderDetailBean> list = new ArrayList();//订单数据
    Cursor cursor;
    MySqlHelper mySqlHelper;
    TextView tvOrderSum, tvOrderInfoId;
    int order_id = 0, order_state = 0, pay_state = 0, address_id = 0;

    @Override
    protected void onCreate(Bundle savedInstanceState) {
        super.onCreate(savedInstanceState);
        setContentView(R.layout.activity_order_info);
        tvOrderSum = (TextView) findViewById(R.id.tvOrderSum);
        //获取订单数据
        Intent it = getIntent();
        Bundle bundle = it.getExtras();
        order_id = bundle.getInt("order_id");
        order_state = bundle.getInt("order_state");
        pay_state = bundle.getInt("pay_state");
        address_id = bundle.getInt("address_id");
        //显示订单编号
        tvOrderInfoId = (TextView) findViewById(R.id.tvOrderInfoId);
        tvOrderInfoId.setText("订单编号 " + order_id);
        productlist = new ProductData().getData();
        mySqlHelper = new MySqlHelper(this, "dzsw.db");
        //初始化订单详情 ListView
        listView = (ListView) findViewById(R.id.lstOrderProductInfo);
        initList();
        btnOrderQuery = (Button) findViewById(R.id.btnOrderQuery);
        btnOrderCancel = (Button) findViewById(R.id.btnOrderCancel);
```

```
        //已完成订单只有查看功能，因此隐藏操作按钮
        if (order_state == 1) {
            btnOrderQuery.setVisibility(View.INVISIBLE);
            btnOrderCancel.setVisibility(View.INVISIBLE);
        } else if (pay_state == 1)   //已支付显示
            btnOrderQuery.setText("确认收货");
        else  //未支付显示
            btnOrderQuery.setText("确认付款");
        //"确认付款"按钮单击事件，根据订单状态进行操作
        btnOrderQuery.setOnClickListener(new View.OnClickListener() {
            @Override
            public void onClick(View view) {
                //已付款，更新订单到完成状态
                if (pay_state == 1) {
                    order_state = 1;
                    mySqlHelper.updateOrderState(order_id, pay_state,
                                                 order_state);
                }//未付款，更新订单到付款状态
                else {
                    pay_state = 1;
                    mySqlHelper.updateOrderState(order_id, pay_state,
                                                 order_state);
                }
                //完成操作回到订单页面
                Intent it = new Intent(OrderInfoActivity.this,
                        OrderActivity.class);
                startActivity(it);
            }
        });
        //"取消"按钮单击事件，根据订单状态进行对应操作
        btnOrderCancel.setOnClickListener(new View.OnClickListener() {
            @Override
            public void onClick(View view) {
                //已付款，更新订单状态到待付款状态
                if (pay_state == 1) {
                    pay_state = 0;
                    mySqlHelper.updateOrderState(order_id, pay_state,
                                               order_state);
                }
                //未付款，删除订单
                else {
                    mySqlHelper.deleteOrder(order_id);
                    mySqlHelper.deleteOrderDetail(order_id);
                }
                //完成操作回到订单页面
                Intent it = new Intent(OrderInfoActivity.this,
                                       OrderActivity.class);
                startActivity(it);
            }
        });
    }
```

```
    private void initList() {
        cursor = mySqlHelper.queryOrderDetail(order_id);
        int sum = 0, num = 0;
        while (cursor.moveToNext()) {  //遍历订单记录
            String product_id = cursor.getString(1);
            int product_count = cursor.getInt(2);
            String product_name = "";
            int product_image = 0, product_price = 0;
            for (int i = 0; i < productlist.size(); i++) {
                //根据商品编号获取商品详细信息
                if (product_id.equals(productlist.get(i).getProduct_id())) {
                    product_name = productlist.get(i).getProduct_name();
                    product_image = productlist.get(i).getProduct_image();
                    product_price = productlist.get(i).getProduct_price();
                    break;
                }
            }
            sum += product_price * product_count;  //计算订单总价
            num += product_count;  //计算订单商品数量
            OrderDetailBean orderdetailBean = new OrderDetailBean
             (product_image, product_name, product_count, product_price);
            list.add(orderdetailBean);
        }
        OrderDetailAdapter adapter = new OrderDetailAdapter(this, list);
        listView.setAdapter(adapter);  //ListView 显示订单信息
        //生成订单总价和商品总数字符串
        String str = "一共 " + num + " 件商品，总价 " + sum + " 元\n";
        //获取订单地址信息并显示
        cursor = mySqlHelper.queryAddressById(address_id);
        if (cursor.moveToNext()) {
            str += "收货人姓名：" + cursor.getString(1) + "\n";
            str += "收货人电话：" + cursor.getString(2) + "\n";
            str += "收货人地址：" + cursor.getString(3) + "\n";
        }
        tvOrderSum.setText(str);
    }
}
```

12.5 项目总结

本项目综合应用相关知识实现了一个功能较为完善的电子商务系统，全面复习了共享偏好管理数据、数据库管理数据的知识点，对 ListView 控件进行了较为复杂和完整的应用，升华了知识点讲解，针对典型知识点给出了实际应用范例，完整实践了软件项目开发的全过程。通过学习该项目能够全面训练软件系统的开发能力。

参 考 文 献

[1] 周薇，王想实，李昊. Android 嵌入式开发及实训[M]. 北京：电子工业出版社，2019.
[2] 夏辉，李天辉，陈枭，等. Android 移动应用开发实用教程[M]. 北京：机械工业出版社，2015.